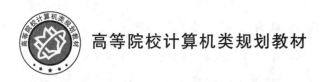

高等院校计算机类规划教材

互联网与移动互联网技术基础

主编 李丽香 徐志宏 高大永

U0282590

北京邮电大学出版社
www.buptpress.com

内 容 简 介

本书根据北京邮电大学学历远程和业余教育"互联网与移动互联网技术基础"课程教学大纲编写而成。

全书共分为 10 章：第 1 章为互联网技术基础；第 2 章为移动互联网基础；第 3 章为通信网络；第 4 章为移动自组织网络；第 5 章为传感器网络；第 6 章为软件定义网络；第 7 章为移动云计算；第 8 章为移动互联网安全；第 9 章为移动互联网的应用；第 10 章为移动互联网实验指导。书后附有参考文献。

本书可用作成人高等继续教育计算机科学与技术移动网络方向及相关专业本科教材，也可用作移动互联网专业及其应用场景开发人员的培训教材。

图书在版编目（CIP）数据

互联网与移动互联网技术基础 / 李丽香，徐志宏，高大永主编 . -- 北京 ：北京邮电大学出版社，2024.
ISBN 978-7-5635-7390-5

Ⅰ. TN929.5

中国国家版本馆 CIP 数据核字第 202439H0E2 号

策划编辑：刘纳新　　**责任编辑**：刘　颖　　**责任校对**：张会良　　**封面设计**：七星博纳

出版发行：北京邮电大学出版社
社　　址：北京市海淀区西土城路 10 号
邮政编码：100876
发 行 部：电话：010-62282185　传真：010-62283578
E-mail：publish@bupt.edu.cn
经　　销：各地新华书店
印　　刷：保定市中画美凯印刷有限公司
开　　本：787 mm×1 092 mm　1/16
印　　张：17
字　　数：457 千字
版　　次：2024 年 11 月第 1 版
印　　次：2024 年 11 月第 1 次印刷

ISBN 978-7-5635-7390-5　　　　　　　　　　　　　　　　　　定价：49.00 元

前　言

　　"互联网与移动互联网技术基础"作为计算机科学与技术(移动网络方向)专业必修课程,以需求为驱动,以问题为导向,理论与实践紧密结合,实用性强,可以使学生较全面地学习有关互联网与移动互联网的基本理论和实用技术,掌握互联网与移动互联网的基本概念、基本技术、体系结构、应用场景以及面临的问题和未来的发展方向,建构互联网与移动互联网的知识体系结构,培养学生的自学能力和解决问题的能力。该课程将为以后计算机互联网与移动互联网课程及通信相关课程的学习打下坚实的基础。通过此课程的学习,学习者可以清楚地掌握互联网与移动互联网的基本概念,熟悉现行的互联网与移动互联网协议族,掌握互联网与移动互联网的基本应用场景,从而具备互联网与移动互联网的基本常识,在网络虚拟环境中安全、自由地冲浪,为继续深入研究学习和应用开发打下良好基础。通过该课程理论知识的学习和按照应用实例与安全防范措施以及上网操作去实践可以使学生尽快了解互联网与移动互联网技术的基础理论,掌握互联网与移动互联网的基本技术与基本方法。该课程依照远程学生的认知特点,遵从行业人员的素质规范要求,从大家比较熟悉的互联网展开,逐步递进,符合学生的认知规律。

　　本教材内容紧密联系实际,对相关技术的介绍通俗易懂,体现了应用和实践的特色。本教材的内容选取从横向上看力求全面覆盖本领域的主要知识,从纵向上看力求讲清楚解决问题的全过程。

　　本教材共分 10 章,第 1 章到第 5 章为信息数据的采集、网络的传输到网络的体系(包括互联网和移动互联网)的硬环境,这是一条讲解互联网与移动互联网的思路;第 6 章到第 9 章为软件定义网络、移动云计算、移动互联网安全到移动互联网的应用的软环境,这是另一条讲解互联网与移动互联网的思路。两条主线背向而行使整个内容的讲解始于互联网与移动互联网体系,而终于网络的应用,从而像搭积木一样建构起学生完整的互联网与移动互联网知识体系。实践教学在教学中占有重要位置,它体现了理论和实践紧密结合的特征,对提高学生的综合素质、培养学生的创新精神与实践能力有特殊的作用。第 10 章内容选取的主要目的不在于每个实验的具体实施,而在于给出互联网与移动互联网实验的几个大致方向,以便学生实践时能举一反三。

　　网络管理与移动互联网管理的相关内容本教材没有涉及,但这部分内容也是互联网与移动互联网知识体系不可缺少的部分,限于编者的知识储备和教材的篇幅,本教材没有涉及这部分内容,待教材修订时再加以考虑。

李丽香教授对全书进行了审阅,并提出了宝贵的修改意见;高大永编写了 3.2 节,其余部分由徐志宏编写。本教材在编写过程中参考了互联网和移动互联网及其应用开发的相关书籍以及百度相关文档,在此一并对作者加以感谢。由于编者水平和阅历有限,再加上互联网和移动互联网及其应用的发展日新月异,书中难免存在缺点、错误和遗漏,敬请读者批评和指正。

徐志宏

2024 年元旦于北京

目　　录

第1章 互联网技术基础

计算机网络是计算机技术与通信技术相结合的产物,它的诞生使计算机的体系结构发生了巨大变化。在当今社会的发展中,计算机网络起着非常重要的作用,计算机网络对人类社会的进步做出了巨大的贡献。

现在,计算机网络的应用遍布于全世界的各个领域,计算机网络已成为人们生活中不可缺少的重要组成部分。从某种意义上讲,计算机网络的发展水平不仅反映了一个国家计算机科学和通信技术的水平,也是衡量其国力及现代化程度的重要标志之一。

1.1 计算机网络的定义、功能和应用

1.1.1 计算机网络的定义

什么是计算机网络?多年来一直没有一个严格的定义,"计算机网络"一词随着计算机技术和通信技术的发展而具有不同的内涵。目前一些较为权威的看法认为:所谓计算机网络,就是通过线路互连起来的、自治的计算机集合,确切地讲,就是将分布在不同地理位置上的具有独立工作能力的计算机、终端及其附属设备用通信设备和通信线路连接起来,并配置网络软件,以实现计算机资源共享的系统。所谓网络资源共享,是指通过连在网络上的工作站(个人计算机)让用户可以使用网络系统中的所有硬件和软件(通常根据需要被适当授予使用权)。

首先,计算机网络是计算机的一个群体,是由多台计算机组成的;其次,它们之间是互连的,即它们之间能彼此交换信息。其基本思想是:通过网络环境实现计算机相互之间的通信和资源(包括硬件资源、软件资源和数据信息资源)共享。所谓自治,是指每台计算机的工作都是独立的,任何一台计算机都不能干预其他计算机的工作(例如,计算机启动、关闭或控制其运行等),任何两台计算机之间都没有主从关系。概括起来说,一个计算机网络必须具备以下3个基本要素:

① 至少有两台具有独立操作系统的计算机,且它们都有共享某种资源的需求;

② 两台独立的计算机之间必须有某种通信手段将其连接;

③ 网络中的各台独立的计算机之间要能相互通信,必须制定相互可确认的规范标准或协议。

以上3个基本要素是组成一个计算机网络的必要条件,三者缺一不可。在计算机网络中,能够提供信息和服务能力的计算机是网络的资源,而索取信息和请求服务的计算机则是网络的用户。由于网络资源与网络用户之间的连接方式、服务类型及连接范围不同,从而形成了不同的网络结构及网络系统。

随着计算机网络的广泛应用和网络技术的发展,计算机用户对网络提出了更高的要求:既希望共享网内的计算机系统资源,又希望调用网内的几个计算机系统共同完成某项任务。这就要求用户使用计算机网络的资源就像使用自己的主机系统资源一样熟练。为了实现这个目的,除了要有可靠的、有效的计算机和通信系统外,还要有一套全网一致遵守的通信规则,以及用来控制、协调资源共享的网络操作系统。

1.1.2 计算机网络的功能和应用

1. 计算机网络的功能

计算机网络技术使计算机的作用范围和其自身的功能有了突破性的发展。计算机网络虽然各种各样,但是都具有如下功能。

1)数据通信

数据通信是计算机网络最基本的功能之一,利用这一功能,分散在不同地理位置的计算机就可以相互传输信息。该功能是计算机网络实现其他功能的基础。

2)计算机系统的资源共享

对于用户所在站点的计算机而言,无论硬件还是软件,性能总是有限的。一台个人计算机的用户,可以通过使用网中的某一台高性能的计算机来处理自己提交的某个大型、复杂的问题,还可以像使用自己的个人计算机一样,使用网上的一台高速打印机打印报表、文档等。更重要的资源是计算机软件和各种各样的数据库。用户可以使用网上的大容量磁盘存储器存放自己采集、加工的信息,特别是可以使用网上已有的软件来解决某个问题。各种各样的数据库更是取之不尽。随着计算机网络覆盖区域的扩大,信息交流已愈来愈不受地理位置、时间的限制,使得人类对资源可以互通有无,大大提高了资源的利用率和信息的处理能力。

3)进行数据信息的集中和综合处理

将分散在各地的计算机中的数据资料适时集中或分级管理,并综合处理后形成各种报表,提供给管理者或决策者分析和参考,如自动订票系统、政府部门的计划统计系统、银行财政及各种金融系统、数据的收集和处理系统、地震资料收集与处理系统、地质资料采集与处理系统等。

4)均衡负载,相互协作

当某一个计算中心的任务很重时,可通过网络将此任务传递给空闲的计算机去处理,以调节忙闲不均的状况。此外,地球上不同区域的时差也为计算机网络的忙闲调节带来很大的灵活性,通常计算机在白天负荷较重,在晚上则负荷较轻,地球时差正好为我们提供了半个地球的调节余地。

5)提高系统的可靠性和可用性

当网络中的某一处理机发生故障时,可由别的路径传输信息或转到别的系统中代为处理,以保证用户能正常操作,不会因局部故障而导致系统瘫痪。又如,在某一数据库中的数据因处理机发生故障而消失或遭到破坏时,可从另一台计算机的备份数据库中调出备份数据来进行处理,并恢复遭破坏的数据库,从而提高系统的可靠性和可用性。

6)进行分布式处理

对于综合性的大型问题可采用合适的算法,将任务分散到网络中不同的计算机上进行分布式处理。特别是对当前流行的局域网更有意义,利用网络技术将微机连成高性能的分布式计算机系统,使它具有解决复杂问题的能力。

以上只是列举了一些计算机网络的常用功能,随着计算机技术的不断发展,计算机网络的功能和提供的服务将会不断增加。

2. 计算机网络的应用

随着现代信息社会进程的推进以及通信和计算机技术的迅猛发展,计算机网络的应用日益多元化,打破了空间和时间的限制,几乎深入社会的各个领域。可以在一套系统上提供集成的信息服务,包括来自政治、经济等方面的信息资源,同时还提供多媒体信息,如图像、语音、动画等。在多元化发展的趋势下,许多网络应用的新形式不断出现,如电子邮件、IP 电话、视频点播、网上交易、视频会议等。其应用可归纳为以下几个方面。

1) 信息检索

计算机网络使我们的信息检索变得更加高效、快捷,通过网上搜索、WWW 浏览、FTP 下载,我们可以非常方便地从网络上获得所需的信息和资料。网上图书馆更以其信息容量大、检索方便的优势赢得了人们的青睐。

2) 现代化通信方式

网络上使用最为广泛的电子邮件目前已经成为一种最为快捷、廉价的通信手段。人们在几分钟,甚至几秒钟内就可以把信息发给对方,信息的表达形式不仅可以是文本,还可以是声音和图片。其低廉的通信费用更是其他通信方式(如信件、电话、传真等)所不能比拟的。同时,利用网络可以实现 IP 电话,将语音和数据网络进行集成,利用 IP 作为传输协议,通过网络将语音集成到 IP 网络上来,在基于 IP 的网络上进行语音通信,可节省电话费用。

3) 办公自动化

通过将一个企业或机关的办公计算机及其外部设备连成网络,既可以节约购买多个外部设备的成本,又可以共享许多办公数据,并且可对信息进行计算机综合处理与统计,避免了许多单调重复性的劳动。

4) 电子商务与电子政务

计算机网络还推动了电子商务与电子政务的发展。企业与企业之间、企业与个人之间可以通过网络来实现贸易、购物;政府部门则可以通过电子政务工程实施政务公开化和审批程序标准化,提高了政府的办事效率并使之更好地为企业或个人服务。

5) 企业信息化

通过在企业中实施基于网络的管理信息系统(Management Information System,MIS)和资源制造计划(Enterprise Resource Planning,ERP),可以实现企业的生产、销售、管理和服务的全面信息化,从而有效地提高生产率。医院管理信息系统、民航及铁路的购票系统、学校的学生管理信息系统等都是管理信息系统的实例。

6) 远程教育与 E-Learning

网络提供了新的实现自我教育和终身教育的渠道。基于网络的远程教育、网络学习使得我们可以突破时间、空间和身份的限制,方便地获取网络上的教育资源并接受教育。

7) 娱乐和消遣

网络不仅改变了我们的工作与学习方式,也给我们带来了新的丰富多彩的娱乐和消遣方式,如网上聊天、网络游戏、网上电影院、视频点播等。

8) 自动化军事指挥

基于计算机辅助信息系统(Computing Aided Information,CAI)的网络应用系统,把军事情报采集、目标定位、武器控制、战地通信和指挥员决策等环节在计算机网络基础上联系起来，形成各种高速高效的指挥自动化系统，是现代战争和军队现代化不可缺少的技术支柱，这种系统在公安、武警、交警、火警等指挥调度系统中也有广泛应用。

在我国，随着改革开放和经济的快速发展，计算机网络在以上几方面的应用也发展很快。目前，我国实行的金字头工程，就是计算机网络的具体应用。可以预言，计算机网络具有广阔的发展前景。

1.2 计算机网络的产生和发展

21 世纪是一个以网络为核心的信息时代，从 20 世纪 90 年代开始，计算机网络得到了飞速发展。

1.2.1 计算机网络的产生

计算机网络是通信技术和计算机技术相结合的产物，它是信息社会最重要的基础设施，构筑起了人类社会的信息高速公路。

1) 通信技术的发展

通信技术的发展经历了一个漫长的过程，1835 年莫尔斯发明了电报，1876 年贝尔发明了电话，从此开辟了近代通信技术发展的历史。通信技术在人类生活和两次世界大战中都发挥了极其重要的作用。

2) 计算机网络的产生

1946 年世界上第一台电子数字计算机诞生，从而开创了向信息社会迈进的新纪元。20 世纪 50 年代，美国利用计算机技术建立了半自动化的地面防空系统(Semi-Automatic Ground Environment，SAGE)，它将雷达信息和其他信号经远程通信线路送至计算机进行处理，第一次利用计算机网络实现远程集中控制，这是计算机网络的雏形。

1969 年美国国防部高级研究计划局(Defense Advanced Research Project Agency，DARPA)建立了世界上第一个分组交换网——ARPANET，即 Internet 的前身，这是一个只有 4 个节点的存储转发方式的分组交换广域网，1972 年在首届国际计算机通信会议(International Conference on Computer Communications，ICCC)上首次公开展示了 ARPANET 的远程分组交换技术。

1976 年美国 Xerox 公司开发了基于载波监听多路访问/冲突检测(Carrier Sense Multiple Access/Collision Detection，CSMA/CD)原理的、用同轴电缆连接多台计算机的局域网，取名以太网。计算机网络是半导体技术、计算机技术、数据通信技术和网络技术相互渗透、相互促进的产物。数据通信的任务是利用通信介质传输信息。通信网为计算机网络提供了便利而广泛的信息传输通道，而计算机和计算机网络技术的发展也促进了通信技术的发展。

1.2.2 计算机网络的发展

随着计算机技术和通信技术的不断发展，计算机网络也经历了从简单到复杂，从单机到多机的发展过程,其发展过程大致可分为以下 5 个阶段。

1) 具有通信功能的单机系统

该系统又称终端-计算机网络,是早期计算机网络的主要形式。它是将一台计算机经通信线路与若干终端直接相连,如图 1-1 所示。

2) 具有通信功能的多机系统

在简单的"终端-通信线路-计算机"这样的单机系统中,主计算机负担较重,既要进行数据处理,又要承担通信功能。为了减轻主计算机负担,20 世纪 60 年代出现了在主计算机和通信线路之间设置通信控制处理机(或称前端处理机,简称前端机)的方案,前端机负责通信控制功能。此外,在终端聚集处设置多路器(或称集中器),组成终端群-低速通信线路-集中器-高速通信线路-前端机-主计算机结构,如图 1-2 所示。

3) 以共享资源为主要目的的计算机网络阶段(计算机-计算机网络)

计算机-计算机网络是 20 世纪 60 年代中期发展起来的,它是由若干台计算机相互连接起来的系统,即利用通信线路将多台计算机连接起来,实现了计算机与计算机之间的通信,如图 1-3 所示。

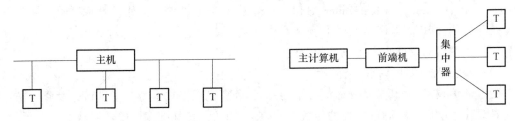

图 1-1 终端-计算机网络模型　　　　　　图 1-2 具有通信功能的多机系统模型

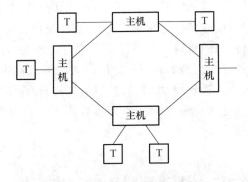

图 1-3 计算机-计算机网络模型

20 世纪 60 年代至 70 年代,美国和苏联两个超级大国一直处于相互对立的冷战状态。美国国防部为了保证不会因其军事指挥系统中的主计算机遭受来自苏联的核打击而使整个系统瘫痪,委托其所属的高级研究计划局于 1969 年成功研制了世界上第一个计算机网络——ARPANET。该网络是典型的以实现资源共享为目的的计算机-计算机网络,它为计算机网络的发展奠定了基础。这一阶段的网络结构的主要特点是:以通信子网为中心,多主机多终端。

4) 标准、开放的计算机网络阶段

局域网是继远程网之后发展起来的小型计算机网络,它继承了远程网的分组交换技术和计算机的 I/O(Input/Output,输入/输出)总线结构技术,并具有结构简单、经济实用、功能强大和方便灵活等特点,是随着微型计算机的广泛应用而发展起来的。

20 世纪 70 年代末到 80 年代初,微型计算机得到了广泛的应用,各机关和企事业单位为了适应办公自动化的需要,迫切需要将自己拥有的为数众多的微机、工作站、小型机等连接起来,以达到资源共享和相互传递信息的目的,而且迫切需要降低联网费用,提高数据传输效率。这有力地推动了计算机局域网的发展。局域网的发展也导致了计算机模式的变革。早期的计算机网络是以主计算机为中心的,主要强调对计算机资源的共享,主计算机在计算机网络系统中处于绝对的支配地位,计算机网络的控制和管理功能都是集中式的,也称为集中式计算模式。

由于微机是构成局域网的基础,特别是随着个人计算机(Personal Computer,PC)功能的增强,用户个人就可以在微机上处理所需要的作业,PC 方式呈现出的计算能力已发展成为独立的平台,从而导致了一种新的计算结构——分布式计算模式的诞生。这个时期,虽然不断出现的各种网络极大地推动了计算机网络的应用,但是众多不同的专用网络体系标准给不同网络间的互连带来了很大的不便。鉴于这种情况,国际标准化组织(International Organization Standardization,ISO)于 1977 年成立了专门的机构从事"开放系统互连"问题的研究,目的是设计一个标准的网络体系模型。1954 年 ISO 颁布了"开放系统互连基本参考模型(Open Systems InterConnection Reference Model,OSI/RM)",这个模型通常简称作 OSI。只有标准的才是开放的,OSI 参考模型的提出引导着计算机网络走向开放的、标准化的道路,同时也标志着计算机网络的发展步入了成熟的阶段。

5)高速、智能的计算机网络阶段

随着通信技术,尤其是光纤通信技术的发展,计算机网络技术得到了迅猛的发展。光纤作为一种高速率、高带宽、高可靠性的传输介质,在各国的信息基础建设中使用越来越广泛,为建立高速的网络奠定了基础。千兆位乃至万兆位传输速率的以太网已经被越来越多地用于局域网和城域网中,而基于光纤的广域网链路的主干带宽也已达到 10Gbit/s 数量级。网络带宽的不断提高,更加刺激了网络应用的多样化和复杂化,多媒体应用在计算机网络中所占的份额越来越大。同时,用户不仅对网络的传输带宽提出越来越高的要求,而且对网络的可靠性、安全性和可用性等也提出了新的要求。为了向用户提供更高的网络服务质量,网络管理也逐渐进入了智能化阶段,包括网络的配置管理、故障管理、计费管理、性能管理和安全管理等在内的网络管理任务都可以通过智能化程度很高的网络管理软件来实现。计算机网络已经进入了高速、智能化的发展阶段。

1.3　移动互联网的基本概念

早在 20 世纪末,移动通信就迅速发展,大有取代固定通信之势。与此同时,互联网技术的完善和进步将信息时代不断向纵深推进。移动互联网就是在这样的背景下孕育、产生并发展起来的。移动互联网通过无线接入设备访问互联网,能够实现移动终端之间的数据交换,是计算机领域继大型机、小型机、个人计算机、桌面互联网之后的第五个技术发展周期。作为移动通信与传统互联网技术的有机融合体,移动互联网被视为未来网络发展的核心和最重要的趋势。

1.3.1 移动互联网的定义及功能特性

移动互联网是指以各种类型的移动终端作为接入设备,使用各种移动网络作为接入网络,从而实现包括传统移动通信、传统互联网及其各种融合创新服务的新型业务模式。

移动互联网的基本特点如下。

(1) 终端移动性:通过移动终端接入移动互联网的用户一般都处于移动之中。

(2) 业务及时性:用户使用移动互联网能够随时随地获取自身或其他终端的信息,及时获取所需的服务和数据。

(3) 服务便利性:由于移动终端的限制,移动互联网服务要求操作简便,响应时间短。

(4) 业务/终端/网络的强关联性:实现移动互联网服务需要同时具备移动终端、接入网络和运营商提供的业务三项基本条件。

移动互联网相比传统固定互联网的优势在于:实现了随时随地的通信和服务获取;具有安全、可靠的认证机制;能够及时获取用户及终端信息;业务端到端流程可控等。劣势主要包括:无线频谱资源稀缺;用户数据安全和隐私性有待进一步提高;移动终端硬软件缺乏统一的标准,业务互通性差等。

移动互联网业务是多种传统业务的综合体,不是简单的互联网业务的延伸,因而产生了创新性的技术与产品和创新性的商业模式。

(1) 创新性的技术与产品:例如,通过手机摄像头扫描商品条码并进行比价搜索,通过重力感应器和陀螺仪确定目前的方向和位置等,内嵌在手机中的各种传感器能够帮助手机和软件开发商开发出各种超越原有用户体验的产品。

(2) 创新性的商业模式:例如,风靡全球的"App Store+终端营销"的商业模式,以及将传统的位置服务与 SNS、游戏、广告等元素结合起来的应用系统等。

1.3.2 移动互联网的架构

1. 移动互联网的技术架构

移动互联网的出现带来了移动网和互联网融合发展的新时代,移动网和互联网的融合也会是在应用、网络和终端多层面的融合。为了能满足移动互联网的特点和业务模式需求,在移动互联网技术架构中要具有接入控制、内容适配、业务管控、资源调度、终端适配等功能。构建这样的架构需要从终端技术、承载网络技术、业务网络技术等方面综合考虑。图 1-4 所示为移动互联网的典型体系架构模型。

(1) 业务应用模块:提供给移动终端的互联网应用,这些应用中包括典型的互联网应用,如网页浏览、在线视频、内容共享与下载、电子邮件等,也包括基于移动网络特有的应用,如定位服务、移动业务搜索、移动通信业务(如短信、彩信、微信等)。

(2) 移动终端模块:从上至下包括终端软件架构和终端硬件架构。

- 终端软件架构:包括应用 App、用户界面(UI)、操作系统(支持底层硬件的驱动、存储和多线程内核)等。

- 终端硬件架构:包括终端中实现各种功能的部件。

(3) 网络与业务模块:从上至下包括业务应用平台和公共接入网络。

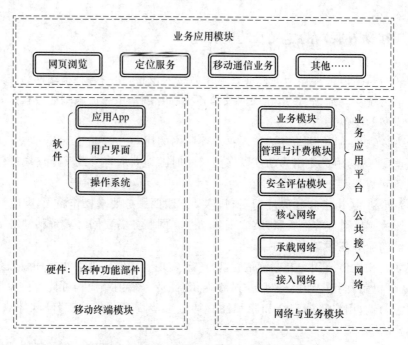

图 1-4　移动互联网的典型体系架构模型

- **业务应用平台**：包括业务模块、管理与计费模块、安全评估模块等。
- **公共接入网络**：包括核心网络、承载网络和接入网络等。

从移动互联网中端到端的应用角度出发，又可以绘制出图 1-5 所示的业务模型。从该图可以看出移动互联网的业务模型分为 5 层。

图 1-5　移动互联网端到端的技术架构

（1）**移动终端**：支持实现用户界面（UI）、接入互联网、实现业务互操作。终端具有智能化和较强的处理能力,可以在应用平台和终端上进行更多的业务逻辑处理,尽量减少空中接口的数据信息传递压力。

(2)移动网络:包括各种将移动终端接入无线核心网的设施,如无线路由器、交换机、BSC、MSC 等。

(3)网络接入:网络接入网关提供移动网络中的业务执行环境,识别上下行的业务信息、服务质量要求等,并可基于这些信息提供按业务、内容区分的资源控制和计费策略。网络接入网关根据业务的签约信息,动态进行网络资源调度,最大程度地满足业务的 QoS 要求。

(4)业务接入:业务接入网关向第三方应用开放移动网络能力 API(Application Programming Interface,应用程序编程接口)和业务生成环境,使第三方互联网应用可以方便地调用移动网络开放的 API,提供具有移动网络特点的应用。同时,实现对业务接入移动网络的认证,实现对互联网内容的整合和适配,使内容更适合移动终端对其的识别和展示。

(5)移动网络应用:提供各类移动通信、互联网以及移动互联网(特有的)服务。

2. 移动互联网的业务体系

移动互联网作为传统互联网与传统移动通信的融合体,其服务体系也脱胎于上述二者。移动互联网的业务模型如图 1-6 所示。

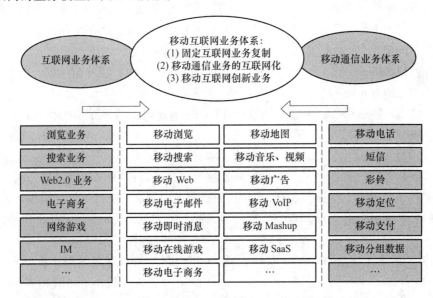

图 1-6　移动互联网的业务模型

移动互联网的业务主要包括如下三大类。

(1)固定互联网业务向移动终端的复制:实现移动互联网与固定互联网相似的业务体验,这是移动互联网业务发展的基础。

(2)移动通信业务的互联网化:使移动通信原有业务互联网化,目前此类业务并不太多,如意大利的"3 公司"与"Skype 公司"合作推出的移动 VoIP 业务。

(3)融合移动通信与互联网特点的创新业务:将移动通信的网络能力与互联网的网络与应用能力进行聚合,从而创新出适合移动终端的互联网业务,如移动 Web 2.0 业务、移动位置类互联网业务等,这也是移动互联网有别于固定互联网的发展方向。

1.3.3 移动通信网络

1897 年,马可尼在陆地和一只拖船上完成无线通信实验,标志着无线通信的开始。

1928 年,美国警用车辆的车载无线电系统标志着移动通信开始进入实用阶段。

1946 年,Bell 实验室在圣路易斯建立第一个公用汽车电话网标志着专用的移动通信系统应用到了公用系统上。

1974 年,Bell 实验室提出蜂窝移动通信的概念。

20 世纪 80 年代,第一代蜂窝移动通信系统开始应用。第一代移动通信技术(The First Generation,1G)是指以模拟技术为基础的蜂窝无线电话系统,提出于 20 世纪 80 年代,完成于 20 世纪 90 年代。它主要采用的是模拟技术和频分多址(Frequency Division Multiple Access, FDMA)技术,由于受到传输带宽的限制,不能进行移动通信的长途漫游,只能是一种区域性的移动通信系统。1G 的代表有 1983 年美国的 AMPS,1980 年北欧的 NMT,1979 年日本的 NAMTS,1985 年英国的 TACS。1G 在中国的代表是所谓的"大哥大"。

20 世纪 90 年代,第二代移动通信 GSM(Global System for Mobile Communication,全球移动通信系统)面世。我国应用的第二代蜂窝系统为欧洲的 GSM 系统以及北美的窄带 CDMA 系统。GSM 系统具有标准化程度高、接口开放的特点,强大的联网能力推动了国际漫游业务;用户识别卡的应用,真正实现了个人移动性和终端移动性。窄带 CDMA 也称为 IS-95,是由高通(Qualcomm)公司发起的第一个基于 CDMA 的数字蜂窝标准。基于 IS-95 的第一个品牌是 cdmaOne。

21 世纪开始,第三代移动通信(The Third Generation,3G)技术推出。相对第一代模拟制式手机(1G)和第二代 GSM、CDMA 等数字手机(2G),第三代手机一般是指将无线通信与国际互联网等多媒体通信相结合的新一代移动通信系统。

第三代手机能够处理图像、音乐、视频等多种媒体形式,提供包括网页浏览、电话会议、电子商务等多种信息服务。为了提供这种服务,无线网络必须能够支持不同的数据传输速度,也就是说,在室内、室外和行车的环境中能够分别支持至少 2MB/s、384KB/s 以及 144KB/s 的传输速度。

2010 年开始进入 4G(The Fourth Generation)时代,随着数据通信与多媒体业务需求的发展,适应移动数据、移动计算及移动多媒体运作需要的第四代移动通信开始兴起。2013 年 12 月 18 日,中国移动在广州宣布,将建成全球最大的 4G 网络。2013 年年底,北京、上海、广州、深圳等 16 个城市可享受 4G 服务;到 2017 年年底,中国 4G 基站数量达到 315 万个,城区实现 4G 网络完全覆盖,行政村 4G 网络覆盖率也超过 92%,地铁、高铁、高速公路、景区等 4G 网络覆盖率远超很多发达国家。

4G 移动通信系统采用新的调制技术,如多载波正交频分复用调制技术以及单载波自适应均衡技术等调制方式,以保证频谱利用率和延长用户终端电池的寿命。4G 移动通信系统采用更高级的信道编码方案(如 Turbo 码、级联码和 LDPC 等)、自动重发请求(Automatic Repeat-reQuest,ARQ)技术和分集接收技术等。4G 移动通信系统可称为宽带(Broadband)接入和分布网络,具有非对称的超过 2Mbit/s 的数据传输能力,数据率超过 UMTS(Universal Mobile Telecommunications System,通用移动通信系统),是支持高速数据到 2~20 Mbit/s 连接的理想模式,上网速度从 2 Mbit/s 提高到 100 Mbit/s。

4G 意味着更多的参与方,更多技术、行业、应用的融合,它不仅可以应用于电信行业,还可以应用于金融、医疗、教育、交通等行业;通信终端能做更多的事情,如除语音通信之外的多媒体通信、远端控制等;或许局域网、互联网、电信网、广播网、卫星网等能够融为一体组成一个通播网,无论使用什么终端,人们都可以享受高品质的信息服务,信息通信向宽带无线化和无线宽带化演进,使 4G 渗透到生活的方方面面。从用户需求的角度看,4G 能为用户提供更快的速度并满足用户更多的需求。

5G 网络(5G Network)是第五代移动通信网络,其峰值理论传输速度可达 20 Gbit/s,合 2.5 GB/s,比 4G 网络的传输速度快 10 倍以上。举例来说,一部 1G 的电影可在 1 秒下载完成。随着 5G 技术的诞生,用智能终端分享 3D 电影、游戏以及超高画质(UHD)节目的时代正向我们走来。

截至 2023 年 10 月,中国 5G 基站总数达 321.5 万个,占移动基站总数的 28.1%,5G 移动电话用户达 7.54 亿户。截至 2024 年 4 月,5G 移动电话用户占比已超五成,5G 基站总数达 374.8 万个,占移动基站总数的 31.7%。

移动通信之所以从模拟到数字、从 2G 到 5G 并向将来的 nG 演进,最根本的推动力是用户需求由无线语音服务向无线多媒体服务的转变,这种转变促使运营商为了提高 ARPU (Average Revenue Per User,每用户平均收入),开拓新的频段以支持用户数量的持续增长,实现更有效的频谱利用率以及更低的运营成本,而不得不进行变革转型。

移动通信网络技术发展至今,2G、3G 和 4G,每一代都有一个十年的发展周期。尽管移动通信技术经历了 30 年的发展与更新,比起第一代移动通信系统,其数据传输速率已经大大提高,可是在这个数据传输大爆炸的 21 世纪,移动通信服务仍然面临着巨大挑战。因此,研究有关 5G 移动通信的关键技术已是目前的发展趋势,2024 年 5G 商用 5 周年,5G 也将代替 3G、4G 变成新一代的移动通信技术。IMT-2020(5G)推进组在国家的支持下完成了 5G 网络的铺设和大规模商用。

1.4　我国移动互联网的发展历史及趋势

1.4.1　我国移动互联网的发展历史

移动通信与网络技术的发展带来了中国移动互联网的快速发展,移动互联网服务模式和商业模式得到了大规模创新。移动互联网的发展大致可以分为萌芽期、培育成长期、高速发展期和全面发展期 4 个阶段。

第一阶段——萌芽期(2000—2007 年),WAP(Wireless Application Protocol)应用是移动互联网应用的主要模式。这一时期由于受限于移动 2G 网速和手机智能化程度,中国移动互联网发展处在一个简单 WAP 应用期。利用手机自带的支持 WAP 协议的浏览器访问企业 WAP 门户网站是当时移动互联网发展的主要形式。

第二阶段——培育成长期(2008—2011 年),3G 移动网络建设掀开了中国移动互联网发展新篇章。随着 3G 移动网络的部署和智能手机的出现,移动网速大幅提升,初步破解了手机上网带宽瓶颈,简单应用软件安装功能的移动智能终端让移动上网功能得到极大增强,中国移动互联网掀开了新的发展篇章。在此期间,各大互联网公司都在摸索如何抢占移动互联网入口,百度、腾讯、奇虎360等一些大型互联网公司企图推出手机浏览器来抢占移动互联网入口,新浪、优酷等其他一些互联网公司则是通过与手机制造商合作,在智能手机出厂的时候,就把企业服务应用(如微博、视频播放器等)预安装在手机中。

第三阶段——高速发展期(2012—2013年),智能手机规模化应用促进移动互联网快速发展。具有触摸屏功能的智能手机的大规模普及应用解决了传统键盘机上网的众多不便,苹果、安卓等智能手机操作系统的普遍安装和手机应用程序商店的出现极大地丰富了手机上网功能,移动互联网应用呈现了爆发式增长。

第四阶段——全面发展期(2014年至今),4G网络建设将中国移动互联网发展推上快车道。随着4G网络的部署,移动上网网速得到极大提高,上网网速瓶颈限制得到基本破除,移动应用场景得到极大丰富。截至2017年6月,全球4G用户已经达到23.6亿人,每4个移动用户中就有1个4G用户。同时,CNNIC的数据显示,截至2016年6月,中国移动互联网用户已经达到了6.56亿人。移动互联网成为各行各业开展业务的重要驱动,应用场景层出不穷。

5G近年来开始广泛应用,提供极快的速度和极低的延迟,支持大规模的设备连接和高效的数据传输。5G技术推动了智能城市、自动驾驶、远程医疗等新兴技术的发展。

1.4.2 我国移动互联网的发展趋势

一是移动互联网产业呈现快速增长趋势,整体规模将实现跃升。移动互联网正在成为我国主动适应经济新常态、推动经济发展、提质增效升级的新驱动力。当前,国内经济疲软,规模效应不明显导致经济增速减缓。移动互联网行业逆流而上,以创新驱动变革,以生产要素综合利用和经济主体高效协同实现内生式增长,发展势头强劲。我国移动互联网市场规模迎来高峰发展期,总体规模超过1万亿元,移动购物、移动游戏、移动广告、移动支付等细分领域都获得较快增长。其中,移动购物成为拉动市场增长的主要驱动力。受市场期待和政策红利的双重驱动,移动购物、移动搜索、移动支付、移动医疗、车网互联、产业互联网等领域的蓝海价值正在显现。移动互联网经济整体规模持续增大,移动互联网平台服务、信息服务等领域不断涌现的业态创新将推动移动互联网产业走向应用和服务深化发展阶段。

二是移动互联网向传统产业加速渗透,产业互联网将开启互联网企业新征程。大数据、云计算、物联网、移动互联技术的创新演进正在拓宽企业的组织边界,推动移动互联网应用服务向企业级消费延伸。传统制造企业正在积极拥抱移动互联网,深化移动互联网在企业各环节的应用,着力推动企业互联网化转型升级。面向传统产业服务的互联网新兴业态将不断涌现。新兴信息网络技术已经渗透和扩散到生产性服务业的各个环节,重构传统企业的移动端业务模式,催生出各种基于产业发展的服务新业态,加快了对医疗、教育、旅游、交通、传媒、金融等领域的业务改造。移动互联网发展不断引领传统生产方式变革,产业互联网开启新征程。移动互联网利用智能化手段,将线上线下紧密结合,实现信息交互、网络协同,有效改善和整合企业的研发设计、生产控制、供应链管理等环节,加快生产流程创新与突破,推动企业生产向个性化、网络化和柔性化制造模式转变,推动了产业互联网的智能化、协同化、互动化变革,实现了大规模工业生产过程、产品和用户的数据感知、交互和分析,以及企业在资源配置、研发、制造、物流等环节的实时化、协同化、虚拟化。

三是移动互联网应用创新和商业模式创新交相辉映,新业态将拓展互联网产业增长新空间。随着移动互联网的崛起,一批新型的有别于传统行业的新生企业开始成长并壮大,也给整个市场带来全新的概念与发展模式,打破了固有的市场格局。互联网思维受到热捧,各行各业开始了在移动互联网领域的各种"创新""突破"之举,以求实现真正的突破。在传统工业经济向互联网经济转型过程中,旧有的社会经济规律、行业市场格局、企业经营模式等不断被改写,不可思议地叠加出新的格局。在制造业领域,工业智能化、网络化成为热点;在服务业领域,个性化成为新的方向;在农业领域,出现"新农人"现象。

四是移动互联网正在催生出新的业态、新的经济增长点、新的产业。当前企业越来越重视引入移动互联网用户思维,挖掘市场长尾需求,指导生产,探索企业增值新空间。移动支付、可穿戴设备、移动视频、滴滴专车、人人快递等新的应用创新和商业模式创新不断涌现,引发传统行业生态的深刻变革。从零售、餐饮、家政、金融、医疗健康到电信、教育、农业,移动互联网在各行业跑马圈地,改变原有行业的运行方式和盈利模式,移动互联网利用碎片化的时间,为用户提供"指尖上"的服务,促成了用户与企业的频繁交互,实现了用户需求与产品的高度契合,继而加大了用户对应用服务的深度依赖,构建形成"需求-应用-服务-更多服务-拉动更大需求"的良性循环。随着企业"以用户定产品"意识的提升、移动互联网用户黏性的增强和参与热情的高涨,未来,移动互联网应用创新和商业模式创新将持续火热,加速推动各行各业进入全民创造时代。

1.5 通 信 网 络

1.5.1 通信网的基本概念

1.5.1.1 通信网的定义与构成

1. 通信网的产生

信息需要从一方传送到另一方才能体现它的价值。如何准确而经济地实现信息的传输,这就是通信要解决的问题。从一般意义上讲,通信是指按约定规则而进行的信息传送。由"通信"到"电信",仅一字之差,却牵动了一场革命,拉开了通信技术发展的帷幕,今天人们所说的通信,通常是指电通信,信息以电磁波形式进行传输,即电信。如图 1-7 所示,一个电信系统至少应由发送或接收信息的终端和传输信息的媒介组成。终端将包含信息的消息(如话音、数据、图像等)转换成适合传输媒介传输的电磁信号,同时将来自传输媒介的电磁信号还原成原始消息;传输媒介则负责把电磁信号从一端传输到另一端。这种只涉及两个终端的通信系统称为点对点通信系统。

图 1-7　点对点通信系统

点对点通信系统还不是通信网,要实现多个用户之间的通信,则需要采用一种合理的组织方式将多个用户有机地连接在一起,并定义标准的通信协议,以使它们能够协同地工作,这样就形成了通信网。要实现一个通信网,最简单、最直接的方法就是将任意两个用户通过线路连接起来,从而构成如图 1-8 所示的网状结构。该方法中每一对用户之间都需要一条通信线路,通信线路使用的物理媒介可以是铜线、光纤或无线信道。显然,这种方法并不适用于构建大型通信网,其主要原因如下。

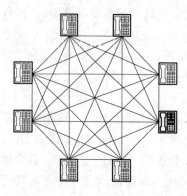

图 1-8　全互连通信网示意图

(1) 当用户数量较大时,任意一个用户到其他 $N-1$ 个用户都需要一条直达线路,构建成本高,可操作性差。

(2) 每一对用户之间独占一条永久通信线路,信道资源无法共享,造成巨大的浪费。

(3) 这样的网络结构难以实施集中的控制和网络管理。

为解决上述问题,通信网引入了交换节点(或交换机),组建如图 1-9 所示的交换式通信网。在交换式通信网中,直接连接电话机或终端的交换机称为本地交换机或市话交换机,相应的交换局称为端局或市话局;主要实现与其他交换机连接的交换机称为汇接交换机。当交换机相距很远,必须使用长途线路连接时,这种情况下的汇接交换机就称为长途交换。交换机之间的连接线路称为中继线。在交换式通信网中,还有一种交换机称为用户交换机(Private Branch Exchange,PBX),用于公众网的延伸,主要用于内部通信。在交换式通信网中,用户终端都通过用户线与交换节点相连,交换节点之间再通过中继线相连,任何两个用户之间的通信都要通过交换节点进行转接。在这种网络中,交换节点负责用户的接入、业务集中、通信链路的建立、信道资源的分配、用户信息的转发,以及必要的网络管理和控制功能。交换式通信网具有以下优点。

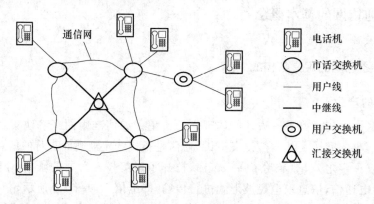

图 1-9　交换式通信网示意图

一是通过交换节点很容易组成大型网络。由于大多数用户并不是全天候需要通信服务,因此通信网中交换节点之间可以用少量的中继线路以共享的方式为大量用户服务,这样大大降低了网络的建设成本。

二是交换节点的引入增加了通信网扩展的方便性,同时便于网络的控制与管理。实际应用中,大型通信网大都具有复合型的网络结构,为用户建立的通信连接往往涉及多段线路、多个交换节点。

在计算机局域网中也有被称为 LAN Switch 的交换机,俗称网络交换机。LAN Switch 的基本任务是将来自输入端口的数据包根据其目的地址转发到输出端口,只要目的地址不变,出、入端口之间的对应关系就保持不变,相当于建立了端口之间的连接。因此,LAN Switch和电话交换机具有类似的功能。

2. 通信网的定义

对于通信网的定义,从不同的角度可以得出不同的结论。从用户角度看,通信网是一个信息服务设施,甚至是一个娱乐设施,用户可以利用它获取信息、发送信息、参与娱乐等;而从工程师角度看,通信网则是由各种软硬件设施按照一定的规则互连在一起,完成信息传送任务的系统。工程师希望这个系统应能可管、可控、可运营。因此,通信网的通俗定义为:通信网是由一定数量的节点(包括端系统、交换机)和连接这些节点的传输系统有机地组织在一起的,按照约定规则或协议完成任意用户之间信息交换的通信体系。用户使用它可以克服空间、时间等障碍进行有效的信息传送。

在通信网中,信息的交换可以在两个用户之间进行,也可以在两个设备之间进行,还可以在用户和设备之间进行。交换的信息包括用户信息(如话音、数据、图像等)、控制信息(如信令信息、路由信息等)和网络管理信息三类。由于信息在网络中通常以电磁形式进行传输,因此现代通信网也称为电信网。通信网要解决的是任意两个用户之间的通信问题,由于用户数目众多、地理位置分散,并且需要将采用不同技术体制的各类网络互连在一起,因此通信网必然涉及组网结构、编号、选路、控制、管理、接口标准、服务质量等一系列在点对点通信中原本不是问题的问题,这些因素增加了设计一个实际通信网的复杂度。

在通信网中,将信息由信源传送至信宿具有面向连接(Connection Oriented,CO)和无连接(Connectionless,CL)两种工作方式。这两种方式可以比作铁路交通和公路交通。铁路交通是面向连接的,如从北京到南京,只要铁路信号提前往沿线各站一送,道岔一合(类似于交换),火车就可以从北京直达南京,一路畅通,准时到达。公路交通是无连接的,汽车从北京到南京一路要经过许多立交或岔路口,在每个路口都要进行选路,遇见道路拥塞时还要考虑如何绕行,路况对运输影响的结果是:或者延误时间,或者货物受到影响,时效性(通信中称为服务质量)难以得到保证。

1) 面向连接网络

面向连接网络的工作原理如图 1-10 所示。假定终端 A 有三个数据分组需要传送到终端C,A 首先发送一个"呼叫请求"消息到节点 1,要求网络建立到终端 C 的连接。节点 1 通过选路确定将该请求发送到节点 2,节点 2 又决定将该请求发送到节点 3,节点 3 决定将该请求发送到节点 6,节点 6 最终将"呼叫请求"消息传送到终端 C。如果终端 C 接受本次通信请求,就响应一个"呼叫接受"消息到节点 6,这个消息通过节点 3、节点 2 和节点 1 原路返回到 A。一旦连接建立,终端 A 和终端 C 之间就可以经由这个连接(图中虚线所示)来传送(交换)数据分组了。终端 A 需要发送的三个分组依次通过连接路径传送,各分组传送时不再需要选择路由。因此,来自终端 A 的每个数据分组,依次穿过节点 1、2、3、6,而来自终端 C 的每个数据分组依次穿过节点 6、3、2、1。通信结束时,终端 A、C 任意一方均可发送一个"释放请求"信号来终止连接。

面向连接网络建立的连接可以分为两种:实连接和虚连接。用户通信时,如果建立的连接是由一段接一段的专用电路级联而成的,无论是否有信息传送,这条专用连接(专线)始终存在,且每一段占用恒定的电路资源(如带宽),那么这种连接就称为实连接(如电话交换网);如果电路的分配是随机的,用户有信息传送时才占用电路资源(带宽根据需要分配),无信息传送就不占用电路资源,对用户信息采用标记进行识别,各段线路使用标记统计占用线路资源,那么这些串接(级联)起来的标记链称为虚连接(如分组交换网)。显而易见,实连接的资源利用率较低,而虚连接的资源利用率较高。

2) 无连接网络

无连接网络的工作原理如图 1-11 所示。同样,如果终端 A 有三个数据分组需要送往终端 C,A 直接将分组 1、2、3 按顺序发给节点 1。节点 1 为每个分组独立选择路由。在分组 1 到达后,节点 1 得知输出至节点 2 的队列较短,于是将分组 1 放入输出至节点 2 的队列。同理,对分组 2 的处理方式也是如此。对于分组 3,节点 1 发现当前输出到节点 4 的队列最短,因此将分组 3 放在输出到节点 4 的队列中。在通往 C 的后续节点上,都做类似的选路和转发处理。这样,每个分组虽然都包含同样的目的地址,但并不一定走同一路由。另外,分组 3 先于分组 2 到达节点 6 也是完全可能的,因此,这些分组有可能以不同于它们发送时的顺序到达 C,这就需要终端 C 重新对分组进行排列,以恢复它们原来的顺序。

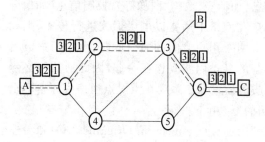

图 1-10　面向连接网络的工作原理

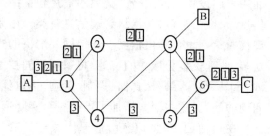

图 1-11　无连接网络的工作原理

上述两种工作方式的主要区别如下。

(1) 面向连接网络的每次通信总要经过连接建立、信息传送、连接释放 3 个阶段;而无连接网络则没有建立和释放的过程。

(2) 面向连接网络中的节点必须为相关的呼叫选路,一旦路由确定,连接即建立,路由中各节点需要为后面进行的通信维持相应的连接状态;而无连接网络中的节点必须为每个分组独立选路,但节点中并不维持连接状态。

(3) 用户信息较长时,采用面向连接方式通信效率较高;反之,无连接方式要好一些。

3. 通信网的构成

实际的通信网是由软件和硬件按特定方式构成的一个通信系统,每一次通信都需要软硬件设施的协调配合来完成。从硬件组成来看,通信网由终端节点、交换节点和传输系统构成,它们完成通信网的基本功能(接入、交换和传输)。软件设施则包括信令、协议、控制、管理、计费等,它们主要完成通信网的控制、管理、运营和维护,实现通信网的智能化。下面重点介绍通信网的硬件组成要素。

1) 终端节点

最常见的终端节点有电话机、传真机、计算机、移动终端、视频终端和 PBX 等,它们是通信网上信息的产生者,同时也是通信网上信息的使用者。其主要功能如下。

(1) 用户信息的处理:主要包括用户信息的发送和接收,将用户信息转换成适合传输系统传输的信号及相应的反变换。

(2) 信令信息的处理:主要包括产生和识别连接建立、业务管理等所需的控制信息。

2）交换节点

交换节点是通信网的核心设备,最常见的有电话交换机、分组交换机、路由器、转发器等。如图 1-12 所示,交换节点负责集中、转发终端节点产生的用户信息,但它自己并不产生和使用这些信息。其主要功能如下。

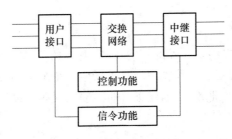

图 1-12　交换式节点的功能结构

（1）用户业务的集中和接入功能:通常由各类用户接口和中继接口组成。

（2）交换功能:通常由交换矩阵完成任意入线到出线的数据交换。

（3）信令功能:负责呼叫控制和连接的建立、监视、释放等。

（4）其他控制功能:路由信息的更新和维护、计费、话务统计、维护管理等。

3）传输系统

传输系统为信息的传输提供传输信道,并将网络节点连接在一起。通常传输系统的硬件组成应包括线路接口设备、传输媒介、交叉连接设备等。

传输系统一个主要的设计目标就是如何提高物理线路的使用效率,因此通常传输系统都采用了多路复用技术,如频分复用、时分复用、波分复用等。另外,为保证交换节点能正确接收和识别传输系统的数据流,交换节点必须与传输系统协调一致,这包括保持帧同步和位同步、遵守相同的传输体制(如 PDH、SDH、OTN)等。

1.5.1.2　通信网的类型

通信网可以根据其提供的业务、采用的交换技术、采用的传输技术、服务范围、运营方式等进行分类,下面给出几种常见的分类方式。

1. 按业务类型划分

按业务类型,通信网可分为:电话通信网,如公用交换电话网(Public Switched Telephone Network,PSTN)、公用陆地移动通信网(Public Land Mobile Network,PLMN);数据通信网,如 X.25、Internet、帧中继网、ATM 等;广播电视网等。

2. 按服务范围划分

按服务范围的大小,电信网可分为长途网和本地网,计算机网络可分为广域网(Wide Area Network,WAN)、城域网(Metropolitan Area Network,MAN)和局域网(Local Area Network,LAN)。

3. 按信号传输方式划分

按信号传输方式,通信网可分为模拟通信网和数字通信网。

4. 按运营方式划分

按运营方式,通信网可分为公用通信网和专用通信网。

需要注意的是,从管理和工程的角度看,网络之间本质的区别在于所采用的实现技术不同,其主要包括三方面:交换技术、控制技术及业务实现方式。而决定采用哪种技术实现网络的主要因素有用户的业务特征、用户要求的服务性能、网络服务的物理范围、网络的规模、当前可用的软硬件技术的信息处理能力等。

1.5.1.3 通信网的业务

目前,各种网络为用户提供了大量的不同业务,业务的分类并无统一的标准,好的业务分类有助于运营商进行网络规划和运营管理。这里借鉴传统 ITU-T 建议的方式,根据信息类型的不同将业务分为四类:话音业务、数据业务、图像业务、视频和多媒体业务。

1. 话音业务

话音业务主要是电话业务,目前通信网提供固定电话业务、移动电话业务、VoIP、会议电话业务和电话语音信息服务业务等。该类业务不需要复杂的终端设备,所需带宽小于 64 kbit/s,采用电路或分组方式承载。

2. 数据业务

低速数据业务主要包括电报、电子邮件、数据检索、Web 浏览等。该类业务主要通过分组网络承载,所需带宽小于 64 kbit/s。高速数据业务包括局域网互联、文件传输、面向事务的数据处理业务,所需带宽均大于 64 kbit/s,采用电路或分组方式承载。

3. 图像业务

图像业务主要包括传真、CAD/CAM 图像传送等。该类业务所需带宽差别较大,G4 类传真需要 2.4~64 kbit/s 的带宽,而 CAD/CAM 则需要 64 kbit/s~34 Mbit/s 的带宽。

4. 视频和多媒体业务

视频和多媒体业务包括可视电话、视频会议、视频点播、普通电视、高清晰度电视等。

该类业务所需的带宽差别很大,例如,会议电视需要 64 kbit/s~2 Mbit/s,而高清晰度电视需要 140 Mbit/s 左右。

此外,还有另一种广泛使用的业务分类方式,即按照网络提供业务的方式不同,将业务分为三类:承载业务、用户终端业务和补充业务。承载业务和用户终端业务的实现位置如图 1-13 所示。其中,承载业务与用户终端业务合起来称为基本业务。

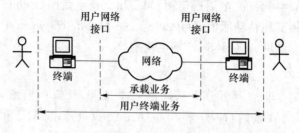

图 1-13 承载业务与用户终端业务的实现位置

1) 承载业务

承载业务是网络提供的单纯的信息传送业务,具体地说,是在用户网络接口处提供的一种服务。网络用电路或分组交换方式将信息从一个用户网络接口(User Network Interface,UNI)透明地传送到另一个用户网络接口,而不对信息进行任何处理和解释,它与终端类型无关。一个承载业务通常用承载方式(分组或电路交换)、承载速率、承载能力(语音、数据、多媒体)来定义。

2) 用户终端业务

用户终端业务指所有各种面向用户的业务,它在人与终端的接口上提供。它既反映了网络的信息传递能力,又包含了终端设备的能力,终端业务包括电话、电报、传真、数据、多媒体等。一般来讲,用户终端业务都是在承载业务的基础上增加高层功能而形成的。

3) 补充业务

补充业务又称为附加业务,是在承载业务和用户终端业务的基础上由网络提供的附加业务特性。补充业务不能单独存在,它必须与基本业务一起提供。常见的补充业务有主叫号码显示、呼叫转移、三方通话、闭合用户群等。

未来通信网提供的业务应呈现以下特征:

(1) 移动性,包括终端移动性、个人移动性;

(2) 带宽按需分配;

(3) 多媒体性;

(4) 交互性。

1.5.2　通信网的组织结构

从组织结构上,通信网具有拓扑结构、功能结构和协议体系结构之分,其中协议体系结构在计算机网络等课程介绍,这里不再赘述。

1.5.2.1　通信网的拓扑结构

在通信网中,网络节点之间按照某种方式进行互连便形成了一定的拓扑结构。通信网的基本拓扑结构示意图如图 1-14 所示。

1. 网状结构

网状结构如图 1-14(a)所示。它是一种全互联网络,网内任意两个节点间均由直达线路连接,N 个节点的网络需要 $N(N-1)/2$ 条传输链路。其优点是线路冗余度大,网络可靠性高,任意两点间可直接通信;缺点是线路利用率低,网络建设成本高,另外网络的扩容也不方便,每增加一个节点,就需增加 N 条线路。网状结构通常用于节点数目少,同时对可靠性要求很高的场合。

2. 星形结构

星形结构如图 1-14(b)所示。星形结构网呈辐射状,与网状结构相比,增加了一个中心转接节点,其他节点都与转接节点有线路相连。N 个节点的星形网需要 $N-1$ 条传输链路。其优点是网络建设成本较低,线路利用率高;缺点是网络的可靠性较差,中心节点发生故障或转接能力不足时,全网通信就会受到影响。

通常在传输链路费用高于转接设备,可靠性要求又不高的场合,可以采用星形结构,以降低建网成本。

3. 复合结构

复合结构如图 1-14(c)所示。它是由网状结构和星形结构复合而成的。以星形结构为基础,在业务量较大的转接中心之间采用网状结构,因此整个网络结构比较经济且稳定性较好。

由于复合结构兼具星形结构和网状结构的优点,因此在电信骨干网和规模较大的局域网中广泛采用分级的复合结构,在设计时通常以转接设备和传输链路的总费用最小为原则。

4. 总线结构

总线结构如图 1-14(d)所示。属于共享传输介质网络,总线结构中的所有节点都连至一个公共总线上,任何时候只允许一个用户占用总线发送或接送数据。其优点是需要的传输链路少,节点间通信无须转接,控制简单,增减节点也很方便;缺点是网络服务性能稳定性差,节点数目不宜过多,网络覆盖范围受限。总线结构主要用于计算机局域网、电信接入网等网络中。

5. 环形结构

环形结构如图 1-14(e)所示。所有节点首尾相连组成一个环,N 个节点的环网需要 N 条传输链路。环网可以是单向环,也可以是双向环。其优点是结构简单,容易实现,双向自愈环结构可以对网络进行自动保护;缺点是节点数较多时转接时延无法控制,并且环形结构不易扩容,每加入一个节点都要破坏原网络。环形网结构目前主要用于局域网、光纤接入网、城域网、光传输网等网络中。

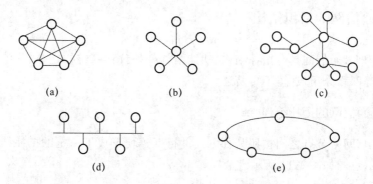

图 1-14　通信网基本拓扑结构示意图

1.5.2.2　通信网的功能结构

通信网种类繁多,提供的服务各不相同,但在网络结构、基本功能、实现原理上具有一定的相似性,它们都实现了下列 4 个主要的网络功能。

(1) 信息传送。这是通信网的基本任务,传送的信息主要包括用户信息、信令信息和管理信息。端到端的信息传送主要由交换节点和传输系统完成。

(2) 信息处理。网络对信息的处理对用户是透明的,主要目的是增强通信的有效性、可靠性和安全性,信息最终的语义解释一般由终端应用来完成。

(3) 信令机制。这是通信网上任意两个通信实体之间为实现某一通信任务,进行控制信息交换的机制,如电话通信网上的信令、计算机网络上的各种路由信息协议、TCP 连接建立协议等均属于此范畴。

(4) 网络管理。它负责网络的运营管理、维护管理、资源管理,以保证网络在正常和故障情况下的服务质量。它是整个通信网中最具智能的部分。例如,常用的网络管理标准有:电信管理网标准 TMN 系列、计算机网络管理标准 SNMP 等。

通信网的功能结构又可从网络功能和用户接入的角度进行划分,即采用垂直和水平两种划分。

1. 垂直划分

如图 1-15 所示,从网络的功能角度看,通信网是一个网络集合或网络体系,一个完整的通信网可分为业务网、传送网、支撑网 3 个相互依存的部分。

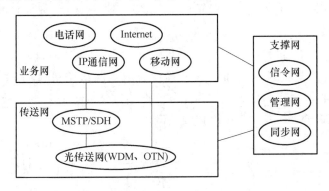

图 1-15　通信网功能结构(垂直划分)

1) 业务网

业务网负责向用户提供各种通信业务,如基本话音、数据、多媒体、租用线、虚拟专用网(VPN)等,采用不同交换技术的交换节点设备通过传送网互联在一起就形成了不同类型的业务网。构成一个业务网的主要技术要素有以下几方面内容:网络拓扑结构、交换节点技术、编号计划、信令技术、路由选择、业务类型、计费方式、服务性能保证机制等,其中交换节点设备是构成业务网的核心要素。各种交换技术的异同将在 1.5.3 节介绍。

2) 传送网

传送网是随着光通信技术的发展,在传统传输系统的基础上引入管理和交换智能后形成的。传送网独立于具体业务网,负责按需为交换节点之间提供联网传输通道,此外还包括相应的管理功能,如电路调度、网络性能监视、故障切换等。构成传送网的主要技术要素有:传输介质、复用体制、传送网节点技术等,其中传送网节点主要有分插复用设备(ADM)和交叉连接设备(DXC)两种类型,它们是构成传送网的核心要素。

传送网组网节点与业务网交换节点具有相似之处,即传送网节点也具有交换功能。二者的区别之一在于业务网交换节点的基本交换单位本质上是面向终端业务的,粒度较小,如一个时隙、一个虚连接;而传送网节点的基本交换单位本质上是面向一个中继方向的,因此粒度较大,如 SDH 中的基本交换单位是一个虚容器(最小为 2 Mbit/s),而在光传送网中基本的交换单位则是一个波长(目前骨干网上至少为 10 Gbit/s)。二者的区别之二在于业务网交换节点的连接是在信令系统的控制下建立和释放的,而光传送网节点之间的连接则主要是通过管理层面来指配建立或释放的,每一个连接需要长期化维持和相对固定。目前主要的传送网有 SDH 和光传送网(OTN)两种类型。

3) 支撑网

支撑网负责提供业务网正常运行所必需的信令、同步、网络管理、业务管理、运营管理等功能,以提供用户满意的服务质量。支撑网包括以下 3 个部分。

(1) 同步网。它处于数字通信网的最底层,负责实现网络节点设备之间和节点设备与传输设备之间信号的时钟同步、帧同步及全网的网同步,保证地理位置分散的物理设备之间数字信号的正确接收和发送。

（2）信令网。对于采用公共信道信令的通信网,存在一个逻辑上独立于业务网的信令网,它负责在网络节点之间传送业务相关或无关的控制信息流。

（3）管理网。管理网的主要目标是通过实时和近实时监视业务网的运行情况,并相应地采取各种控制和管理手段来实现在各种情况下充分利用网络资源,保证通信的服务质量。

2. 水平划分

从用户接入的角度,通信网可分为用户驻地网、接入网和核心网 3 个部分,如图 1-16 所示。其中,用户驻地网与接入网之间的分界点称为用户网络接口（User Network Interface,UNI）,接入网与核心网之间的分界点称为业务节点接口（Service Node Interface,SNI）。在现代通信网中,UNI 和 SNI 一般都为标准化的接口。

图 1-16　通信网功能结构（水平划分）

1）用户驻地网

用户驻地网（Customer Precede Network,CPN）,CPN 是用户自有网络,指用户终端至用户驻地业务集中点之间所包含的传输及线路等相关设施。小至电话机,大至局域网,可以把零散用户和业务集中起来,将大量的小用户变成大用户。

2）核心网

核心网（Core Network,CN）是通信网的骨干,由现有的和未来的宽带、高速骨干传输网和大型交换节点构成。核心网的发展方向是统一的 IP 核心网,即所有的业务（从固定电话、移动电话、数据、多媒体通信,到娱乐、游戏、电子商务、综合信息服务,乃至交互式高清电视业务、虚拟现实等）全部都由统一的 IP 核心网来承载,区别仅在于接入部分。

统一的 IP 核心网采用统一的网络和设备,这样可以大大降低建设和运营成本。

3）接入网

接入网（Access Network,AN）是连接终端用户、用户驻地网和核心网的关键设施。根据传输介质和接入手段不同,接入网包括有线、无线及综合接入等方式。有线接入方式具体包括铜线接入、光纤接入及混合光纤同轴电缆接入。无线接入方式可以分为固定无线接入和移动无线接入。综合接入方式是有线与无线的综合接入方式。

用户驻地网是业务网在用户端的自然延伸,接入网也可以看成传送网在核心网之外的延伸,而核心网则包含业务、传送、支撑等网络功能要素。

1.5.3　通信网的交换方式

交换机的任务是完成任意两个用户之间的信息交换。按照所交换信息的特征,以及为完成交换功能所采用的技术不同,出现了多种交换方式。目前,在电信网和计算机网中使用的主要交换方式如图 1-17 所示。

下面对各种交换方式进行简要说明。

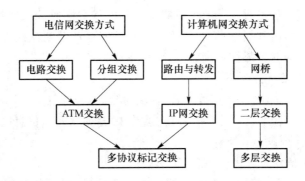

图 1-17　主要交换方式

1.5.3.1　电路交换

电路交换(Circuit Switching,CS)是最早出现的一种交换方式,主要用于电话通信。

电路交换的基本过程包括呼叫建立、信息传送(通话)和连接释放 3 个阶段,如图 1-18 所示。

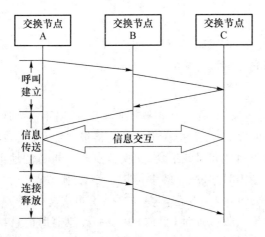

图 1-18　电路交换的基本过程

在双方开始通信之前,发起通信的一方(通常称为主叫方)通过一定的方式(如拨号)将被叫方的地址告诉网络,网络根据地址在主叫方和被叫方之间建立一条电路,这个过程称为呼叫建立(或称为连接建立)。然后主叫和被叫进行通信(通话),通信过程中双方所占用的电路将不为其他用户使用。通信结束后,主叫或被叫通知网络释放通信电路,这个过程称为呼叫释放(或称为连接释放)。通信过程中所占用的电路资源在释放后,可以为其他用户通信所用。这种交换方式就称为电路交换。包括最早使用的磁石电话在内的人工电话交换通常都采用电路交换方式(直至 20 世纪 90 年代 IP 电话出现)。

电路交换是一种实时交换,当任一用户呼叫另一用户时,交换机应立即在两个用户之间建立通话电路;如果没有空闲的电路,那么呼叫将损失掉(称为呼损)。因此,对于电路交换而言,应配备足够的电路资源,使呼叫损失率控制在服务质量允许的范围内。

电路交换采用固定分配带宽(物理信道),在通信前要先建立连接,在通信过程中一直维持这一物理连接,只要用户不发出释放信号,即使通信(通话)暂时停顿,物理连接也仍然保持。因此,电路利用率较低。由于通信前要预先建立连接,因此有一定的连接建立时延;但在连接建立后可实时传送信息,传输时延一般可忽略不计。电路交换通常采用基于呼叫损失制的方法处理业务流量,过负荷时呼损率增加,但不影响已经接受的呼叫。此外,由于没有差错控制措施,因此用于数据通信时可靠性不高。

(1) 电路交换的主要优点如下:

① 信息的传输时延小,对一次接续而言,传输时延固定不变;

② 交换机对用户信息不进行处理,信息在通路中"透明"传输,信息的传输效率较高。

(2) 电路交换的主要缺点如下:

① 电路资源被通信双方独占,电路利用率低;

② 由于存在呼叫建立过程,因此电路的接续时间较长,当通信时间较短(或传送较短信息)时,呼叫建立的时间可能大于通信时间,网络的利用率较低;

③ 有呼损,即可能出现由于被叫方终端设备忙或通信网络负荷过重而呼叫不通的情况;

④ 通信双方在信息传输速率、编码格式等方面必须完全兼容,否则难于互通。

电路交换通常适合于电话通信、文件传送、高速传真等业务,而不适合突发性强,对差错敏感的数据通信。

1.5.3.2 分组交换

分组交换来源于报文交换,采用"存储-转发"(Store and Forward)方式,同属于可变比特率交换范畴。为此,下面先介绍报文交换(Message Switching)。

1. 报文交换

报文交换又称为存储-转发交换。与电路交换不同,网络不需为通信双方建立实际电路连接,而是将接收的报文暂时存储,然后按一定的策略将报文转发到目的用户。报文中除了用户要传送的信息以外,还有源地址和目的地址,交换节点要分析目的地址和选择路由,并在选择的端口上排队,等待线路空闲时才发送(转发)到下一个交换节点。

报文交换中信息的格式以报文为基本单位。一份报文包括报头、正文和报尾3个部分。报头包括发端地址(源地址)、收端地址(目的地址)及其他辅助信息;正文为用户要传送的信息;报尾是报文的结束标志,若报文具有长度指示,则报尾可以省略。报文交换采用"存储-转发"方式,因此易于实现异构终端之间的通信。但交换时延大,不利于实时通信。

2. 分组交换

电路交换的电路利用率低,且不适合异种终端之间的通信;报文交换虽然可以进行速率和码型的变换,具有差错控制功能,但信息传输时延较长且难以控制,不满足数据通信对实时性的要求(注意:数据通信系统的实时性要求是指利用计算机进行通信时用户可以实时地交互信息,相比于话音的时延要求,数据通信的实时性要求要宽松得多)。分组交换可以较好地解决这些问题。

分组交换同样采用"存储-转发"方式,但不是以报文为单位,而是把报文划分成许多比较短的、规格化的"分组(Packet)"进行交换和传输的。分组长度较短,且具有统一的格式,便于交换机进行存储和处理。分组进入交换机后只在主存储器中停留很短的时间进行排队处理,一旦确定了路由,就很快输出到下一个交换机。分组通过交换机或网络的时间很短(为毫秒级),能满足绝大多数数据通信对信息传输的实时性要求。根据交换机对分组的不同处理方式,分组交换有两种工作模式:数据报(Datagram)和虚电路(Virtual Circuit)。

　　数据报方式类似于报文交换,只是将每个分组作为一个报文来对待。每个数据分组中都包含目的地址信息,分组交换机为每个数据分组独立地寻找路径,因此,一个报文包含的多个分组可能会沿着不同的路径到达目的地,在目的地需要重新排序。

　　虚电路方式类似于电路交换,两台用户终端在开始传输数据之前,同样必须通过网络建立连接,只是建立的是逻辑上的连接(虚电路)而不是物理连接。一旦这种连接建立之后,用户发送的数据(以分组为单位)将顺序通过该路径传送到目的地。当通信完成之后用户发出拆链请求,网络清除连接。由于分组在网络中是顺序传送的,因此不需要在目的地重新排序。

　　(1) 分组交换的主要优点

　　① 可为用户提供异种终端(支持不同速率、不同编码方式和不同通信协议的数据终端)的通信环境。

　　② 在网络负荷较轻的情况下,信息传输时延较小,能够较好地满足计算机实时交互业务的通信要求。

　　③ 实现了线路资源的统计复用(一种对线路资源的共享方式),通信线路(包括中继线和用户线)的利用率较高,在一条物理线路上可以同时提供多条信息通路。

　　④ 可靠性高。分组在网络中传输时可以在中继线和用户线上分段进行差错校验,使信息传输的比特差错率大大降低,一般可以达到 10^{-10} 以下。由于分组在网络中传输的路由是可变的,当网络设备或线路发生故障时,分组可以自动地避开故障点,因此分组交换的可靠性高。

　　⑤ 经济性好。信息以分组为单位在交换机中存储和处理,不要求交换机具有很大的存储容量,便于降低设备造价;对线路的统计复用也有利于降低用户的通信费用。

　　(2) 分组交换的主要缺点

　　① 分组中开销信息较多,对长报文通信的效率较低。按照分组交换的要求,一份报文要分割成许多分组,每个分组要加上控制信息(分组头);此外,还必须附加许多控制分组,用以实现管理和控制功能。可见,在分组交换网内除了传输用户数据之外,还要传输许多辅助控制信息。对于那些长报文而言,分组交换的传输效率可能不如电路交换或报文交换。

　　② 技术实现复杂。分组交换机需对各种类型的分组进行处理,为分组的传输提供路由,并且在必要时自动进行路由调整;为用户提供速率、编码和通信协议的变换;为网络的维护管理提供必要的信息等。因此技术实现复杂,对交换机的处理能力要求也较高。

　　③时延较大。由于节点处理任务较多,信息从一端传送到另一端,穿越网络的路径越长、节点越多,分组时延越大。因此,传统的分组交换主要用于数据通信,很难应用于实时多媒体业务。

3. 快速分组交换

　　传统的分组交换是基于 ITU-T 提出的 X.25 协议发展而来的。X.25 协议采用 3 层结构,第 1 层为物理层,第 2 层为数据链路层,第 3 层为分组层,对应于开放系统互联(Open System Interconnection,OSI)参考模型的下 3 层,每一层都包含了一组功能。

　　X.25 协议是针对模拟通信环境设计的。随着光通信技术的发展,光纤逐渐成为通信网传输媒介的主体。光纤通信具有容量大、质量高的特点,其误码率远远低于模拟信道。在这样的通信环境下实现数据通信,显然没有必要像 X.25 那样设计烦琐的差错与流量控制功能。快速分组交换(Fast Packet Switching,FPS)就是在这样的背景下提出的。

　　快速分组交换可理解为尽量简化协议,只保留核心的链路层功能,以提供高速、高吞吐量、低时延服务的交换方式。广义的 FPS 包括帧中继(Frame Relay,FR)与信元中继(Cell Relay,

CR）两种交换方式。

与 X.25 协议相比，帧中继是一种简化的协议，它只有下两层，没有第 3 层，在数据链路层也只保留了核心功能，如帧的定界、同步及差错检测等。与传统的分组交换相比，帧中继具有两个主要特点：①帧中继以帧为单位来传送和交换数据，在第 2 层（数据链路层）进行复用和传送，而不是在分组层，简化的协议加快了处理速度；②帧中继将用户面与控制面分离，用户面负责用户信息的传送，控制面负责呼叫控制和连接管理，包括信令功能。

帧中继取消了 X.25 协议中规定的节点之间、节点与用户设备之间每段链路上的数据差错控制，将逐段链路上的差错控制推到了网络的边缘，由终端负责完成。网络只进行差错检测，错误帧予以丢弃，节点不负责重发。帧中继的这种设计思路是基于一定的技术背景的。正如前面所述，由于采用了光纤作为数据通信的主要手段，数据传输的误码率很低，链路上出现差错的概率大大减小，传输中不必每段链路都进行差错控制。同时，随着终端智能和处理能力的增强，原本由网络完成的部分功能可以推到网络边沿，在终端实现。

4. ATM 交换

从前面的介绍中可以看出，电路交换和分组交换具有各自的优势和缺陷，两者实际上是互补的。电路交换适合实时的话音业务，但对数据业务效率不高；而分组交换适合数据业务，却对实时业务的支持不够好。显然，能够适应综合业务传送要求的交换技术必须具有电路交换和分组交换的综合优势，这正是 ITU-T 提出异步传送模式 ATM（Asynchronous Transfer Mode）的初衷。

ATM 交换的基本特点如下。

1）采用定长的信元

与采用可变长度分组的帧中继比较，ATM 采用固定长度的信元（Cell）作为交换和复用的基本单位。信元实际上就是长度很短的分组，只有 53 字节（Byte），其中前 5 字节称为信头（Cell Header），其余 48 字节称为信息域或称为净荷（Pay Load）。定长的信元结构有利于简化节点的交换控制和缓冲器管理，获得较好的时延特性，这对综合业务的传送十分关键。

信头中包含控制信息的多少，反映了交换节点的处理开销。因此，要尽量简化信头，以减少处理开销。ATM 信元的信头只有 5 字节，主要包括虚连接的标志、优先级指示和信头的差错校验等。信头中的差错校验是针对信头本身的，这是非常必要的功能，因为信头如果出错，将导致信元丢弃或错误选路。

2）面向连接

ATM 采用面向连接方式。在用户传送信息之前，先要有连接建立过程；在信息传送结束之后，要拆除连接。这与电路交换方式类似。当然，这里不是物理连接，而是一种虚连接。

为了便于应用和管理，ATM 的虚连接分成两个等级：虚信道（Virtual Channel，VC）和虚通路（Virtual Path，VP）。物理传输信道可包含若干 VP，每个 VP 又可划分为若干 VC。

3）异步时分交换

电路交换属于同步时分（Synchronous Time Division，STD）交换，ATM 则属于异步时分（Asynchronous Time Division，ATD）交换。

1.5.3.3　IP 网交换

本书所述"IP 网交换"主要是指计算机网络中的交换方式。

计算机网络是利用通信设备和传输线路将不同地理位置、功能独立的多个计算机系统互连在一起,通过一系列的协议实现资源共享和信息传送的系统。从服务范围看,计算机网络分为局域网(LAN)、城域网(MAN)和广域网(WAN)。随着局域网技术,特别是电信级以太网技术(Carrier Ethernet,CE)的发展,它的应用范围正在向城域网甚至广域网延伸。

局域网技术包括以太网、令牌环、光纤分布式数据接口(FDDI)、ATM 等,但真正得到广泛应用的是美国电气和电子工程师学会 IEEE 802 委员会制定的以太网标准和技术。早期出现的局域网为共享传输介质的以太网(由集线器连接)或令牌环,对信道的占用采用竞争方式。随着用户数量的增加,信道冲突加剧,网络性能下降,每个用户实际获得的带宽急剧减小,甚至引起网络阻塞。解决这一问题的方法是在网络中引入两端口或多端口网桥,网桥的作用是将网络划分成多个网段以减小冲突域,提高网络传输性能。由于网桥隔离了冲突域,在一定条件下具有增加网络带宽的作用。但在一个较大的网络中,为保证响应速度,往往要分割很多网段,不但增加了建设成本,而且使网络的结构和管理也变得复杂。

主流的局域网交换技术是在多端口网桥的基础上于 20 世纪 90 年代初发展起来的,它是一种改进的网桥技术,与传统的网桥相比,它能提供更多的端口,端口之间通过空分交换矩阵或存储转发部件实现互连。局域网交换机的引入,既提高了网络性能和数据传输的可靠性,又增强了网络的扩展性。

1. 第二层交换

局域网交换机工作在数据链路层,它能够读取数据帧中的 MAC 地址并根据 MAC 地址进行信息交换,这也是称为第二层交换的原因。在这种交换机中,内部通常有一个地址表(地址池),地址表的各表项标明了 MAC 地址和端口的对应关系。当交换机从某个端口收到一个数据帧时,它首先读取帧头中的源 MAC 地址,这样它就可以知道 MAC 地址所属的终端连接在哪个端口上。然后,它再读取帧头中的目的 MAC 地址,并在地址表中查找相应的表项。如果找到与该 MAC 地址对应的表项(MAC 地址-端口号),就把数据帧从这个端口转发出去;如果在表中找不到相应的表项,就把数据帧广播到除输入端口之外的所有端口上。当目的主机响应广播数据帧时,交换机就在地址表中记下响应主机的 MAC 地址与所连接端口的对应关系,这样,在下次传送数据时就不再需要对所有端口进行广播了。第二层交换机就是这样通过自动学习和广播机制建立起自己的地址表的。由于第二层交换机一般具有高速的交换总线,因此可以同时在很多端口之间交换数据。与网桥相比较,第二层交换机具有更多的端口和更高的交换速率。传统网桥大都基于软件实现,转发时延为毫秒级。第二层交换机的工作大都由硬件完成,如 FPGA、ASIC 芯片或网络处理器等,转发时延为微秒级。因此,可以实现线速转发,使局域网的交换性能得到明显的提升。

2. 路由与互连

第二层交换机在一定程度上减少了网络冲突,提高了数据转发性能。但由于交换机采用端口地址自动学习和广播相结合的机制没有根本改变,仍会导致广播风暴,难以满足大型网络的组网需要,因此又引入了路由器。用路由器来实现不同局域网之间的互连,在不同子网之间转发分组。路由器可以彻底隔离广播风暴,适应大型组网对性能、容量和安全性的要求。路由器具有路由选择功能,不但可为跨越不同局域网的分组选择最佳路径,而且可以避开失效的节点或网段,还可以进行不同网络协议的转换,实现异构互连。路由器可将很多分布在各地的局域网互连起来构成广域网,实现更大范围的资源共享和信息传送,如图 1-19 所示。目前,最大的计算机广域网就是国际互联网(Internet)。

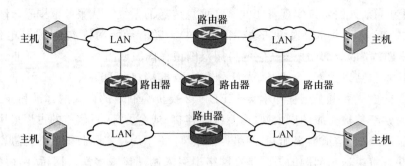

图 1-19　广域网组网示意图

路由器是计算机网络的典型组网设备,其工作在网络层,使用无连接技术,对进入节点的每个分组进行逐包检查,并采用"最长地址匹配"等原则将每个分组的目的地址与路由表中的表项逐个进行比较,选择合适的路由并将分组转发出去。传统的路由器对每个分组都要进行一系列复杂的处理,如差错控制、流量控制、路由处理、安全过滤、策略控制等,并需支持多种协议以便实现异构互连。这些功能和操作大都是通过软件实现的。随着网络通信量的增加,路由器的处理能力不堪重负,因此,网络拥塞在所难免,网络的服务质量无法得到保证。尽管路由器在互连功能上具有优势,但价格相对较高,报文转发速度较低。为了满足局域网互连对转发速率和安全性的要求,人们在第二层交换的基础上,引入了虚拟局域网(Virtual Local Network,VLAN)技术和第三层交换技术。

3. 虚拟局域网

虚拟局域网(VLAN)是指在交换式局域网的基础上,通过网管配置构建的可跨越不同网段、不同网络的端到端的逻辑网络。一个 VLAN 组成一个逻辑子网,即一个广播域,它可以覆盖多个网络设备,允许处于不同地理位置的用户加入一个逻辑子网中。对网络交换机而言,每个端口可对应一个网段,由于子网由若干网段构成,通过对交换机端口的组合,可以逻辑形式划分子网。广播报文只限定在子网内传播,不能扩散到其他的子网,通过合理划分逻辑子网,能够达到控制广播风暴的作用。VLAN 技术不用路由器就能解决广播风暴的隔离问题,且VLAN 内网段与其物理位置无关,即相邻网段可以属于不同的 VLAN,相隔甚远的两个网段可以属于同一个 VLAN,而属于不同 VLAN 的终端之间不能相互通信。VLAN 可以基于端口、基于 MAC 地址和基于 IP 路由等方式进行划分。对于采用 VLAN 技术的网络来说,一个VLAN 可以根据部门职能将不同物理位置的网络用户划分为一个逻辑网段。在不改变网络物理连接的情况下可以任意地将工作站在 VLAN 之间移动。利用 VLAN 技术,不但可以有效控制广播风暴,提高网络性能和安全性,而且可以减轻网管和维护负担,降低网络维护成本。

4. 第三层交换

第三层属于网络层。但第三层交换并非只使用第三层的功能,也不是简单地把路由器的软硬件叠加在局域网交换机上,而是把第三层的路由器与第二层的交换机两者的优势有机地结合起来,利用第三层路由协议中的选路信息来增强第二层交换功能,以实现分组的快速转发。按照 OSI/RM 模型的功能划分,网络层的主要任务是寻址、选路和协议处理。

传统路由器由于使用软件和通用 CPU 实现数据包转发,同时还要完成包括路由表创建、维护和更新等协议处理,因此处理开销大,转发速度受到限制,难以满足局域网高速互连对转发速率的要求。而第二层交换在解决大型局域网组网的扩展性、抑制广播风暴和安全性控制等方面又力不从心,为了解决这些问题,第三层交换应运而生。第三层交换技术的出现,既解决了局域网中 VLAN 划分之后,子网必须依赖路由器进行互连和管理的问题,又解决了传统路由器低速、复杂所造成的网络瓶颈问题。

在硬件结构方面,第二层交换机的接口模块是通过高速背板(速率可高达数十吉比特每秒)实现数据交换的,在第三层交换机中,与路由有关的第三层路由模块也连接在高速背板上,这使得路由模块可以与需要路由的其他模块高速交换数据。在软件结构方面,第三层交换机也有重大的改进,它将传统的基于软件的路由器功能进行了界定,其做法是:对于数据包的转发,如 IP/IPX 包的转发,通过线路板卡中的专用集成芯片(ASIC)高速实现。对于第三层路由软件,如路由信息的更新、路由表维护、路由计算、路由的确定等功能,采用优化、高效的软件实现。第三层交换技术主要包括逐包式和流式交换,局域网第三层交换机主要采用逐包式交换技术,流式交换技术主要用于广域网。

目前,在计算机网络领域,出现了多种交换与组网技术,如局域网中的二层交换、三层交换、四层交换、七层交换等,广域网中的 IP 交换、标签交换、多协议标记交换等。

1.5.3.4　光交换

随着光通信技术的不断进步,波分复用系统在一根光纤中已经能够提供太比特每秒的信息传输能力。传输系统容量的快速增长给交换系统的发展带来了巨大的压力和动力。通信网交换系统的规模越来越大,运行速率也越来越高,未来的大型交换系统将需要处理总量达几百上千太比特每秒的信息。但是,目前的电子交换和信息处理能力已接近电子器件的极限,其所固有的 RC 参数、钟偏、漂移、响应速度慢等缺点限制了交换速率的进一步提高。为了解决电子器件的瓶颈问题,通信界在交换系统中引入了光交换。

光交换技术是在光域直接将输入的光信号交换到不同的输出端,完成光信号的交换。光交换的优点在于,光信号在通过光交换单元时,不需经过光电、电光转换,因此它不受检测器、调制器等光电器件响应速度的限制,对比特速率和调制方式透明,可以大大提高交换系统的吞吐量。目前,光传送网已实现由点对点波分复用系统发展到面向波长的光分插复用器/光交叉连接器,并在向融合电路交换和分组交换的自动交换光网络演进。

光交换网络的交换对象将从光纤、波带、波长向光分组发展,光交换必将成为未来全光网络的核心技术。

1.5.4　通信网的服务质量

1.5.4.1　服务质量总体要求

对通信网的服务质量要求一般从可访问性、透明性和可靠性 3 个方面来进行衡量。

1. 可访问性

可访问性是对通信网的基本要求之一,即网络保证合法用户随时随地能够快速、有保证地接入网络以获得信息服务,并在规定的时延内传递信息的能力。它反映了网络保证有效通信的能力。影响可访问性的因素主要有网络的物理拓扑结构、可用资源数目及网络设备的可靠性等。实际应用中常用接通率、接续时延等指标来进行评定。

2. 透明性

透明性也是对通信网的基本要求之一,即网络保证用户业务信息准确、无差错传送的能力,也即网络无损传递信息的能力。它反映了网络保证用户信息具有可靠传输质量的能力,无法保证信息透明传输的通信网是没有实际意义的。实际应用中常用用户满意度和信号的传输质量来评定。

3. 可靠性

可靠性是指整个通信网连续、不间断稳定运行的能力,它通常由组成通信网的各系统、设备、部件等的可靠性综合确定。一个可靠性差的网络会经常出现故障,导致正常通信中断,但实现一个绝对可靠的网络实际上也不可能,网络可靠性设计不是追求绝对可靠,而是在经济合理的前提下,满足业务服务质量要求即可。通信网可靠性指标主要有以下几种。

(1) 失效率:系统在单位时间内发生故障的概率,一般用 λ 表示。

(2) 平均故障间隔时间(Mean Time Between Failure,MTBF):相邻两次故障发生的间隔时间的平均值,$\mathrm{MTBF}=1/\lambda$。

(3) 平均修复时间(Mean Time To Restoration,MTTR):修复一个故障的平均处理时间,μ 表示修复率,$\mathrm{MTTR}=1/\mu$。

(4) 系统不可利用度(U):在规定的时间和条件内,系统丧失规定功能的概率,通常假设系统在稳定运行时,μ 和 λ 都接近于常数,则 $U=\dfrac{\lambda}{\lambda+\mu}=\dfrac{\mathrm{MTTR}}{\mathrm{MTBF}+\mathrm{MTTR}}$

1.5.4.2 电话网服务质量

电话通信网的服务质量一般从呼叫接续质量、传输质量和稳定性质量 3 个方面来定义。

1. 接续质量

接续质量反映的是电话网接续用户电话的速度和难易程度,通常用接续损失(呼叫损失率,简称呼损)和接续时延来评定。

2. 传输质量

传输质量反映的是电话网传输话音信号的准确程度,通常用响度、清晰度、逼真度来评定。实际应用中上述 3 个指标一般由用户主观来评定。

3. 稳定性质量

稳定性质量反映电话网的可靠性,主要指标与上述一般通信网的可靠性指标相同,如平均故障间隔时间、平均修复时间、系统不可利用度等。

1.5.4.3 数据网服务质量

数据通信网大多采用分组交换技术,由于用户业务在传送时一般没有独占的信道带宽,在整个通信期间,服务质量会随着网络环境的变化而变化,因此数据网服务质量的表征采用了更多的参数指标来评定。例如:

(1) 服务可用性(service Availability)。服务可用性是指用户与网络之间服务连接的可靠性。

(2) 传输时延(Delay or Latency)。传输时延是指在两个参考点之间,发送和收到一个分组的时间间隔。

（3）时延变化（Delay Variation）。时延变化又称为抖动（Jitter），是指沿相同路径传输的同一个业务流中的所有分组传输时延的变化。

（4）吞吐量（Throughput）。吞吐量是指在网络中分组的传输速率，可以用平均速率或峰值速率来表示。

（5）分组丢失率（Packet Loss Rate）。分组丢失率是指分组在通过网络传输时允许的最大丢失率，通常分组丢失都是由于网络拥塞造成的。

（6）分组差错率（Packet Error Rate）。分组差错率是指单位时间内的差错分组与传输的总分组数目的比率。

1.5.4.4　服务质量保障机制

任何网络都不可能保证100%可靠，在日常运行中，它们通常要面对数据传输的差错和丢失、网络拥塞、交换节点和物理线路故障这三类问题。要保证稳定的服务性能，网络必须提供相应的机制来解决上述问题，这对网络的可靠运行至关重要。目前，网络采用的服务性能保障机制主要有以下四类。

1. 差错控制

差错控制机制负责将数据传输时丢失和损坏的部分恢复过来。这种控制机制包括差错检测和差错校正两部分。

对电话网，由于实时话音业务对差错不敏感，对时延很敏感，偶尔产生的差错对用户之间通话质量影响可以忽略不计，因此网络对话路上的话音信息不提供差错控制机制。

对数据网，情况则正好相反，数据业务对时延不敏感，对差错却十分敏感。因此必须提供相应的差错控制机制。目前，分组数据网主要采用基于帧校验序列（Frame Check Sequence，FCS）的差错检测和发端重发纠错机制来实现差错控制。在分层网络体系中，差错控制是一种可以在多个协议层级上实现的功能。例如，在 X.25 网络中，既有数据链路层的差错控制，又有分组层的差错控制。随着传输系统的数字化、光纤化，目前大多数分组数据网均将用户信息的差错控制由网络转移至终端来做，在网络中只对分组头中的控制信息做必要的差错检测。

2. 拥塞控制

通常，拥塞发生在通过网络的数据量接近网络数据承载和处理能力时。拥塞控制的目标是将网络中的数据量控制在一定的限定值之下，超过这个限定值，网络的性能将会急剧恶化。

在电话网中，由于采用电路交换方式，拥塞控制只在网络入口处进行，在网络内部则不再提供拥塞控制机制。一方面，由于呼叫建立时已为用户预留了网络资源，通信期间，用户信息总是以恒定预约的速率通过网络，因此已被接纳的用户产生的业务量不可能导致网络拥塞。另一方面，呼叫建立时，如果网络无法为用户分配所需资源，呼叫在网络入口处就会被拒绝，因而在这种体制下电话网内部无须提供拥塞控制机制。因此电话网在拥塞发生时，主要是通过拒绝后来用户的服务请求来保证已有用户的服务质量的。

实质上，采用分组交换的数据网可以看成一个由队列组成的网络，网络采用基于存储转发的排队机制转发用户分组，在交换节点的每个输出端口上都有一个分组队列。当发生拥塞时，网络并不是简单地拒绝以后的用户分组，而是将其放到指定输出端口的队列中等待资源空闲时再进行发送。由于此时分组到达和排队的速率超过交换节点对分组的传输速率，队列长度会不断增长,如果不进行及时的拥塞控制,每个分组在交换节点经历的转发时延就会变得越来越长,但不管何时,用户获得的总是当时网络的平均服务性能。如果对局部的拥塞不加控制,则最终会导致拥塞向全网蔓延,因此在分组数据网中均提供了相应的拥塞控制机制。例如,X.25 中的阻流分组(Choke Packet)、互联网中 ICMP 协议的源站抑制分组(Source Quench)均是用于拥塞节点向源节点发送的控制分组,以限制其业务量流入网络。

3. 路由选择

在通信网中,灵活的路由选择可以帮助网络绕开发生故障或拥塞的节点,以提供更可靠的服务质量。

电话通信网通常采用静态路由技术,即每个交换节点的路由表是由人工预先设置的,网络也不提供自动的路由发现机制,但一般情况下,到任意目的地,除正常路由之外,都会配置两三条迂回路由,以提高呼叫接续的可靠性。这样,当发生故障时,故障区域正在进行的呼叫将被中断,但后续产生的呼叫通常可走迂回路由,一般不受影响。采用虚电路方式的分组数据网,情况与此类似。它们的主要问题是没有提供自动的路由发现机制,网络运行时交换节点不能根据网络的变化自动调整更新本地路由表。

在分组数据网中,如果采用数据报方式,那么网络一般都支持自适应的路由选择技术,即路由选择的决定将随着网络情况的变化而改变,主要是故障或拥塞两方面。例如,在互联网中,IP 路由协议实际就是动态的路由选择协议。使用路由协议,路由器可以实时更新自己的路由表以反映当前网络拓扑的变化,因此即使发生故障或拥塞,后续分组也可以自动绕开,从而提高了网络整体的可靠性。

4. 流量控制

流量控制是一种使目的端通信实体可以调节源端通信实体发出数据流量的协议机制,可以调节数据发送的数量和速率。

在电话通信网中,网络体系结构保证通话双方工作在同步方式下,并以恒定的速率交换数据,因此无须再提供流量控制机制。而在分组数据网中,必须进行流量控制。其原因如下。

(1)在目的端必须对每个收到的分组的头部进行一定的协议处理,由于收发双方工作在异步方式下,源端可能试图以比目的端处理速度更快的速度发送分组。

(2)目的端也可能将收到的分组先缓存起来,然后重新在另一个输入/输出(I/O)端口进行转发,此时它可能需要限制进入的流量以便与转发端口的流量相匹配。

与差错控制一样,流量控制也可以在多个协议层次实现,如实现网络各层流量控制。常见的流量控制方法有在分组交换网中使用的滑动窗口法,在互联网的 TCP 层实现的可变信用量方法,在 ATM 中使用的漏桶算法等。

1.5.5 通信网的发展演进

影响和制约通信网发展的因素很多,其中主要有技术、市场、成本和政策 4 个方面。

首先,现代通信网作为一个物理实体,其发展不能超越基本的物理学定律和当时软硬件技术条件的限制。例如,量子力学、麦克斯韦电磁理论、广义相对论等,它们构成了当代微电子、集成电路技术的理论基础,信息的传播速度也不可能超越光速。其次,通信网作为一个国家的信息基础设施和面向营运的服务设施,其发展必然会受到市场需求、成本、政策等因素的制约。

但有限的网络资源和不断增长的用户需求之间的矛盾始终是通信网及其技术发展的根本动力。如果以 1878 年第一台电话交换机投入使用作为现代通信网的开端,那么通信网已经经历了 140 余年的发展,这期间由于交换技术、信令技术、传输技术、业务实现方式的发展,现代通信网大致经历了以下 4 个发展阶段。

1. 第一阶段

第一阶段为 1880—1970 年,是典型的模拟通信网时代,网络的主要特征是模拟化、单业务单技术。这一时期电话通信网占统治地位,电话业务也是电信运营商的主要业务和收入来源,因此整个通信网都是面向话音业务来优化设计的,其主要的技术特点如下。

(1) 交换技术方面:由于话音业务量相当稳定,且所需带宽不高,因此采用控制相对简单的电路交换技术,为用户业务静态分配固定的带宽资源,虽然存在带宽资源利用率不高的缺点,但它并不是这一时期网络的主要矛盾。

(2) 信令技术方面:通信网采用模拟的随路信令系统,它的主要优点是信令设备简单,缺点是功能较弱,只支持简单的电话业务。

(3) 传输技术方面:终端设备、交换设备和传输设备基本是模拟设备,传输系统采用频分复用 FDM 技术、铜线传输介质,网络上传输的是模拟信号。

(4) 业务实现方式方面:通信网通常只提供单一电话业务,并且业务逻辑和控制系统是在交换机中用硬件逻辑电路实现的,网络几乎不提供任何新业务。

由于通信网主要由模拟设备组成,存在的主要问题是建设和运营成本高、可靠性差、远距离通信的服务质量差。另外,在这一时期,数据通信技术还不成熟,基本处于试验阶段。

2. 第二阶段

第二阶段为 1970—1995 年,是骨干通信网由模拟网向数字网转变的阶段。这一时期数字通信技术和计算机技术在网络中被广泛使用,除传统公用电话交换网(PSTN)外,还出现了多种不同的业务网。网络的主要特征是数模混合、多业务多技术并存,这一阶段电信界主要是通过数字计算机技术的引入来解决话音、数据业务的服务质量。这一时期网络技术主要的变化有以下几个方面。

(1) 数字传输技术方面:基于 PCM 技术的数字传输设备逐步取代了模拟传输设备,彻底解决了长途信号传输质量差的问题,降低了传输成本。

(2) 数字交换技术方面:数字交换设备取代了模拟交换设备,极大地提高了交换的速度和可靠性。

(3) 公共信道信令技术方面:公共信道信令系统取代了随路信令系统,实现了话路系统与信令系统之间的分离,提高了整个网络控制的灵活性。

(4) 业务实现方式方面:在数字交换设备中,业务逻辑采用软件方式来实现,变交换设备硬件的前提下,电信网提供新业务成为可能。

在这一时期,电话业务仍然是电信运营商主要的业务和收入来源,骨干通信网仍是面向话音业务来优化设计的,因此电路交换技术仍然占主导地位。一方面,基于分组交换的数据通信网技术在这一时期发展已成熟,X.25、帧中继、TCP/IP 等都是在这期间出现并发展成熟的,但数据业务量与话音业务量相比,所占份额还很小,因此实际运行的数据通信网大多是构建在电话通信网的基础设施之上的。另一方面,光纤通信技术、移动通信技术、智能网(IN)技术也是在此期间出现的。

在这一时期,形成了以 PSTN 为基础,互联网、移动通信网等多种业务网络交叠并存的结构。这种结构主要的缺点是:对用户而言,要获得多种电信业务就需要多种接入手段,这增加了用户的成本和接入的复杂性;对电信运营商而言,不同的业务网都需要独立配置各自的网络管理和后台运营支撑系统,也增加了运营商的成本,同时由于不同业务网所采用的技术、标准和协议各不相同,使得网络之间的资源和业务很难实现共享和互通。因此在 20 世纪 80 年代末,在主要的电信运营商和设备制造商的主导下,开始研究如何实现一个多业务、单技术的综合业务网,其主要的成果是窄带综合业务数字网(N-ISDN)、宽带综合业务数字网(B-ISDN)和 ATM 技术。

总体来看,这一时期是现代通信网重要的一个发展阶段,它奠定了未来通信网发展的所有技术基础,如数字技术、分组交换技术。这些技术奠定了未来网络实现综合业务的基础;公共信道信令和计算机软硬件技术的使用奠定了未来网络智能和业务智能的基础;光纤通信技术奠定了宽带网络的物理基础。

3. 第三阶段

第三阶段为 1995—2005 年,这一时期可以说是信息通信技术发展的黄金时期,是新技术、新业务产生较多的时期。在这一阶段,骨干通信网实现了全数字化,骨干传输网实现了光纤化,同时数据通信业务增长迅速,独立于业务网的传送网也已形成。由于电信政策的改变,电信市场由垄断转向全面的开放和竞争。在技术方面,对网络结构产生重大影响的主要有以下 3 个方面。

(1)计算机技术方面。在硬件方面,计算成本进一步下降、计算能力大大提高;在软件方面,面向对象技术、分布处理技术、数据库技术的发展成熟极大地提高了大型信息处理系统的处理能力。技术进步使得 PC 得以普及,智能网 IN、电信管理网 TMN 得以实现,这些为网络智能和业务智能的发展奠定了基础。另外,终端智能化使得许多原来由网络执行的控制和处理功能可以转移到终端完成,骨干网的功能可由此而简化,有利于提高其稳定性和信息吞吐能力。

(2)光传输技术方面。大容量光传输技术的成熟和成本的下降,使得基于光纤的传输系统在骨干网中迅速普及并取代了铜线技术。实现宽带多媒体业务,在网络带宽上已不存在问题了。

(3)IP 互联技术方面。在 1995 年以前,SDH 和 ATM 还被认为是宽带综合数字业务网(B-ISDN)的基本技术,在 1995 年以后,电信界推崇的 ATM 受到计算机界宽带 IP 技术的严重挑战。基于 IP 技术的互联网的发展和迅速普及,使得数据业务的增长速率超过电话业务,并逐渐成为运营商的主营业务和主要收入来源。宽带 IP 网络的基础是先进的密集波分复用(DWDM)光纤技术和 MPLS 技术,基于 IP 实现多业务汇聚,骨干网采用 MPLS 技术和 WDM 技术来构建成为这一阶段业界的共识。随着相关标准及技术的发展和成熟,下一代网络将是基于 IP 的宽带综合业务网。

4. 第四阶段

第四阶段从 2005 年到现在,这一时期电信网、互联网和有线电视网,固定通信网与移动通信网的业务逐步走向融合。移动、数据和应用逐步成为全社会关注的焦点,社会生产、社会管理、生活服务和大众娱乐等全方位的信息化进一步向广度和深度发展。在技术方面,对现代通信网产生重大影响的主要有以下几个方面。

1）智能光网络技术

随着 IP 业务的持续快速增长，对网络带宽的需求变得越来越高，同时由于 IP 业务流量和流向的不确定性，对网络带宽的动态分配要求越来越迫切。为了适应 IP 业务的特点，光传输网络由固定分配带宽向支持动态分配要求的智能光网络发展。在这种趋势下，自动交换光网络（Automatically Switched Optical Network，ASON）应运而生。ASON 网络是由信令控制实现光传输网内链路的连接/拆线、交换、传送等一系列功能的新一代光网络。

ASON 使得光网络具有了智能性，代表了下一代网络的发展方向。

2）NGN 与软交换技术

在 21 世纪的前几年，世界主要运营网络的数据业务量就已经超过了话音业务量。这样的发展态势给运营商带来了巨大的压力。传统的电路交换由于其封闭性无法适应快速变化的市场环境和多样化的用户需求。为了摆脱这种极为不利的局面，电信界经过认真地反思和系统地总结，推出了下一代网络（Next-Generation Network，NGN）体系和解决方案。以软交换为核心并采用 IP 分组传送技术的 NGN 具有网络结构开放、运营成本低等特点，能够满足未来业务发展的需求，2005 年以后电信运营商纷纷采用软交换技术对网络进行改造，积极向 NGN 演进和融合。软交换及其相关技术在网络互通、服务质量、网络安全和业务开放等方面还存在一些不足，但软交换作为发展方向已经获得了业界的广泛认同，并在国内、外固定和移动网络建设中得到大量成功的应用。随着技术发展和市场应用的进一步拓展，基于软交换、特别是 IP 多媒体子系统（IMS）的 NGN 逐渐在固定和移动网络融合的演进过程中发挥重要作用。

3）新型互联网技术

近十年来，新型网络技术始终是全球学术和产业界关注的焦点，广大科技人员为此提出了各种解决思路及相应的技术方案，并已在多种场景下初步应用并展现出强大生命力，特别是基于开放架构的软件定义网络（Software Defined Network，SDN）和网络功能虚拟化（Network Functions Virtualization，NFV）等技术蓬勃发展，预计在未来 5～8 年内将成为信息基础设施的主流技术架构，并进入成熟应用阶段，为互联网技术的持续创新与演进奠定基础。

4）4G/5G 移动技术

蜂窝移动通信经历了 1G、2G、3G 和 4G 系统，目前正在向 5G 系统演进。每一代移动通信技术的发展时间都在 10 年左右，且都有创新。在过去十年中，移动通信的迅速发展使用户彻底摆脱了终端设备的束缚，实现了完整的个人移动性。

在由 3G 向 4G 的演进过程中，3GPP 提出的长期演进计划（Long Term Evolution，LTE）得到了业界的广泛认同，其基于全 IP 承载、扁平化网络结构和控制与承载分离的技术可进一步提高系统容量和性能、降低系统建设成本。4G 彻底取消了电路交换技术推出了全 IP 系统，它使用 OFDM 来提高频谱效率，MIMO 和载波聚合等技术进一步提高了整体网络容量。4G 具有超高数据传输速度，下行速率达到 100 Mbit/s，可以满足大部分用户对无线移动服务的要求。

5G 是面向 2020 年以后的移动通信需求而发展的新一代移动通信系统。根据移动通信的发展规律，5G 将具有超高的频谱利用率和能效，在传输速率和资源利用率方面较 4G 又提高了一个量级或更高，其无线覆盖性能、传输时延、系统安全和用户体验将得到显著的提高。5G 将与其他移动通信技术密切结合，构成新一代无所不在的移动信息网络，满足未来 10 年移动互联网流量增加 1 000 倍的发展需求。5G 系统的关键技术主要包括毫米波通信技术、超密集异构网络技术、全双工技术、MIMO 技术、新型多天线技术等，有些是 4G 和 5G 通用的技术。

5G 的发展和应用将使信息突破时空限制,最终实现"信息随心至,物触手及"。

1.6　网络体系结构基本概念

计算机网络体系结构是指通信系统的整体设计,它为网络硬件、软件、协议、存取控制和拓扑提供标准。它广泛采用的是国际标准化组织(ISO)提出的开放系统互连(OSI-Open System Interconnection)的参考模型。OSI 参考模型用物理层、数据链路层、网络层、传输层、会话层、表示层和应用层 7 个层次描述网络的结构。而在 Internet 中使用的 TCP/IP 体系结构,它与 OSI 参考模型不同,只包含应用层、传输层、网际层和网络接口层。本书采取折中办法,即综合 OSI 和 TCP/IP 的优点,采用一种只有五层协议的体系结构,即物理层、数据链路层、网络层、传输层和应用层。本节着重介绍了计算机网络体系结构的基本概念。

计算机网络是一个庞大的集合,其体系结构非常复杂,需要有一个适当的方法来研究、设计和实现网络体系结构。网络体系结构是指对构成计算机网络的各组成部分及计算机网络本身所必须实现的功能的精确定义,即网络体系结构是计算机网络中层次、各层的协议以及层间接口的集合。

1.6.1　开放系统互连模型——OSI 参考模型

在计算机网络的基本概念中,分层次的体系结构是最基本的。早在最初的 ARPANET 设计时就提出了分层的方法。"分层"可将庞大而复杂的问题,转化为若干较小的局部问题,而这些较小的局部问题就比较易于研究和处理。

1974 年,美国的 IBM 公司宣布了系统网络体系结构(System Network Architecture,SNA)。这个著名的网络标准就是按照分层的方法制定的。现在用 IBM 大型机构建的专用网络仍在使用 SNA。不久后,其他一些公司也相继推出自己公司的具有不同名称的体系结构。

不同的网络体系结构出现后,使用同一个公司生产的各种设备都能够很容易地互连成网。这种情况有利于一个公司垄断市场。用户一旦购买了某个公司的网络,当需要扩大容量时,就只能再次购买原公司的产品。如果购买了其他公司的产品,那么由于网络体系结构的不同,就很难互相连通。然而,全球经济的发展使得不同网络体系结构的用户迫切要求能够互相交换信息。为了使不同体系结构的计算机网络都能互连,国际标准化组织(ISO)于 1977 年成立了专门机构研究该问题。不久,他们就提出一个试图使各种计算机在世界范围内互连成网的标准框架,即著名的 OSI/RM(Open Systems Interconnection Reference Model,开放系统互连基本参考模型,简称为 OSI)。"开放"是指非独家垄断,因此只要遵循 OSI 标准,一个系统就可以和位于世界上任何地方的,也遵循同一标准的其他任何系统进行通信。"系统"是指在现实的系统中与互连有关的各部分。所以 OSI 是个抽象的概念。在 1983 年形成了开放系统互连基本参考模型的正式文件,即 ISO 7498 国际标准,也就是所谓的七层协议的体系结构。

OSI 标准制定过程中采用的是分层体系结构方法,就是将庞大而复杂的问题划分为若干相对独立、容易处理的小问题。OSI 规定了许多层次,各层由若干协议组成,由这些协议共同实现该层功能。

OSI 的目标是使两个不同的系统能够较容易地通信,而不管它们低层的体系结构如何,即通信中不需要改变低层的硬件或软件的逻辑。由于众多原因,OSI 仅仅是一个模型,并没有完成相应的协议,但它是一个灵活的、稳健的和可互操作的模型,是体系结构、框架,在世界范围内为网络体系结构和协议的标准化制定了一个可遵循的标准。

　　OSI 将网络通信的工作划分为 7 层,这 7 层由低到高分别是物理层(Physical Layer)、数据链路层(Data Link Layer)、网络层(Network Layer)、传输层(Transport Layer)、会话层(Session Layer)、表示层(Presentation Layer)和应用层(Application Layer),OSI 如图 1-20 所示。第 1 层到第 3 层属于 OSI 的低层,负责创建网络通信连接的链路,通常称为通信子网;第 5 层到第 7 层是 OSI 的高层,具体负责端到端的数据通信、加密/解密、会话控制等,通常称为资源子网;第 4 层是 OSI 的高层与低层之间的连接层,起着承上启下的作用,是 OSI 中第一个端到端的层次。每层完成一定的功能,直接为其上层提供服务,并且所有层次都互相支持,网络通信可以自上而下(在发送端)或者自下而上(在接收端)双向进行。但是,并不是每个通信都需要经过 OSI 的全部 7 层,有的甚至只需要经过双方对应的某一层即可。例如,物理接口之间的连接、中继器与中继器之间的连接只需在物理层进行;路由器与路由器之间的连接只需经过网络层以下的三层(通信子网)。

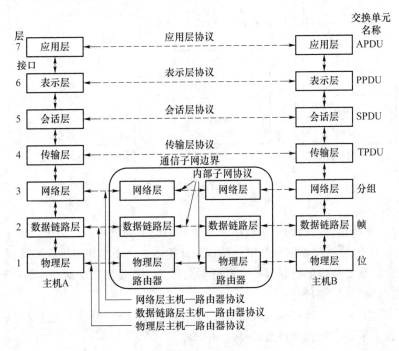

图 1-20　OSI

1.6.2　具有五层协议的体系结构

　　OSI 的七层协议体系结构〔如图 1-21(a)所示〕的概念清楚,理论也较完整,但它既复杂又不实用。TCP/IP(Transmission Control Protocol/Internet Protocol,传输控制协议/网际协议)体系结构则不同,但它现在却得到了非常广泛的应用。TCP/IP 是一个四层的体系结构〔如图 1-21(b)所示〕,它包含应用层、传输层、网际层和网络接口层(用网际层这个名字是强调这一层是为了解决不同网络的互连问题)。不过从实质上讲,TCP/IP 只有最上面的三层,因为最下面的网络接口层并没有什么具体内容。因此在学习计算机网络的原理时往往采取折中的办法,即综合 OSI 和 TCP/IP 的优点,采用一种只有五层协议的体系结构〔如图 1-21(c)所示〕,这样既简洁又能将概念阐述清楚(五层协议的体系结构只是为介绍网络原理而设计的,实际应用还是 TCP/IP 四层体系结构)。

现在结合因特网的情况,自上而下地简要介绍各层的主要功能。

1) 应用层

应用层是体系结构中的最高层。应用层直接为用户的应用进程提供服务。这里的进程就是指正在运行的程序。在因特网中的应用层协议很多,如支持万维网应用的 HTTP(Hyper Text Transfer Protocol,超文本传输协议),支持电子邮件的 SMTP(Simple Mail Transfer Protocol,简单邮件传输协议),支持文件传送的 FTP(File Transfer Protocol,文件传输协议)等。应用层交互的数据单元称为报文(Message)。

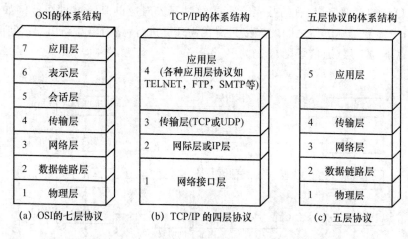

图 1-21　计算机网络体系结构

2) 传输层

传输层的任务就是负责向两个主机中进程之间的通信提供服务。由于一个主机可同时运行多个进程. 因此传输层有复用和分用的功能。复用就是多个应用层进程可同时使用下面传输层的服务,分用则是传输层把收到的信息分别交付给上面应用层中的相应的进程。

传输层主要使用以下两种协议。

① 传输控制协议(Transmission Control Protocol,TCP)。提供面向连接的、可靠的数据传输服务,其数据传输的单位是报文段(Segment)。

② 用户数据报协议(User Datagram Protocol,UDP)。提供无连接的、传输服务(不保证数据传输的可靠性),其数据传输的单位是用户数据报(DataGram)。

3) 网络层

在计算机网络中进行通信的两台计算机之间可能会经过多个数据链路,也可能会经过多个通信子网。网络层的任务就是选择合适的网间路由和交换节点,确保数据及时传送到目的地。在发送数据时,网络层把传输层产生的报文段或用户数据报封装成分组或包进行传送。在 TCP/IP 体系中,由于网络层使用 IP,因此分组也叫作 IP 数据报,或简称为数据报。

因特网是一个很大的互联网,它由大量的异构网络通过路由器相互连接起来。因特网主要的网络层协议是无连接的网际协议(Internet Protocol,IP)和许多种路由选择协议,因此因特网的网络层也叫作网际层或 IP 层。

4）数据链路层

两台主机之间的数据传输，总是在一段一段的链路上传送的，这就需要使用专门的链路层的协议。

数据链路层协议有许多种，但有 3 个基本问题是共同的。这 3 个基本问题是：封装成帧、透明传输和差错检测。

封装成帧就是在一段数据的前后分别添加首部和尾部，这样就构成了一个帧。接收端在收到物理层上交的比特流后，就能根据首部和尾部的标记，从收到的比特流中识别帧的开始和结束。我们知道，分组交换的一个重要概念就是：所有在因特网上传送的数据都是以分组（IP 数据报）为传送单位。网络层的 IP 数据报传送到数据链路层就成为帧的数据部分。在帧的数据部分的前面和后面分别添加上首部和尾部，构成了一个完整的帧。因此，帧长等于数据部分的长度加上帧首部和帧尾部的长度，而首部和尾部的一个重要作用就是进行帧定界（确定帧的界限）。

此外，首部和尾部还包括许多必要的控制信息（如同步信息、地址信息、差错控制等）。在发送帧时，是从帧首部开始发送。各种数据链路层协议都要对帧首部和帧尾部的格式有明确的规定。为了提高帧的传输效率，应当使帧的数据部分长度尽可能地大于首部和尾部的长度。但是，每一种链路层协议都规定了帧的数据部分的长度上限——最大传送单元（Maximum Transfer Unit，MTU）。

“透明”是一个很重要的术语。它表示：某一个实际存在的事物看起来却好像不存在一样（例如，人们看不见在自己面前 100%透明的玻璃）。“在数据链路层透明传送数据”表示无论什么样的比特组合的数据都能够通过这个数据链路层。对所传送的数据来说，这些数据就“看不见”数据链路层。或者说，数据链路层对这些数据来说是透明的。

控制信息还使接收端能够检测到所收到的帧中有无差错。如发现有差错，数据链路层就简单地丢弃这个出了差错的帧，以免继续传送下去白白浪费网络资源。如果需要改正错误，就由传输层的 TCP 来完成。

5）物理层

在物理层上所传数据的单位是比特。物理层的任务就是透明地传送比特流。也就是说，发送方发送 1（或 0）时，接收方应当收到 1（或 0）而不是 0（或 1）。因此物理层要考虑用多大的电压代表“1”或“0”，以及接收方如何识别出发送方所发送的比特。物理层还要确定连接电缆的插头应当有多少个引脚以及各个引脚应如何连接。

物理层的作用是尽可能地屏蔽传输媒体（现有计算机网络中的硬件设备和传输媒体种类繁多）和通信手段（通信手段有许多不同方式）的差异，使物理层上面的数据链路层感觉不到这些差异，这样就可使数据链路层只需要考虑如何完成本层的协议和服务，而不必考虑网络具体的传输媒体是什么。用于物理层的协议也常称为物理层规程。其实物理层规程就是物理层协议。只是在“协议”这个名词出现之前人们就先使用了“规程”这一名词。

物理层的主要任务是确定与传输媒体接口有关的一些特性，如下。

① 机械特性：指明接口所用接线器的形状和尺寸、引脚数目和排列、固定和锁定装置等。平时常见的各种规格的接插件都有严格的标准化的规定。

② 电气特性：指明在接口电缆的各条线上出现的电压范围。

③ 功能特性：指明某条线上出现的某一电平的电压表示何种意义。

④ 过程特性:指明对于不同功能的各种可能事件的出现顺序。

传递信息所利用的一些物理媒体,如双绞线、同轴电缆、线缆、无线信道等,并不在物理层协议之内而是在物理层协议的下面,因此也不把物理媒体当作第 0 层。

在因特网所使用的各种协议中,最重要的和最著名的就是 TCP 和 IP 两个协议。现在人们经常提到的 TCP/IP 并不一定是单指 TCP 和 IP 这两个具体的协议,而往往是表示因特网所使用的整个 TCP/IP 协议族。

图 1-22 说明的是应用进程的数据在各层之间的传递过程中所经历的变化。这里为简单起见,假定两个主机是直接相连的。

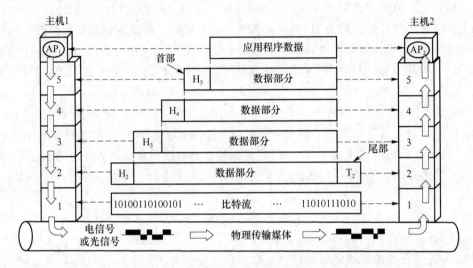

图 1-22　数据在各层之间的传递过程

假定主机 1 的应用进程 AP_1 向主机 2 的应用进程 AP_2 传送数据。AP_1 先将数据交给本主机的第 5 层(应用层)。第 5 层加上必要的控制信息 H_5 就变成了下一层的数据单元。第 4 层(传输层)收到这个数据单元后,加上本层的控制信息 H_4,再交给第 3 层(网络层),成为第 3 层的数据单元。以此类推。不过到了第 2 层(数据链路层)后,控制信息分成两部分,分别加到本层数据单元的首部(H_2)和尾部(T_2);而第 1 层(物理层)由于是比特流的传送,所以不再加上控制信息。需要注意的是,传送比特流时应从首部开始传送。

OSI 把对等层次之间传送的数据单位称为该层的协议数据单元(Protocol Data Unit,PDU)。这个名词现已被许多非 OSI 标准采用。

当这一串比特流离开主机 1 的物理层,经网络的物理媒体传送到目的站主机 2 时,就从主机 2 的第 1 层依次上升到第 5 层。每一层根据控制信息进行必要的操作,然后将控制信息剥去,将该层剩下的数据单元上交给更高的一层。最后,把应用进程 AP_1 发送的数据交给目的站的应用进程 AP_2。

可以用一个简单例子来比喻上述过程。有一封信从最高层向下传。每经过一层就包上一个新的信封,写上必要的地址信息。包有多个信封的信件传送到目的站后,从第 1 层起,每层拆开一个信封后就把信封中的信交给它的上一层。传到最高层后,取出发信人所发的信交给收信人。

虽然应用进程数据要经过图 1-22 所示的复杂过程才能送到终点的应用进程,但这些复杂过程对用户来说，都被屏蔽掉了，应用进程 AP_1 觉得好像是直接把数据交给了应用进程 AP_2。同理，任何两个同样的层次（如在两个系统的第 4 层）之间，也如图 1-22 中的水平虚线所示的那样，将数据（即数据单元加上控制信息）通过水平虚线直接传递给对方。这就是"对等层"之间的通信。

1.6.3 TCP/IP 的体系结构

TCP/IP 的体系结构比较简单，它只有四层。图 1-23 给出了用这种四层协议表示方法的例子。需要注意的是，图中的路由器在转发分组时最高只用到网络层，而没有使用传输层和应用层。

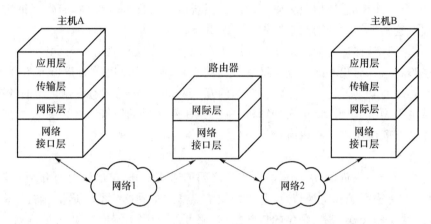

图 1-23　TCP/IP 四层协议的表示方法举例

还有一种方法，就是分层次画出具体的协议来表示 TCP/IP 协议族（如图 1-24 所示），它的特点是上下两头大而中间小：应用层和网络接口层都有多种协议，而中间的 IP 层很小，上层的各种协议都向下汇聚到一个 IP 中。这种很像沙漏计时器形状的 TCP/IP 协议族表明：TCP/IP 可以为各式各样的应用提供服务，同时 TCP/IP 也允许 IP 在各式各样的网络构成的互联网上运行。正因为如此，因特网才会发展到今天的这种全球规模。从图 1-24 可以看出 IP 在因特网中的核心作用。

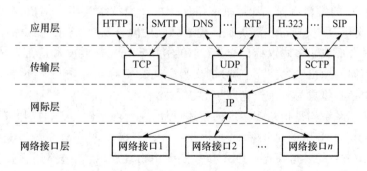

图 1-24　沙漏计时器形状的 TCP/IP 协议族示意

本 章 小 结

计算机网络是计算机技术与通信技术相结合的产物,它的诞生使计算机的体系结构发生了巨大变化。在当今社会的发展中,计算机网络起着非常重要的作用,并对人类社会的进步作出了巨大贡献。

所谓计算机网络,就是通过线路互连起来的、自治的计算机集合,确切地讲,就是将分布在不同地理位置上的具有独立工作能力的计算机、终端及其附属设备用通信设备和通信线路连接起来,并配置网络软件,以实现计算机资源共享的系统。网络资源共享,就是通过连在网络上的工作站(个人计算机)让用户可以使用网络系统的所有硬件和软件(通常根据需要被适当授予使用权),这种功能称为网络系统中的资源共享。

早在 20 世纪末,移动通信的迅速发展就大有取代固定通信之势。与此同时,互联网技术的完善和进步将信息时代不断往纵深推进。移动互联网就是在这样的背景下孕育、产生并发展起来的。移动互联网通过无线接入设备访问互联网,能够实现移动终端之间的数据交换,是计算机领域继大型机、小型机、个人计算机、桌面互联网之后的第五个技术发展周期。作为移动通信与传统互联网技术的有机融合体,移动互联网被视为未来网络发展的核心和最重要的趋势之一。

为降低用户线路投资,解决任意两个用户之间的通信问题,在通信网中引入了交换。通信网络包括终端、传输系统和交换节点,其中交换节点是通信网的核心。通信网的类型可根据其提供的业务、采用的交换技术、采用的传输技术、服务的范围、运营的方式等进行划分。根据信息类型的不同,通信网业务可分为话音业务、数据业务、图像业务、视频和多媒体业务。在通信网中,网络节点之间按照某种方式进行互连便形成了一定的拓扑结构,如网状结构、星形结构、复合结构、总线结构和环形结构。从网络功能角度看,通信网是一个网络集合或网系,一个完整的通信网可分为业务网、传送网、支撑网 3 个相互依存的部分。从用户接入的角度看,通信网又可分为用户驻地网、接入网和核心网 3 个部分。

通信网交换技术可从电信网和计算机网两个范畴进行划分。电信网交换技术主要有电路交换和分组交换两大类。电路交换经历了模拟交换和数字交换的发展,分组交换经历了X.25、FR 和 ATM 的发展历程。计算机网络使用的交换技术经历了网桥、第二层交换、路由与转发、第三层交换、IP 交换等发展历程。随着网络的融合发展,将 IP 路由的灵活性与 ATM交换的高效性融合形成了多协议标记交换(MPLS)技术。光交换技术是在光域直接将输入的光信号交换到不同的输出端,完成光信号的交换。光交换对象将从光纤、波带、波长向光分组交换发展。光交换必将成为未来全光网络的核心技术。

计算机网络体系结构是指通信系统的整体设计,它为网络硬件、软件、协议、存取控制和拓扑提供标准。它广泛采用的是国际标准化组织(ISO)提出的开放系统互连(Open System Interconnection,OSI)的参考模型。OSI 参考模型用物理层、数据链路层、网络层、传输层、会话层、表示层和应用层 7 个层次描述网络的结构。而在 Internet 中使用的 TCP/IP 体系结构,它与 OSI 参考模型不同,只包含应用层、传输层、网际层和网络接口层。本书采取折中办法,即综合 OSI 和 TCP/IP 的优点,采用一种只有五层协议的体系结构,即物理层、数据链路层、网络层、传输层和应用层。本章着重介绍了计算机网络体系结构的基本概念。

目前,通信网处于不断演化之中,多种网络技术同时存在。随着通信网向数字化、综合化、宽带化、智能化和个人化方向的快速发展,各种交换技术将按下一代网络(NGN)框架在控制、业务等层面进行融合,传统固定网、移动网、宽带互联网甚至有线电视网等网络之间的界限将会逐步消失。核心业务网将逐步引入 IP 多媒体子系统(IMS)技术;在接入网领域,将呈现多样化和 IP 化趋势,可以支持固定、移动、窄带、宽带等多种接入技术。终端则呈现多模化和智能化趋势,网络运营商将实现全业务运营。以软件定义网络(SDN)和网络功能虚拟化(NFV)为代表的新型互联网技术将逐渐成为信息基础设施的主流技术架构,为互联网技术的持续创新与演进奠定基础。在移动通信领域,5G 将与其他移动通信技术密切结合,构成新一代无所不在的移动信息网络,最终实现"信息随心至,万物触手及"的发展愿景。

本 章 习 题

1.1　什么是计算机网络?一个计算机网络必须具备哪些要素?

1.2　计算机网络具有哪些功能?

1.3　计算机网络能提供哪些应用?

1.4　计算机网络的发展经历了哪些阶段?

1.5　移动互联网的特点有哪些?

1.6　第四代移动通信系统的关键技术有哪些?

1.7　什么是通信网?通信网主要有哪些类型?

1.8　在通信网中引入交换机的目的是什么?

1.9　无连接网络和面向连接网络各有什么特点?

1.10　按照业务提供方式不同,ITU-T 将通信网业务划分为哪些类型?

1.11　通信网的基本拓扑结构有哪些?

1.12　从网络功能的角度看,一个完整的通信网包括哪几个组成部分?

1.13　从用户接入的角度看,通信网可分为哪几个组成部分?

1.14　电路交换具有什么特点?

1.15　构成现代通信网的要素有哪些?它们各自完成什么功能?

1.16　在数据通信网中,衡量其服务质量的指标有哪些?

1.17　NGN、IMS、SDN 的含义是什么?

1.18　到 2020 年,移动通信经历了哪几个发展阶段?

第2章 移动互联网基础

2.1 移动互联网简介

1. 移动互联网简介

移动互联网(Mobile Internet)是互联网的技术、平台、应用以及商业模式,与移动通信技术相结合的产物。用户借助移动终端通过移动通信技术访问互联网。移动互联网的产生、发展与移动通信技术的发展趋势密不可分。

移动互联网业务是当今世界发展最快、市场潜力最大、前景最诱人的业务,它的增长速度是人们未曾预料到的。移动互联网的移动性优势决定了其用户数量庞大,用户可以很方便地通过智能手机、平板计算机、嵌入式设备等实现互联网的移动应用。据 CNNIC(中国互联网络信息中心)发布的第 42 次《中国互联网发展状况统计报告》,截至 2018 年 6 月 30 日,我国的网民规模达 8.02 亿,其中手机网民规模达 7.88 亿,网民通过手机接入互联网的比例高达98.3%,手机第一大上网终端的地位更加稳固。

移动互联网的主要应用终端如图 2-1 所示。

图 2-1 移动互联网的主要应用终端

移动互联网业务的特点不仅体现在更丰富的业务种类、个性化的服务和服务的质量上,还可以"随时、随地、随心"地享受互联网业务所带来的便捷。其特点主要包括以下几个方面。

(1) 高便携性:移动互联网的沟通与资讯的获取远比 PC 设备方便。除了睡眠时间,移动设备一般都以远高于 PC 的使用时间伴随在用户身边。这个特点决定了使用移动设备上网,可以带来 PC 上网无可比拟的优越性。

（2）终端移动性：移动性使得用户可以在移动状态下接入和使用互联网服务，移动的终端便于用户随身携带和随时使用。

（3）业务与终端、网络的强关联性：由于移动互联网业务受到网络及终端能力的限制，因此，其业务内容和形式也需要适合特定的网络技术规格和终端类型。

（4）业务使用的私密性：移动设备用户的隐私保护要求远高于 PC 端用户。高隐私性决定了移动互联网终端应用的特点——数据共享时既要保障认证客户的有效性，也要保证信息的安全性。这不同于互联网公开、透明、开放的特点。在互联网下，PC 端系统的用户信息是可以被搜集的。而移动通信用户不需要将自己设备上的信息共享给他人，如手机短信等；在使用移动互联网业务时，所使用的内容和服务更私密，如手机支付业务等。

（5）局限性：移动互联网自身也有不足之处，主要体现在网络能力和终端能力两个方面。在网络能力方面，移动互联网一度受到无线网络传输环境、技术能力等因素的限制，但是随着 4G 网络的普及，以及上网费用的进一步降低，网络能力的问题已基本得到了解决；在终端能力方面，移动互联网受到终端大小、处理能力、电池容量等的限制，但随着手机屏幕越来越大，处理能力和电池容量的不断增加，终端能力也得到了较大的改善。

移动互联网具有小巧轻便的特点，这也决定了移动互联网与传统互联网存在一些不同之处，移动通信用户通常不会在移动设备上进行大量信息输入的操作，比如输入大量的文字、表格。

采用移动上网，不等于放弃传统互联网，不能说移动互联网是传统互联网的替代方式，它们同是互联网络的应用方式，两者之间有联系，也有显著的区别。移动互联网与传统互联网的主要区别如下。

（1）移动上网更随意。移动互联网终端是手机、平板计算机等移动设备。移动上网的终端体系决定了终端之间灵活的访问方式，既可以是移动设备对移动设备，也可以是移动设备对 PC 设备。不同体系的设备之间的交互访问，决定了应用的丰富性远超过传统互联网。中高端的智能设备可以访问 PC 端的互联网，也可以在移动设备之间交互访问。

（2）移动设备用户上网与 PC 上网不同，移动设备需要减少下载及输入量。移动办公代替不了 PC 办公，移动办公适用于解决输入信息量不是很大的问题，如远程视频、信息浏览等，要进行大数据的汇总、编辑、修改、统计还是需要在 PC 上完成。因为在小小的屏幕上，人们不方便进行图形编辑，也不方便进行长长的文字录入操作。移动设备更适合做一些只读不写或者加以简单批注的操作，用户通过手指对屏幕的触动就可以进行的功能项的操作。当然，随着移动互联网的进一步发展，这些区别也不是绝对的，比如用户用手机输入大量的文字和语音，以及观看图片和视频时，移动通信设备的使用频率甚至比 PC 更高。

（3）移动通信设备还可以对其他数码设备（如车载系统）进行支持，可担当家电数码组合的客户端操作设备，以及基于隐私保护环境担当移动银行支付卡等。

2．移动互联网在我国的发展历程

2000 年 9 月 19 日，中国移动通信集团公司和国内百家网络内容服务商（Internet Content Provider，ICP）在一起探讨了商业合作模式。之后时任中国移动市场经营部部长张跃率团去日本 NTT DoCoMo 公司 I-mode 学习相关的运作模式，开创了"移动梦网"的雏形。

2000 年 12 月 1 日开始施行的中国移动"移动梦网"计划，是 2001 年年初我国通信、互联网业最让人瞩目的事件。在 2001 年 11 月 10 日，中国移动通信的"移动梦网"正式开通，手机用户可通过"移动梦网"享受到移动游戏、信息点播、掌上理财、旅行服务、移动办公等服务。

到了 2006 年,支持"移动梦网"业务的许多服务提供商(Internet Service Provider,ISP),由于没有统一的运营规范,其业务受到大量用户投诉。2006 年 9 月,信息产业部针对二季度电信服务投诉突出的情况大力推出新的电信服务规范,严格要求基础电信运营企业执行。此规范包括:短信类业务强制执行二次确认;IVR(Interactive Voice Response,互动式语音应答)、彩铃、WAP(Wireless Application Protocol,无线应用协议)等非短信类业务强制执行按键确认;点播类业务强制执行全网付费提醒。这三项规定均针对二季度电信服务的投诉焦点。由于三项新规涵盖了违规的 ISP 的所有违规利润来源,因此形成了对国内违规 SP 的封杀。

如果说创建于 2004 年 3 月 16 日的 3G 门户开创的是我国"FREE WAP"的另外一种模式,那么这种模式在我国移动互联网进程中,仅仅是个开始。

什么是 WAP? WAP 是 Wireless Application Protocol(无线应用协议,也称无线应用)的简称,也是移动互联网的代称。

什么是 FREE WAP? FREE WAP 可理解为免费 WAP,但它还有另外一层深远的含义,那就是自由,即独立于移动运营商的 WAP 平台之外自由运作。

最早的 FREE WAP 网站出现于 2002 年,前一两年它们仅仅凭借个人站长的热情和兴趣在挣扎中艰难生存,然后渐渐聚集了一些人气,获得了大量网民的支持。从 2003 年到颁发 3G(3rd Generation Mobile Communication Technology,第三代移动通信技术)牌照之前,FREE WAP 网站开始快速崛起,最明显的特征是在数量上有所突破,当时在我国已经拥有独立域名的 WAP 网站就达到了 3 000 个,而 SP 和运营商麾下还有另外 2 000 个类似的站点。在这个萌芽时期,先后产生了搜索、音乐、阅读、游戏等领域的多种无线企业,不过,没有人能够讲得清楚未来会是什么,商业模式之争成为当时讨论得最多的话题。

那么免费 WAP 网站是不可能永远免费的,也不可能长期通过陷阱(指通过投机方式,甚至蒙混方式来获利)来获得永久性的效益。一些比较大的免费 WAP 网站主要依靠广告和与 SP 之间的合作来维持生存,而更多的免费 WAP 网站则还处于个人站的萌芽状态。那么免费 WAP 网站的盈利模式有哪些呢?

一是靠提供各种服务,来提高用户流量,从而拉到大量的广告客户,获取广告收入。几大门户网站的收入主要是广告、无线增值、在线游戏和电子商务等,而专业类网站却通过与产业链的不同环节合作而拥有更丰富的盈利方式。

二是一些 WAP 网站考虑相对周全,在网站平台搭建时就已逐渐融入了商业模式,WAP 在盈利模式上就成了互联网的升级版。

三是除了为广告客户实现无线营销和品牌推广,一些 WAP 网站还打算逐步对用户收费。当然,收费的基础是与更多合作伙伴携手提供高性价比的增值服务。

免费 WAP 网站的低潮从 2005 年年底开始。2005 年 11 月,中国移动推出一项政策——禁止 SP 在免费 WAP 网站上推广业务。一个月后,中国移动宣布不再向免费 WAP 网站提供用户的号码和终端信息,免费 WAP 网站因此失去了获利的根本渠道。2006 年 7 月,一大批 FREE WAP 网站被关闭。

2008 年 12 月 31 日,国务院常务会议研究同意启动第三代移动通信技术(3G)牌照发放工作,明确工业和信息化部按照程序做好相关工作。

2009 年 1 月 7 日,工业和信息化部举办小型牌照发放仪式,为中国移动、中国电信和中国联通三大运营商发放第三代移动通信技术(3G)牌照。

由此,2009 年成为我国的 3G 元年,我国正式进入第三代移动通信时代。包括移动运营商、资本市场、创业者在内的各方急速进入中国移动互联网领域。一时间,各种广告联盟、手机游戏、手机阅读、移动定位等纷纷获得千万级别的风险投资。

从 2009 年 10 月下旬开始,工业和信息化部联合公安部等部门印发了《整治手机淫秽色情专项行动方案》。由此,媒体开始陆续曝光手机涉黄情况,史无前例的扫黄风暴席卷整个移动互联网甚至 PC 互联网。11 月底,各大移动运营商相继停止 WAP 计费。运营商的计费通道暂停,让大批移动互联网企业思考新的支付通道和运营模式,而神州行支付卡等第三方支付手段逐步成为众多移动互联网企业最主要的支付通道。

2010 年 3 月 10 日,中国移动全资附属公司广东移动与浦发银行签署合作协议,以人民币 398 亿元收购浦发银行 22 亿新股,中国移动通过全资附属公司广东移动持有浦发银行 20% 的股权,成为浦发银行第二大股东,手机支付再度兴起。

2011 年到 2013 年智能手机的规模化应用促进了移动互联网在我国的高速成长,安卓智能手机操作系统的普遍安装和手机应用程序商店的出现极大地丰富了手机上网功能,移动互联网应用呈现了暴发式增长。2011 年后,由于移动上网需求大增,安卓智能操作系统的大规模商业化和智能手机的大规模普及应用,以微信为代表的手机移动应用开始呈现大规模暴发式增长。腾讯公司于 2011 年 1 月 21 日推出即时通信服务微信,到 2013 年 10 月底,腾讯微信的用户数量已经超过了 6 亿,支付宝和微信两种移动支付形成竞争局面。

2014 年至 2019 年,4G 网络建设使得我国移动互联网得到了全面的发展。随着 4G 网络的部署,移动上网网速极大提高,网速瓶颈得到基本破除,移动应用场景极大丰富。2013 年 12 月 4 日工信部正式向中国移动、中国电信和中国联通三大运营商发放了 TD-LTE 4G 牌照,我国 4G 网络正式大规模铺开。2015 年 2 月 27 日,工信部又向中国电信和中国联通发放"LTE/第四代数字蜂窝移动通信业务(FDD-LTE)"经营许可。4G 网络建设让我国移动互联网发展走上了快速发展的道路,到 2016 年 5 月,我国 4G 用户已经达到 5.8 亿,4G 用户数占移动总用户数的 44.6%。同时,根据 CNNIC 的数据,到 2016 年 6 月底中国移动互联网用户已经达到了 6.56 亿。

根据 CNNIC 2017 年 8 月 4 日发布的第 40 次中国互联网调查报告的数据,我国网民规模达 7.51 亿。其中,手机网民规模达 7.24 亿,使用手机上网的用户比例达到了 96.3%,图 2-2 显示和说明了移动互联网的发展历程。

第一阶段　　　　第二阶段　　　　第三阶段　　　　第四阶段

图 2-2　移动互联网的发展历程

第一阶段人们对网络信息的获取采用的是"有线网络＋台式计算机"的上网模式,采用了拨号上网、局域网、xDSL 线路、T1 线路等方式;第二阶段采用的是无线 IEEE 802.11 上网,能达到有限的网络范围覆盖;第三阶段是移动终端逐步发展起来,可以实现大范围的移动上网;第四阶段则是随着 3G 和 4G 网络的普及,移动互联网得到了快速的发展,移动智能终端的用户能有选择、有目的地进行移动互联网的使用。5G 是移动通信发展的下一步。与前几代产品相比,它旨在提供更高的数据传输速率、更低的延迟和更高的可靠性,从而实现新的用例,并改变广泛的行业。与前几代相比,5G 网络可以支持更多的设备,还可以处理更多的数据密集型应用,如虚拟现实和增强现实、自动驾驶汽车和 IoT(物联网)。借助 5G,我们在医疗保健、制造、运输和娱乐等各种垂直市场看到了新的创新和机遇。5G 也是边缘计算和人工智能等技术的关键驱动力。

2.2 国内外移动互联网发展现状

移动互联网是一个新型的融合型网络,在移动互联网环境下,用户可以用手机、平板计算机或者其他手执(车载)终端通过移动网络接入互联网,随时随地享用公众互联网上的服务。除文本浏览、图片和铃声下载等基本应用外,移动互联网所提供的音乐、移动 TV、即时通信、视频、游戏、位置服务、移动广告等应用增长也十分迅速,并仍在衍生出移动通信与互联网业务深度融合的其他应用,移动数据业务已经成为网络运营商业务收入的主要增长来源。来自互联网研究所的研究显示,自 2008 年以来全球传统互联网流量增长速度有所放缓,但移动互联网的使用量却呈现大幅上升趋势,截至 2017 年 8 月,我国手机网民规模达 7.24 亿,网民中使用手机上网的比例达到 96.3%,各类手机应用的用户规模不断上升,其中手机外卖应用的用户规模达到 2.74 亿,移动支付用户规模达 5.02 亿,有 4.63 亿网民在线下消费时使用手机进行支付,可见移动互联网的主导地位得到了极大的增强。

2.2.1 国外移动互联网业务发展现状

世界各国都在建设自己的移动互联网,各个国家由于国情、文化的不同,在移动互联网业务的发展上也各有千秋,呈现出不同的特点。一些移动运营商采取了较好的商业模式,成功地整合了价值链环节,取得了较大的用户市场规模。移动互联网发展非常迅速,凭借其出色的业务吸引力和资费吸引力,成为人们生活中不可或缺的一部分。下面以美国、欧洲、日本为例介绍移动互联网业务在国外的发展现状。

1. 美国

美国互联网业务发展现状呈现出积极的发展态势,尽管面临一些挑战。

① 互联网行业发展未放缓:尽管近期有一些互联网公司进行了裁员调整,但整体来看,美国互联网行业的发展并未放缓。例如,Meta 最新发布的 Q2 财报显示收入增长超过 20%,并且计划继续加大各方面的投入。Nvidia、亚马逊等公司也都有不同程度的增长。

② 电商市场持续增长:美国电商市场的热度持续攀升,2024 年 1 月至 7 月,美国在线销售总额相较去年同期增长了 7.5%,金额达到了 5 500 亿美元,在整个零售业总收入中的占比为 22%。电子商务的增长已成为 2024 年所有零售业的关键驱动力。特别是亚马逊和沃尔玛等大型零售商在线销售额的增长显著,推动了市场的整体发展。

③ 跨境电商市场扩大:美国跨境电商市场规模持续扩大,2022 年美国电商销售额达到近 1 万亿美元,同比增长约 14%。预计未来几年这一数字还将保持稳健增长态势。疫情期间的居家隔离措施进一步加速了这一趋势,越来越多的消费者开始习惯于在线购物,为跨境电商企业提供了广阔的市场空间。

④ PC 市场增长:美国 PC 市场在 2024 年和 2025 年有望增长 6%。2024 年第二季度,美国 PC 出货量同比增长 4%,达到 1 890 万台。笔记本需求尤其强劲,出货量年增长率超过

5％。预计 2024 年美国 PC 总出货量将增长 6％,接近 7 000 万台。

⑤ 网络安全挑战:尽管技术和市场在发展,但美国面临着日益严重的网络安全威胁。《2024 年美国网络安全态势报告》指出,关键基础设施面临着对手国家的网络攻击风险,勒索软件事件增加,商业间谍软件的扩散等问题都需要应对。不过,人工智能技术的发展为网络防御提供了新的机会。

综上所述,美国互联网业务在多个领域保持增长态势,尽管面临一些挑战,但整体发展势头良好。

2. 欧洲

欧洲互联网业务发展现状主要体现在以下几个方面。

① 电商市场持续增长:2024 年上半年,欧洲电商市场继续扩大,网络渠道用户数增长 1％,网购频次增加 4％。2023 年,欧洲企业对消费者(B2C)在线商品销售额达 7 410 亿欧元,同比增长 13％;其中,跨境电商市场规模达 2 370 亿欧元,同比增长 32％。

② 主要电商平台:在欧洲电商市场,亚马逊和 eBay 占据主导地位,分别占欧洲流量的 17％和 14％。其他主要电商平台包括 AliExpress、Allegro 和 Etsy,它们的流量份额在个位数。

③ 区域发展差异:西欧地区仍是欧洲最大的电商市场,互联网普及率和电商渗透率较高。北欧国家(如丹麦、瑞典等)电商市场发展较快,消费者对数字化产品和服务的接受度较高。中欧和东欧国家(如波兰、保加利亚等)电商市场增长迅速,成为新的增长点。

④ 政策支持:欧盟通过发布《工业 5.0》等政策,推动区域内工业的数字化转型。欧盟还推出了《2030 数字罗盘》、《数字服务法案》和《数字市场法案》等政策措施,加强数字化安全和监管体系。

⑤ 消费者行为变化:越来越多的欧洲消费者倾向于在线购物,2023 年至少 95.8％的欧洲消费者进行过在线购物,35％的消费者每周用于在线购物的时间超过 5 小时。消费者对健康与美容、高科技产品的需求增加,食品和近食品行业的在线销售额也有显著增长。

⑥ 未来趋势:预计到 2030 年,欧洲电商市场将持续增长,可持续发展将成为重要趋势,包括可持续运输、减少包装浪费、推广绿色产品等。

综上所述,欧洲互联网业务发展现状呈现出持续增长、区域差异明显、政策支持有力、消费者行为变化显著等特点。

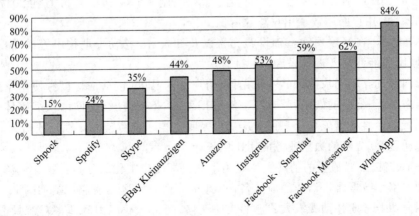

图 2-3　德国智能手机用户 2017 年主要的 App 应用

3. 日本

日本互联网业务发展现状呈现出高度普及和多元化发展的特点。

① 互联网普及率高：根据最新数据，2024年年初，日本有1.044亿互联网用户，互联网普及率为84.9%。这意味着超过80%的日本人都在使用互联网，显示了日本在数字化方面的领先地位。

② 社交媒体使用广泛：日本拥有9 600万社交媒体用户，占总人口的78.1%，表明社交媒体在日本也非常流行。其中，LINE、YouTube、Instagram和TikTok等平台在用户中非常受欢迎。

③ 移动通信普及：2024年年初，日本共有1.889亿蜂窝移动连接活跃，这一数字相当于总人口的153.6%，显示出日本在移动通信方面的广泛覆盖。

④ 电子商务市场成熟：日本的电子商务市场发展相当成熟，是世界上增长最快的跨境电商市场之一。83%以上的人口有网购记录，互联网普及率高达93%，近70%的日本消费者在过去一个月内进行了网上购物。

⑤ IT行业人才短缺：尽管日本IT行业市场规模和技术创新在持续增长，但该行业仍然面临严重的人才短缺问题。特别是系统开发和外包领域，人手不足比例高达71.9%。

⑥ 游戏市场稳定：日本手游市场固化严重，老游戏用户忠诚度高，新游戏要进入市场并非易事。2024年上半年，日本手游双端内购总收入达到50.56亿美元，同比小幅增长0.5%。

综上所述，日本互联网业务发展现状表现出高度的普及率和多元化应用，电子商务和社交媒体方面表现突出，IT行业人才短缺，但其市场规模持续扩大，技术不断创新，游戏市场保持平稳发展。

2.2.2　国内移动互联网业务发展现状

根据CNNIC相关人士介绍，作为互联网的重要组成部分，我国移动互联网目前已处于高速发展时期。据工信部发布的2017年上半年通信行业的运营数据显示，截至2017年6月，我国手机上网用户数已经突破11亿，我国移动电话用户总数已经达到13.6亿，比2016年累计净增4 274万；3G和4G用户总数达到10.4亿，比2016年底累计净增9 605万。同时，原有的2G和3G用户向4G用户转换的速度也在加快，4G用户数保持稳步增长，占移动电话用户的65.1%，相对于2016年，累计净增了1.18亿。图2-4显示了从2016年6月到2017年6月一年内，3G和4G的用户净增数和用户总数占比。

如图2-4所示，在互联网络基础设施完善以及3G、4G、移动寻址技术等成熟技术的推动下，移动互联网已经迎来发展的高潮。

目前我国移动互联网应用产品不断完善，用户上网黏度（包括依赖度和使用率等）快速提高。近几年来，除了传统的娱乐、游戏等手机应用外，SNS（移动社交网络）、多媒体视频应用、LBS基于位置的个性化搜索和信息服务应用以及移动电子商务应用正在迅速增大。图2-5显示了中国移动在2017年的数据业务应用比例统计。

由图2-5可见，在对流量的消耗上各应用呈现出高度集中化的分布：视频类、浏览类、即时通信类三种应用是数据流量消费的前三名，分别占到了34%、19%和18%的比例。

由于用户和业务向移动接入方式上的快速迁移，网络承载能力和业务对流量需求的匹配将是长期交替促进的动态过程。我国的三大电信运营商对移动互联网的4G网络的发展进行大力的投资建设。对三大运营商 2014 年以来的移动流量进行统计,中国移动近三年的复合增长率约 120.93％,中国电信近三年复合增长在 93.93％,中国联通近三年复合增长为 81.31％。随着国家"提速降费"政策的进一步落实,移动用户的流量需求未来三年将得到进一步释放,流量总量高速增长的趋势将会延续。

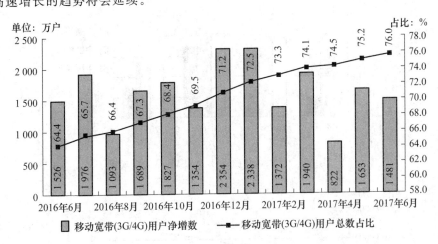

图 2-4　3G/4G 用户净增数和用户总数占比

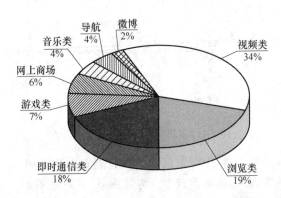

图 2-5　2017 年中国移动的数据业务应用比例

作为移动互联网通信的重要基础——4G 网络的建设,在 2014 年就以 110 万基站的规模成为全球最大 LTE 网络,2016 年三大运营商的基站总量达到 300 万个,在 2017 年宏基站(大型基站)新增规模为 68 万个,由于无线接入系统维护成本十分庞大,因此宏基站的增长速度在逐渐降低,但仍会处于一个比较大的规模上。图 2-6 是三大运营商历年 4G 宏基站建设规模。

随着 4G 网络的普及,2G 和 3G 网络的用户逐渐向 4G 网络过渡。到 2016 年年底,所有 2G 和 3G 用户总占比已不到 40％,其中 GSM 网络仍承载着 18.92％用户,3G 网络用户占比为 20.6％,这意味着有超过 80％的用户在未来两年内都迁移到了 LTE 网。据互联网已公开资料显示和估计,不同制式下用户数变动趋势如图 2-7 所示。

从工信部公布的数据可知,进入 4G 时代后,从用户群体结构到业务分类变化已经趋于稳定,数据业务成为运营商的业务主流。宽带网络(移动/固定)的升级换代、用户数趋于饱和,增量市场带来的增长已经不是当下以及未来的主要驱动力,而是基于互联网和物联网的应用新领域发展将是未来运营商竞争的主要焦点。目前移动通信已经进入日常生活,宽带移动用户占据总用户的大多数,基于互联网的流量消费已经成为生活的必需。

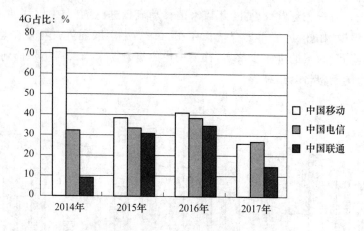

图 2-6　三大运营商近年 4G 宏基站建设规模

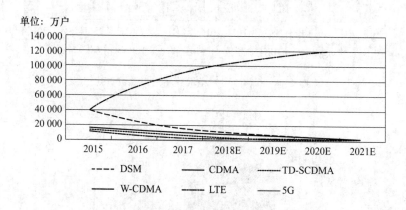

图 2-7　不同制式下用户数变动趋势

　　从数据上看,至 2017 年 5 月,中国电信和中国联通宽带移动用户由于基数低,增速较快,而中国移动由于原有基数较大,而增速较慢。整体来看,三家运营商的 4G 用户的增长都非常迅速,渗透率也越来越高,尤其是中国移动,2017 年 5 月净增 4G 用户约 1 000 万,环比大增 88%,4G 用户总数达 5.83 亿户;中国联通也以 562.1 万 4G 用户净增数创下新高,与中国电信的净增数持平,中国联通 4G 用户总数达 1.33 亿,中国电信 4G 用户总数达 1.47 亿。截至 2017 年 5 月底,相比于 2016 年 5 月,中国移动占比有所下降,而中国联通与中国电信的占比有所提升,三大运营商用户数的差距在缩小。与各自客户总量相比,中国联通和中国电信 4G 移动宽带用户占其用户规模的比重分别为 49.70% 和 62.88%,均低于中国移动占比 67.55%,但与 2016 年 5 月相比都有大幅提升,这一方面的原因是运营商内部用户从低端向高端网络搬迁的结果,另一方面的原因是多种移动互联网应用需要网速、流量以及功能强大的智能终端支持,运营商的移动宽带网络性能的提升可以满足现有移动用户的需求,体验度的提升大大增加了用户的黏性,并加快了新用户的开发,一旦和生活便利性结合起来,而不是单纯的娱乐,就会导入原先不愿使用移动宽带的用户群体。

　　在 2017 年年初,三家运营商都宣布了各自的发展战略,都是加快完善 4G 网络,提升用户体验度。中国移动已经借着 4G 用户大规模增加再次巩固移动宽带的领先地位,而中国联通和中国电信在度过 4G 发展初期阶段,快速进入加速期,数量上迎头赶上,同时也在内容上另辟蹊径,依托良好的频段和技术在数据流量经营方面的发力,在移动宽带经营领域占据一席之地。具体而言,中国电信通过"走出去"的方式,从网络、业务、运营三个维度进行"转型 3.0"战略,提出"云网一体""全面软化"的智能网络发展方向,致力于打造"智能连接、智慧家庭、互联网金融、物联网、新兴 ICT"五大业务生态,重点抓住"大数据"和"市场化"来推动运营智慧。所以宽带移动市场竞争格局在中低端更加复杂。中国联通则通过全面加强企业基础工作和综合能力建设,推动移动网、宽带网、创新网、营销网、IT 网、人力网的提质增效;打造 4G 匠心网络,加快建设全光网络,全面推进"全网通"终端普及,探索客户消费体验模式,持续推进机制改革,助力国家信息化建设。而中国移动明确了以连接驱动增长的发展路径,拓展连接深度与规模,成为全国首位的无线与有线宽带提供商。

我国关于 5G 网络的发展方面,工信部发布的《信息通信行业发展规划(2016—2020 年)》明确提出,将于 2020 年启动 5G 商用服务。根据工信部等部门提出的 5G 推进工作部署以及三大运营商的 5G 商用计划,我国已于 2017 年展开 5G 网络第二阶段测试,2018 年进行大规模试验组网,并在此基础上于 2019 年启动了 5G 网络建设。

中国互联网业务发展现状呈现出以下几个主要特点。

① 网民规模持续扩大:截至 2024 年 6 月,中国网民规模接近 11 亿人(10.996 7 亿人),较 2023 年 12 月增长了 742 万人,互联网普及率达到 78.0%。

② 互联网基础资源丰富:IPv6 规模部署和应用持续推进,截至 6 月,IPv6 地址数量为 69 080 块/32,IPv6 活跃用户数达 7.94 亿,移动网络 IPv6 流量占比达 64.56%。国家顶级域名".CN"保有量连续十年位居全球第一。

③ 数字消费和数字应用的发展:2024 年上半年,线上以旧换新活动和在线服务消费成为消费亮点。5G 应用融入 97 个国民经济大类中的 74 个,工业互联网覆盖全部 41 个工业大类。

④ 青少年和"银发族"成为新增网民主力:新增网民中,10～19 岁青少年和 50～59 岁、60 岁及以上群体的"银发族"占比分别为 49.0%、15.2% 和 20.8%。短视频应用成为新增网民"触网"的重要应用,占比达 37.3%。

⑤ 互联网企业的综合实力增强:2024 年,中国互联网综合实力企业收入利润实现双增,研发投入趋于收紧,财务风险防控良好。文娱企业占比最高,社会责任披露加强,出海动能加快培育。

⑥ 智能化浪潮中的技术创新:人工智能技术在内容生成、自动化决策等方面展现出强大的研发能力,生成式 AI 技术在内容生产领域带来革命性变化。5G 及 6G 网络建设加速,推动智能互联网的全面发展。

综上所述,中国互联网业务发展现状呈现出网民规模持续扩大、互联网基础资源丰富、数字消费和数字应用快速发展、青少年和"银发族"成为新增网民主力、互联网企业的综合实力增强以及智能化浪潮中的技术创新等特点。

2.3　移动互联网发展中所面临的问题

纵观国内外移动互联网发展和演变的历史,并分析各主要运营商在运营移动互联网业务时的成败得失,可以看到这一新兴的融合领域在发展过程中存在的一些问题影响或制约着其发展速度,比较显著的问题点包括覆盖率、终端及平台、知识产权保护、移动终端操作系统、创新力不足、产业链、监管、商业模式、安全性等。

1. 覆盖率

4G 网络覆盖率是移动互联网发展的一个关键的因素,在 4G 网络发展的早期,部分楼区和较偏远的山区和其他有障碍物的地方,4G 网络还不能完全覆盖。但是,随着 4G 网络的不断发展,这一问题已基本解决,据 2018 年 6 月 10 日工业和信息化部发布的数据显示,截至 2018 年 4 月底,我国 4G 网络覆盖全国 95% 的行政村和 99% 的人口。

中国 5G 适度超前部署,建成全球规模最大的 5G 网络。截至 2024 年 5 月,中国 5G 基站总数达 383.7 万个,5G 移动电话用户数超 8 亿,5G 网络接入流量占比达 50%。5G 已融入 97 个国民经济大类中的 74 个,大型工业企业渗透率达 37%,建成超 2.9 万个 5G 行业虚拟专网,覆盖工业、港口、能源、医疗等领域。

2. 终端及平台

从终端角度来看,移动互联网的发展依托于手持(或车载)设备,终端设备属性及操作界面将对用户体验产生直接影响。该类设备普遍存在屏幕小、输入不便、电池容量小、数据处理能力不如 PC 等问题,影响用户对移动互联网业务的直接体验。同时智能手机价位偏高的现状也阻碍更大规模的用户群体接受并使用移动互联网业务。从平台角度来看,当前全球范围内的手机操作系统多达 30 多个,基于各类操作系统形成了不同的终端平台,这使得移动互联网业务应用开发的难度加大,需要更多的时间适配系统,且很难达成各终端一致的用户体验,由此导致的业务推新速度变缓进一步影响了移动互联网对用户需求的满足。综上所述,终端性能的改善和平台操作系统标准的统一,应成为未来移动互联网发展过程中关注的重点。

3. 知识产权保护

移动互联网产品的核心竞争力在于更好的创意和技术。但是世界各国对于互联网产品的产权保护,还存在着不同程度的法律漏洞以及政府管理方面的缺失,再加上主流操作系统相继被破解,迅速复制软件的代码和设计变得异常简单。根据移动互联网业内人士透露,抄袭一个成熟的移动互联网软件只需要不到 30 分钟。其代价就是国内互联网产品市场上大量雷同的产品之间恶性竞争。

4. 移动终端操作系统

与传统互联网时期 PC 操作系统基本被 Windows 垄断的局面不同,移动互联时代下已经呈现出 iOS、安卓、Windows Phone 三种主要的操作系统。其中除了硬件和软件相绑定的 iOS 系统外,安卓和 Windows Phone 系统都是不绑定硬件的,并且开源的安卓系统被各个硬件厂商根据自己的需求进一步做了修改,导致安卓系统出现了数不清的变种系统。多种操作系统并存给应用软件的开发带来了巨大的麻烦。以安卓操作系统为例,由于安卓系统对应的手机具有不同的屏幕、硬件性能、操作方式以及被修改的变种系统,想要开发一款兼容 80% 以上安卓平台的手机软件也很困难。

5. 创新力不足

移动互联网产品和服务中缺少重量级的原创产品。很多企业是通过"拿来主义"的方式研发产品:国外出现一款好的软件或服务的,国内企业很快就能模仿研发出该软件或服务的产品。这常常使得我国的软件或服务缺少必要的创新性。实际上,我国拥有着世界上最大规模的移动互联网市场,如果国内企业能针对国内需求开发软件,或者对借鉴来的国外经验加以调整,将能达到更好的经济效益。

6. 产业链

移动互联网尚未形成完整的产业链条,各方力量仍处于整合期。移动互联网欲获得进一步的发展,需要打造一个整合硬件芯片开发商、操作系统开发、应用软件开发商、电信运营商、移动互联网应用提供商、终端制造商等多方力量共同作用的产业生态系统。该系统应能实现端到端业务开发与创新,依靠上下游的协同发展能力和聚合效应提升移动互联网能力,打造共赢发展的良性发展局面。

7. 监管

在移动互联网开始同互联网、移动通信业务一样逐步深入人们生活的时候,其不断扩大的影响力也在产生着正、负两方面的影响。以不良信息为代表的网络秩序混乱现象将在移动互联网领域再度发生,因此对其进行合法、公正、科学地监管已成为需提上日程的重要问题。操作过程中可参考国外成功经验,考虑对网站进行分别管理,与运营商合作的网站需在满足国家法规的同时满足运营商的业务要求,而其他非运营商合作网站则可以在法律框架内自由发展业务。此举既可以保障用户对于内容和服务丰富性的要求,又可以通过国家立法与运营商管理对所有网站实现控制。

8. 商业模式

成功的业务是通过运作成功的商业模式实现的。移动互联网业务体系包括固定互联网的复制、移动通信业务的互联网化和移动互联网创新业务三大部分。相应商业模式的建立也可以沿用业务体系的建设思路,在分别延续传统互联网和移动通信业务的成功模式基础上开拓创新,寻找新的盈利支点。从国外的经验来看,与用户需求紧密贴合的移动搜索、电子商务、SNS、移动广告等业务将会成为未来盈利的源泉,而效仿 iPhone 基于收入分成、市场排他的合作模式,以"业务+终端+服务"的一体化运作模式与产业链上下游展开合作运营,是可以尝试的商业模式之一。

9. 安全性

移动互联网在给人们带来巨大发展机遇的同时,也带来网络和信息安全的新挑战。随着移动终端和业务平台的逐步开放,如果没有良好的防护技术和管理手段及时跟上,那么所有互联网今天面对的安全难题,都会出现在移动互联网上,而各种新的安全隐患也将会在移动互联网世界暴露乃至泛滥。移动互联网无处不在的接入同时也意味安全隐患、有害信息、网络违法行为无处不在的可能,相应的安全管理形势将更加复杂。

2.4 移动互联网协议

随着网络技术和无线通信设备的迅速发展,人们迫切希望能随时随地从 Internet 上获取信息。针对这种情况,Internet 工程任务组(IETF)制定了支持移动 Internet 的技术标准——

移动 IPv6(Mobile IPv6,MIPv6,RFC3775)和相关标准。

这些标准现在已经出台,下一代移动通信的核心网是基于 IP 分组交换的,而且移动通信技术和互联网技术的发展呈现出相互融合的趋势,故在下一代移动通信系统中,可以较为容易地引入移动互联网技术,移动互联网技术必将得到广泛应用。

移动性是互联网发展的方向之一,移动互联网的基础协议能支持单一无线终端的移动和漫游功能,但这种基础协议并不完善,在处理终端切换时,存在较大时延且需要较大传输开销,此外它不支持子网的移动性。移动互联网的扩展协议能较好地解决上述问题。

本节首先介绍移动互联网的基础协议 MIPv6 的工作原理,然后介绍能提高移动互联网工作性能的扩展协议 FMIPv6 以及层次移动 IPv6 的移动性管理 HMIPv6。

2.4.1 移动互联网的基础协议 MIPv6

传统 IP 技术的主机不论是有线接入还是无线接入,基本是固定不动的,或者只能在一个子网范围内小规模移动。在通信期间,它们的 IP 地址和端口号保持不变。而移动 IP 主机在通信期间可能需要在不同子网间移动,当移动到新的子网时,如果不改变其 IP 地址,就不能接入这个新的子网。如果为了接入新的子网而改变其 IP 地址,那么先前的通信会中断。

移动互联网技术是在 Internet 上提供移动功能的网络层方案,它可以使移动节点用一个永久的地址与互联网中的任何主机通信,并且在切换子网时不中断正在进行的通信,如图 2-8 所示。

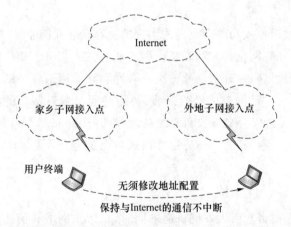

图 2-8　移动互联网的通信示意图

近年来,随着移动通信和网络技术的迅猛发展,使传统互联网和移动互联网技术逐渐走向融合,而基于 IPv4 的 MIPv4 技术在实际应用中越来越暴露出其不足之处,因而 IETF 制定了下一代网络协议 IPv6,从本质上解决了地址问题,而 MIPv6 作为 IPv6 协议不可分割的一部分,通过对 IPv6 协议的添加和修改,基本解决了 MIPv4 的"三角路由"问题。

1. 新增的 IPv6 扩展头

(1)家乡地址选项

MIPv6 定义了一个新的家乡地址选项,该选项包含在 IPv6 的目的地选项扩展头中,用在离开家乡的移动节点所发送的分组中通告接收者移动节点的家乡地址。

（2）移动扩展报头

移动扩展头是一个新定义的扩展头。移动节点、通信节点和家乡代理使用移动扩展头来携带那些用于注册、建立绑定的消息。移动扩展头可以携带的消息有家乡测试初始、转交测试初始、家乡测试、转交测试 4 个消息，用于返网路径可达过程；绑定更新消息，用于移动节点通知通信节点或者家乡代理它当前获得的转交地址；绑定确认消息，用于对移动节点发出的绑定更新进行确认；绑定刷新请求消息，用于请求移动节点发送新的绑定，当生存期接近过期时使用；绑定错误消息，通信节点使用它来通知和移动性相关的错误。

（3）第二类路由头

MIPv6 定义的第二类路由头是一个新的路由头类型。通信节点使用第二类路由头直接发送分组到移动节点，把移动节点的转交地址放在 IPv6 报头的目的地址字段中，把移动节点的家乡地址放在第二类路由头中。当分组到达移动节点时，移动节点从第二类路由头中提取出家乡地址，作为这个分组的最终目的地址。

2．新增加的 ICMPv6 报文

新增加的 ICMPv6 报文包括以下部分。

（1）家乡代理地址发现应答

家乡代理使用家乡代理地址发现应答报文，来回应家乡代理地址发现请求报文，并在此报文中给出移动节点家乡链路上作为家乡代理的路由器的列表。

（2）家乡代理发现请求

移动节点使用该报文来启动家乡代理地址的动态发现过程，在网络上离移动节点最近的家乡代理会接收到这个请求报文。

（3）移动前缀广播

当移动节点离开家乡链路时，家乡代理发送移动前缀广播消息，用于通知移动节点家乡链路的前缀信息。

（4）移动前缀请求

当移动节点离开家乡时，发送移动前缀请求消息给其家乡代理。发送此消息的目的是从家乡代理请求移动前缀通告，使移动节点收集关于它的家乡网络的前缀信息。

3．对邻居发现协议的修改

（1）对路由器通告消息的修改

增加了一个指示发送者是不是本链路上家乡代理的标志位 H。

（2）对路由器通告消息中的前缀信息选项的修改

为了使家乡代理知道本链路上所有其他家乡代理的地址，从而建立家乡代理地址发现机制所需的家乡代理列表，使移动节点可以给它以前转交地址所在链路的路由器发送绑定更新消息，从而建立从旧转交地址到新转交地址的转发路径，这时 MIPv6 需要知道路由器的全球地址，但是邻居发现仅仅通告了路由器的链路局部地址。因此，在前缀信息选项中增加了一个路由地址位（R 位），若该位被设置，则发送该路由器通告的路由器必须在前缀信息选项的前缀字段中包含一个该路由器的完整的全球地址。

（3）对新的通告间隔选项的修改

用在路由器通告消息中指示路由器周期性发送非请求组播路由器通告的间隔。

（4）对新的家乡代理信息选项的修改

用在家乡代理发送的路由器通告消息中，通告关于本家乡代理的信息。

（5）对路由器通告发送规则的修改

邻居发现协议标准限定，路由器从任何给定网络接口发送非请求组播路由器通告的最小周期是 3 s。为了给移动节点提供更好的支持，MIPv6 协议放宽了这个限制，使路由器对非请求组播路由器通告的发送更为频繁。

（6）对路由器请求发送规则的修改

邻居发现协议规定，节点不能发送超过 3 次路由器申请，并且每次申请之间应该间隔 4 s 以上。MIPv6 协议同样放宽了该限制，允许离开家乡的移动节点以更高的频率发送路由器请求。

（7）对重复地址检测的修改

邻居发现使用重复地址检测过程检查 IP 地址的唯一性。如果重复地址检测过程失败，那么 IPv6 节点应该停止使用相关 IP 地址，等待重新配置。MIPv6 允许移动节点在外地链路上遇到重复地址检测失败后，只是在完成一次移动前在接口上停止使用这个地址，并不等待重新配置或放弃使用接口。

4. MIPv6 工作原理

移动互联网的基础协议为 MIPv6，IETF 已经发布了 MIPv6 的正式协议标准 RFC 3775。

MIPv6 支持单一终端无须改动地址配置，可在不同子网间进行移动切换，而保持上层协议的通信不发生中断。

MIPv6 体系结构含有 3 种功能实体：移动节点（MN）、家乡代理（HA）、通信节点（CN）。其中：MN 为移动终端；HA 为位于家乡的子网，负责记录 MN 的当前位置，并将发往 MN 的数据转发至 MN 的当前位置；CN 为与 MN 通信的对端节点。

MIPv6 的主要目标是使 MN 不管是连接在家乡链路还是移动到外地链路，总是通过家乡地址（HoA）寻址。MIPv6 对 IP 层以上的协议层是完全透明的，使得 MN 在不同子网间移动时，运行在该节点上的应用程序不需修改或配置仍然可用。每个 MN 都设置了一个固定的 HoA，这个地址与其当前接入互联网的位置无关。当 MN 移动至外地子网时，需要配置一个具有外地网络前缀的转交地址（CoA），并通过 CoA 提供 MN 当前的位置信息。MN 每次改变位置，都要将它最新的 CoA 告诉 HA，HA 将 HoA 和 CoA 的对应关系记录至绑定缓存。假设此时一个 CN 向 MN 发送数据，由于目的地址为 HoA，故这些数据将被路由至 MN 的家乡链路，HA 负责将其捕获。查询绑定缓存后，HA 可以知道这些数据可以用 CoA 路由至 MN 的当前位置，HA 通过隧道将数据发送至 MN。在反方向，MN 首先以 HoA 作为源地址构造数据报，然后将这些报文通过隧道送至 HA，再由 HA 转发至 CN。这就是 MIPv6 的反向隧道工作模式。

若 CN 也支持 MIPv6 功能，则 MN 也会向它通告最新的 CoA，这时 CN 就知道了家乡地址为 HoA 的 MN 目前正在使用 CoA 进行通信，在双方收发数据时会将 HoA 与 CoA 进行调换，CoA 用于传输，而最后向上层协议递交的数据报中的地址仍是 HoA，这样就实现了对上层协议的透明传输。这就是 MIPv6 的路由优化工作模式。

建立 HoA 与 CoA 对应关系的过程称为绑定（Binding），它通过 MN 与 HA、CN 之间交互相关消息完成，绑定更新（BU）是其中较重要的消息。MIPv6 的工作过程如图 2-9 所示。

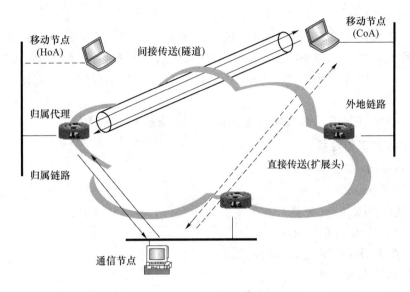

图 2-9　MIPv6 的工作过程

2.4.2　移动互联网的扩展协议 FMIPv6

基本的 MIPv6 解决了无线接入 Internet 的主机在不同子网间用同一个 IP 寻址的问题，而且能保证在子网间切换过程中保持通信的连续，但切换会造成一定的时延。MIPV6 的快速切换(FMIPV6)针对这个问题提出了解决方法，IETF 发布了 FMIPv6 的正式标准 RFC 4068。

1. FMIPv6 的快速切换

FMIPv6 引入新接入路由器(NAR)和前接入路由器(PAR)两种功能实体，增加 MN 的相关功能，并通过 MN、NAR、PAR 之间的消息交互缩短时延。

MIPv6 切换过程中的时延主要是 IP 连接时延和绑定更新时延。移动节点 MN 要进行切换时，MIPv6 首先进行链路层切换，即通过链路层机制首先发现并接入到新的接入点(AP)，然后再进行 IP 层切换，包括请求 NAR 的子网信息、配置新转交地址(NCoA)、重复地址检测(DAD)。通常 IP 层切换需要较长时间，造成了 IP 连接时延。针对这个问题，FMIPv6 规定 MN 在刚检测到 NAR 的信号时就向 PAR 发送代理路由请求(RtSoPr)消息用于请求 NAR 的子网信息，PAR 响应以代理路由通告(PrRtAdv)消息告之 NAR 的子网信息。MN 收到 PrRtAdv 后便配置 NCoA。这样，在 MN 决定切换时只需进行链路层切换，然后使用已配置好的 NCoA 即可连接至 NAR。

MN 连接至 NAR 后并不意味着它能立刻使用 NCoA 与 CN 通信，而是要等到 CN 接收并处理完针对 NCoA 的 BU 后才能实现通信，造成了绑定更新时延。针对这个问题，FMIPv6 规定 MN 在配置好 NCoA 并决定进行切换时，向 PAR 发送快速绑定更新(FBU)消息，目的是在 PAR 上建立 NCoA-PCoA 绑定并建立隧道，将 CN 发往 PCoA 的数据通过隧道送至 NCoA，NAR 负责缓存这些数据。在 MN 切换至 NAR 后，立即向它发送快速邻居通告(FNA)消息，NAR 便得知 MN 已完成切换，已经是自己的邻居，把缓存的数据发送给 MN。此时即使 CN 不知道 MN 已经改用 NCoA 作为新的转交地址，也能与 MN 通过 PAR——NAR 进行通信。CN 处理完以 NCoA 作为转交地址的 BU 后，就取消 PAR 上的绑定和隧道，CN 与 MN 间的通信将只通过 NAR 进行。

此外,PAR 收到 FBU 后向 NAR 发送切换发起(HI)消息,作用是进行 DAD 以确定 NCoA 的可用性,然后 NAR 响应以切换确认(HAck)消息告知 PAR 最后确定可用的 NCoA,PAR 再将这个 NCoA 通过快速绑定确认(FBack)消息告诉 MN,最终 MN 将使用这个地址作为 NCoA。

采用上述方法,FMIPv6 切换延迟比基本 MIPv6 缩短 10 倍以上。

2. FMIPv6 的工作过程

① MN 检测到 NAR 信号;

② MN 发送 RtSoPr;

③ MN 接收 PrRtAdv,配置 NCoA;

④ MN 确定切换,发送 FBU;

⑤ PAR 发送 HI,NAR 进行 DAD 操作;

⑥ NAR 回应 HAck;

⑦ PAR 向 MN 发送 FBack,同时建立绑定和隧道,将发往 PCoA 的数据通过隧道送至 NCoA;

⑧ MN 向 NAR 发送 FNA;

⑨ NAR 把 MN 作为邻居,向它发送从 PAR 隧道过来的数据;

⑩ CN 更新绑定后,删除 PAR 上的绑定和隧道,CN 将数据直接发往 NCoA。

FMIPv6 的工作流程如图 2-10 所示。

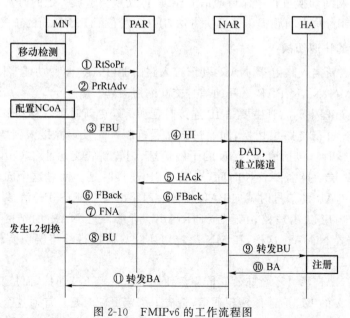

图 2-10 FMIPv6 的工作流程图

2.4.3 HMIPv6 的移动性管理

若 MN 移动到离家乡网络很远的位置,每次切换时发送的绑定要经过较长时间才能被 HA 收到,造成切换效率低下。为解决这个问题,IETF 提出层次移动 IPv6(Hierarchical Mobile IPv6,HMIPv6),发布了正式标准 RFC 4140。

　　HMIPv6 引入了移动锚点（Mobllity Anchor Point，MAP）这个新的实体，并对移动节点 MN 的操作进行了简单扩展，而对 HA 和 CN 的操作没有任何影响。值得注意的是，层次型 MIPv6 对通信对端和家乡代理的操作没有任何影响。移动锚点是一台位于移动节点访问网络中的路由器。移动节点将移动锚点作为一个本地家乡代理。访问网络可以存在多个移动锚点。HMIPv6 结构如图 2-11 所示。

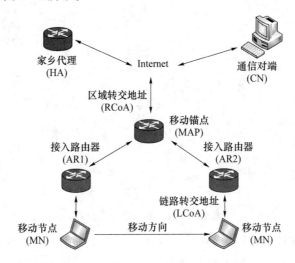

图 2-11　HMIPv6 结构示意图

　　按照范围的不同，将 MN 的移动分为同一 MAP 域内移动和 MAP 域间移动。在 MIPv6 中引入分级移动管理模型，最主要的作用是提高 MIPv6 的执行效率。HMIPv6 也支持 FMIPv6，以帮助 MN 无缝切换。

　　当 MN 进入 MAP 域时，将接收到包含一个或多个本地 MAP 信息的路由通告（RA）。MN 需要配置两个转交地址：区域转交地址（RCoA）（其子网前缀与 MAP 的一致）和链路转交地址（LCoA）〔其子网前缀与 MAP 的某个下级接入路由器（AR）的一致〕。首次连接至 MAP 下的某个 AR 时，将生成 RCoA 和 LCoA，并分别进行 DAD 操作，成功后 MN 给 MAP 发送本地绑定更新（LBU）消息，将其当前地址（LCoA）与在 MAP 子网中的地址（RCoA）绑定，而针对 HA 和 CN，MN 发送的 BU 的转交地址，则是 RCoA。CN 发往 RCoA 的包将被 MAP 截获，MAP 将这些包封装转发至 MN 的 LCoA。

　　如果在一个 MAP 域内移动，切换到了另一个 AR，MN 仅改变它的 LCoA，只需要在 MAP 上注册新的地址，不必向 HA、CN 发送 BU，这样就能较大程度地节省传输开销。由此可见，MAP 本质上是一个区域家乡代理。

　　在 MAP 域间移动时，MN 将生成新的 RCoA 和 LCoA，这时才需要给 BU 发送 HA 和 CN 注册新的 RCoA，此时 HA 向 MN 发送绑定确认 BA；同时 WN 也需要发送 LBU 给新区域的 MAP，MAP 也向 MN 发送链路绑定确认 LBA。域内移动和域间移动的注册过程如图 2-12 所示。

　　因此，只有 RCoA 才需要注册 CN 和 HA。只要 MN 在一个 MAP 域内移动，RCoA 就不需要改变，使 MN 的域内移动对 CN 是透明的。

1. 子网移动

网络移动性（NEMO）工作组研究了将移动子网作为一个整体，在全球互联网范围内变换接入位置时的移动管理和路由可达性问题。移动网内部的网络拓扑相对固定,通过一台或多台移动路由器连接至全球的互联网。网络移动对移动网络内部节点完全透明,内部节点无须感知网络的移动,不需要支持移动功能。IETF 已发布 NEMO 的正式标准 RFC 3963。

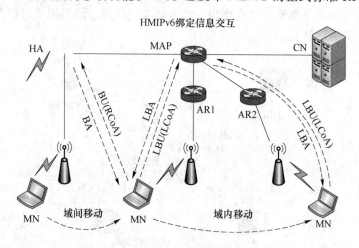

图 2-12　HMIPv6 的注册过程

NEMO 网络由一个或多个移动路由器、本地固定节点(LFN)和本地固定路由器(LFR)组成。LFR 可接入其他 MN 或 MR(移动路由器),构成潜在的嵌套移动网络。

NEMO 的原理与 MIPv6 类似,当其移动到外地网络时,MR 生成转交地址 CoA,向其 HA 发送 BU,绑定 MR 的 HoA 和 CoA,并建立双向隧道。CN 发往 LFN 的数据将路由至 HA,经路由查询下一跳应是 MR 的 HoA,HA 便将数据用隧道发至 MR,MR 将其解封装后路由至 LFN。在反方向上,所有源地址属于 NEMO 网络前缀范围的数据都将被 MR 通过隧道送至 HA,HA 负责将其解封装路由至 CN。

值得注意的是,HA 必须有 NEMO 网络前缀范围的路由表,即 HA 需要确定发往 LFN 的数据的下一跳是 MR 的 HoA。有两种途径建立该路由表:

① 在 BU 中携带 NEMO 网络前缀信息;

② 在 MR 与 HA 间通过双向隧道运行路由协议。

RFC 3963 只提出了基本的反向隧道工作方式,没有解决三角路由问题,特别是在 NEMO 网络嵌套的情况下,需要多个 HA 的隧道封装转发,效率不是很高。为此,针对 NEMO 路由优化的相关工作正在进行中。

2. 应用中的技术整合

在 MIPv6 中引入上述扩展协议后,移动互联网可以提供对单一终端和子网的移动性支持,并且在移动过程中支持终端、子网的快速切换和层次移动性管理。其架构如图 2-13 所示。

此结构下的移动互联网在处理切换时,传输时延等开销较小,能做到无缝切换,可承载丰富的多媒体业务,提供良好的用户服务。

移动 IPv6 协议能支持单一终端在不同子网间移动切换,保持上层通信的不中断,但其切换速度和效率不是很高。MIPv6 的快速切换这一扩展协议提高了终端在不同子网间的切换速度,降低了切换时延。FMIPv6 的移动性管理这一扩展协议,降低了切换产生的数据传输代价,提高了切换的效率。以上 3 种协议协同工作,可作为用户无线终端移动接入互联网的解决方案。更进一步,NEMO 为子网提供移动性支持,而子网内的节点不需要支持移动功能。这一特性可广泛用于交通运输等方面,可为旅客提供访问互联网的业务。

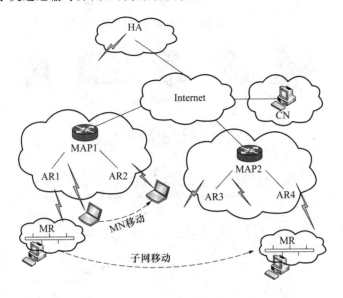

图 2-13 移动互联网的架构

移动互联网技术为无线接入互联网的用户提供了移动支持,为用户提供了极大方便。但还有很多细节需要完善,如快速切换、层次移动、子网移动三者的结合,子网移动的路由优化等问题,这些将是移动互联网技术下一步的研究方向。

2.5 移动互联网的新技术

移动互联网相比于传统互联网来说,新增了许多新的应用。下面介绍支持这些新应用的新技术。

2.5.1 云计算

Web 2.0 为云计算(Cloud Computing)的出现提出了内在需求。随着 Web 2.0 的产生和流行,移动互联网用户更加习惯将自己的数据在网络上存储和共享。视频网站和图片共享网站每天都要接收海量的上载数据。同时,为给用户提供新颖的服务,只有更加快捷的业务响应才能让应用提供商在激烈的竞争中生存。因此,用户需要一个能够提供充足的资源来保证业务增长的平台,同时也需要一个能够提供可复用的功能模块来保证快速开发的平台。

云计算的出现使人们可以通过互联网获取各种服务,并且可以实现按需支付的要求,随着电信和互联网网络的融合发展,云计算将成为跨越电信和互联网的通用技术。直观而言,云计算是指由几十万甚至上百万台廉价的服务器所组成的网络,为用户提供需要的计算机服务,用户只需要一个能够上网的设备,比如一台笔记本计算机或者一个手机,就可以获得自己所需要的一切计算机服务。云计算的概念模型如图 2-14 所示。

图 2-14　云计算的概念模型

　　作为一种基于互联网的新兴应用模式,云计算通过网络把多个成本相对较低的计算实体整合成一个具有强大计算能力的完美系统,并借助 SaaS、PaaS、IaaS、MSP 等先进的商业模式把这强大的计算能力分布到终端用户手中,其核心理念就是通过不断提高自身处理能力,进而减小用户终端的处理负担,最终使用户终端简化成一个单纯的输入输出设备,并能按需享受"云"的强大计算处理能力,从而更好地提高资源利用效率并节约成本。

　　通过云计算所提供的应用,用户将不再依赖某一台特定的计算机来访问、处理自己的数据,只要可以通过网络连接至自己的数据,就能随时检索自己的文件、继续处理上次未完成的工作并完成保存。事实上,人们已开始享受着"云"所带来的好处。以谷歌(Google)用户为例,免费申请一个账号,就可以利用 Google Doc、Gmail 和 Picasa 服务来保存私有资源。

　　云计算具有以下特点。

　　(1)虚拟化。云计算支持用户在任意位置、使用各种终端获取服务。所请求的资源来自"云",而不是固定的有形的实体。应用在"云"中某处运行,但实际上用户无须了解应用运行的具体位置,只需要一台笔记本计算机或一个 PDA,就可以通过网络服务来获取各种能力超强的服务。

　　(2)超大规模。"云"具有相当的规模,Google 云计算已经拥有 100 多万台服务器,亚马逊、IBM、微软和 Yahoo 等公司的"云"均拥有几十万台服务器。"云"能赋予用户前所未有的计算能力。

　　(3)高可靠。"云"使用了数据多副本容错、计算节点同构可互换等措施来保障服务的高可靠性,使用云计算比使用本地计算机更加可靠。

　　(4)按需服务。"云"是一个庞大的资源池,用户按需购买,像自来水、电和燃气那样计费。

　　(5)通用性。云计算不针对特定的应用,在"云"的支撑下可以构造出千变万化的应用,同一片"云"可以同时支撑不同的应用运行。

（6）高可扩展性。"云"的规模可以动态伸缩，满足应用和用户规模增长的需要。

（7）极其廉价。"云"的特殊容错措施使得可以采用极其廉价的节点来构成云；"云"的自动化管理使数据中心管理成本大幅降低；"云"的公用性和通用性使资源的利用率大幅提升；"云"设施可以建在电力资源丰富的地区，从而大幅降低能源成本。因此，"云"具有前所未有的性能价格比。Google 中国区前总裁李开复称，Google 每年投入约 16 亿美元构建云计算数据中心，所获能力相当于使用传统技术投入 640 亿美元所获能力。

因此，用户可以充分享受"云"的低成本优势，需要时，花费几百美元、一天时间就能完成以前需要数万美元、数月时间才能完成的数据处理任务。

云计算技术在移动互联网应用中有哪些优势呢？

（1）突破终端硬件限制。虽然一些高端智能手机的主频已经达到 1 GHz，但是和传统的 PC 相比还是相距甚远。单纯依靠手机终端进行大量数据处理时，硬件就成了最大的瓶颈。而在云计算中，由于运算能力以及数据的存储都来自移动网络中的"云"。所以，移动设备本身的运算能力就不再重要。通过云计算可以有效地突破手机终端的硬件瓶颈。

（2）便捷的数据存取。由于云计算技术中的数据是存储在"云"中的，一方面为用户提供了较大的数据存储空间，另一方面为用户提供了便捷的存取机制，在带宽足够的情况下，对云端的数据访问，完全可以达到本地访问速度，从而也方便了不同用户之间进行数据的分享。

（3）智能均衡负载。针对负载变化较大的应用，采用云计算可以弹性地为用户提供资源，有效地利用多个应用之间周期的变化，智能均衡应用负载，提高资源利用率，从而保证每个应用的服务质量。

（4）降低管理成本。当需要管理的资源越来越多时，管理的成本也会越来越高。通过云计算来标准化和自动化管理流程，可简化管理任务，降低管理的成本。

（5）按需服务降低成本。在互联网业务中，不同客户的需求是不同的，通过个性化和定制化服务可以满足不同用户的需求，但是往往会造成服务负载过大。而通过云计算技术可以使各个服务之间的资源得到共享，从而有效地降低服务的成本。

云计算技术在电信行业的应用必然会开创移动互联网的新时代。随着移动云计算的进一步发展和移动互联网相关设备的进一步成熟与完善，移动云计算业务必将会在世界范围内迅速发展，成为移动互联网服务的新热点，使移动互联网站在云端之上。Web 2.0 提供了云计算的接入模式，也为云计算培养了用户习惯。随着云计算平台的建立，运营商的移动互联网应用开发和运营的成本将大大降低。

2.5.2　虚拟网址转换

虚拟网址转换（Virtual Network Address Translation，VNAT）是一种实现移动互联网的新技术。这种技术能使移动通信双方在漫游时保持连接。移动通信在漫游时不能保持连接的原因是通信连接是靠双方的物理地址建立起来的，漫游时由于物理地址的改变，连接就会断开。VNAT 技术的基本原理，是在通信双方建立连接之后，就用虚拟地址代替了原来的物理地址，同时建立一个从虚拟地址到物理地址的映射，传输层协议看到的只有连接双方的虚拟地址，而不用考虑低层物理地址的变化。这时物理地址随着移动发生了变化，VNAT 也跟着更新了映射信息，虚拟地址保持不变，因此能保持连接不会断开。移动通信保持连接是因为

VNAT 能不断更新对应的地址信息。

1. VNAT 技术的体系结构

VNAT 的基本思想是用一个虚拟地址标识一个连接端点。由于传输层协议用物理地址标识一个连接,当物理地址改变时,连接必然断开。VNAT 打破了传输层协议和物理地址之间的这种联系,用一个虚拟地址代替了物理地址。这样,一旦连接建立,VNAT 便为连接端点生成各自固定的虚拟地址,并且独立于物理地址,其生存期与整个连接的生存期相同,这个连接也不再受双方物理地址变化的影响。

一个通信终端的移动或转移归纳为两种情况:一种是该终端的硬件设备的网络地址发生变化;另一种是该终端所属的进程从一台主机转移到另一台主机。不管是哪种情况,其实质都是通信终端的物理地址发生了变化。在 TCP/IP 互联网中,就是终端的 IP 地址和端口发生了变化。

VNAT 由 3 部分构成:虚拟连接(Virtualization)是让通信终端以虚拟地址建立连接;地址转换(Translation)为虚拟地址和物理地址建立映射关系;连接转移(Migration)为移动的通信终端维护其连接,并且在移动过后更新虚拟地址和物理地址的映射。这 3 个组件可以构成为一个模块在终端上运行,并不需要对现有配置做任何改动。VNAT 技术的体系结构如图 2-15 所示。

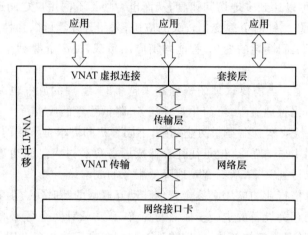

图 2-15 VNAT 技术的体系结构

2. 虚拟连接

VNAT 的虚拟连接为建立连接的通信终端生成一个虚拟标识符(Virtual Identification)。我们把由一对虚拟标识符建立的点对点的连接称为虚拟连接(Virtual Connection),把由一对物理标识建立的点对点的连接称为物理连接(Physical Connection)。在一次虚拟连接中,物理标识符可以任意改变,但虚拟标识符是固定的。由于虚拟连接并不是捆绑在一对物理终端上,它可以在物理网间任意漫游。

VNAT 收到从应用程序发往 TCP 的连接请求,把请求中包含的物理地址转换为虚拟地址,服务器上的一个应用程序向 TCP 请求以主机物理地址 10.10.10.10 启动服务,监听所有来自客户端的连接。在 VNAT 收到这个请求后,VNAT 就用一个虚拟地址 1.1.1.1 代替物理地址 10.10.10.10。类似地,客户端上的一个应用程序请求连接到地址为 10.10.10.10 的主机,并且启用客户端地址 20.20.20.20;在 VNAT 收到这个请求后,VNAT 就用虚拟地址

1.1.1.1 代替 10.10.10.10,用 2.2.2.2 代替 20.20.20.20。在这一过程完成后,服务器和客户端的 TCP 建立的连接是一个虚拟连接(1.1.1.1,2.2.2.2)而不是物理连接(10.10.10.10,20.20.20.20)。这个连接一旦建立,就不会再因"移动"而发生变化。图 2-16 所示为 VNAT 截取从应用程序发往 TCP 的建立连接的请求,把请求中包含的物理地址转换为虚拟地址的过程。

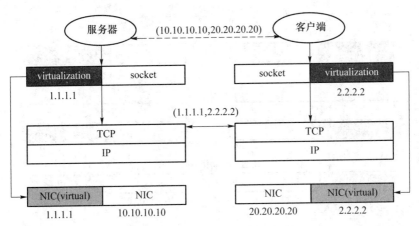

图 2-16　TCP 环境下的虚拟连接

VNAT 对连接的"虚拟化"过程对 TCP 是不透明的,即 TCP 并不知道所建立的连接采用的是虚拟地址,它仍然把虚拟地址当作真实的物理地址来执行操作。同样,"虚拟化"过程对应用程序也是不透明的,因为它并不关心低层的信息传送。通过比较可以发现,移动 IP 技术是通过对应用程序隐藏地址的变化来实现移动,而 VNAT 则通过对传送层隐藏地址的变化来实现移动。

由于虚拟连接的双方共用一对虚拟地址,势必应建立某种机制,使任何一方在连接建立时告知对方自己使用的虚拟地址。然而,使用这种机制可能会造成时延,这个问题在广域网的实时通信中显得尤为突出。一种解决方法是,双方在建立连接时默认使用此时的物理地址作为虚拟地址,这样就省去了额外的通信开销。如果采用这种机制,那么无论连接双方如何"移动",在传输层建立的连接总是使用连接双方最初使用的物理地址。

3. 地址转换

通过建立虚拟连接,传输层就可以不必顾及通信终端物理地址的变化了。然而,仅仅建立了虚拟连接并不足以传送数据包。从客户端 20.20.20.20 发出的首部包含(2.2.2.2,1.1.1.1)的 TCP 数据包永远也不会到达服务器 I0.10.10.10。为了使数据包能够在虚拟连接上顺利传送,VNAT 采用了地址转换机制,将虚拟连接中的一对虚拟地址同通信终端的一对物理地址关联起来。也就是说,VNAT 首先建立虚拟连接,然后通过地址转换将虚拟地址和物理地址建立起一对对应的关系。

VNAT 地址转换机制类似 NAT(Network Address Translation,网络地址转换)技术。NAT 技术通过维护一张 NAT 转换表来建立本地专用网内的主机同外部网的主机的映射,从而使得拥有专用地址的主机能同外界网络进行通信。VNAT 的地址转换对传送层是透明的,而且完全在终端内部实现,因此不需要对传送协议进行任何修改。

来自客户端 TCP 的首部包含(2.2.2.2,1.1.1.1)的 TCP 数据包经过 VNAT 地址转换,其首部的源地址和目的地址变为(20.20.20.20,10.10.10.10),然后发往服务器 10.10.10.10。在该数据包到达服务器后,TCP 数据包再一次进行地址转换,其首部的源地址和目的地址被还原为(2.2.2.2,1.1.1.1),最后被送往服务器端的 TCP。VNAT 的地址转换如图 2-17所示。

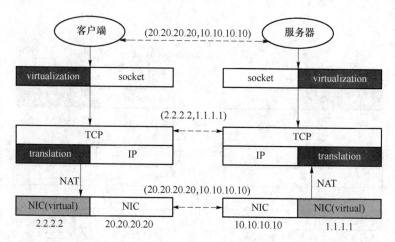

图 2-17　VNAT 的地址转换

　　如果采用连接双方最初的物理地址作为虚拟地址,在通信终端未发生移动时,由于虚拟地址同物理地址相吻合,就不需要进行地址转换,从而节省开销。因此,在这种机制下,VNAT地址转换仅在终端的物理地址发生变化时才进行。

4. 连接转移

　　VNAT 的虚拟连接和地址转换使连接端点可以自由移动和传送数据。在此基础上,VNAT 的连接转移机制使得通信双方在保持连接的同时可以自由移动。VNAT 连接转移能使连接在一个地点被挂起,在另一个地点被唤醒。当连接端点的地址发生变动时,该连接随着所属进程一起被转移,同时 VNAT 采用安全密钥的机制,在移动后唤醒连接时首先需要通过安全验证,然后更新从虚拟地址到物理地址的映射。

　　当任何一个端点发生移动时,该连接被挂起。在一个端点转移到一个新地点后,VNAT将通知另一个端点更新从虚拟地址到物理地址的映射信息。由于这样可能会使恶意攻击有机可乘,VNAT 提供了安全机制。当连接被挂起时,连接双方约定一个安全码。在唤醒这个连接时,双方首先验证这个安全码,然后再更新地址信息。

　　一个完整的动态连接转移是主机 20.20.20.20 上的客户端程序建立了一个同主机 10.10.10.10上的服务器端程序的 TCP 连接。VNAT 虚拟化了这个连接,并采用双方最初的 IP 地址作为虚拟地址。这样,双方的 TCP 看到的连接都是(20.20.20.20,10.10.10.10)。此时,由于客户端进程转移或者客户端主机移动,连接被挂起。挂起之前,客户端 VNAT 向服务器端发送信息,约定安全码。客户端移动到新的主机地址 30.30.30.30,客户端 VNAT 唤醒连接,双方验证安全码。验证通过之后,双方更新地址转换信息,将虚拟连接(20.20.20.20,10.10.10.10)关联到物理连接(30.30.30.30,10.10.10.10)。在转移过程前后,双方的 TCP 所看到的虚拟连接(20.20.20.20,10.10.10.10)没有变化。通过 VNAT,实现了通信双方在保持平稳连接的同时完成地址转移。

5. 与 VNAT 有关的其他问题

目前的讨论大都是围绕 TCP 来进行的,因为 TCP 是面向连接的传送协议,在互联网上应用广泛。针对无连接的传送协议(如 UDP)VNAT 也提供了相应的机制,这类无连接的传送协议适用于视频传送。尽管传送层本身感知不到连接,应用层仍然维持着某种形式的连接。在这种情况下,VNAT 对应用程序隐藏了连接双方的物理地址,而代之以一个虚拟地址,当连接的一方移动时,应用程序看到的仍然只是不变的虚拟地址,感觉不到移动的发生。

当连接的双方同时移动时,每个终端必须告知对方自己的新地址。这时,双方可以约定通过另一台服务器来传递移动后的联络信息,以便及时恢复连接;或者将新地址的信息发送到自己的原地址,使对方可以通过原地址来获取新地址。

由于通信终端移动时,VNAT 虚拟连接也随之转移到另一台主机,这样有可能导致虚拟地址冲突。当两个不同的连接使用了一对相同的虚拟地址,并且这两个连接中至少有一台主机相同时,这台主机上的传送层协议便会拒绝这两个连接同时存在。譬如,主机 10.10.10.10 同 20.20.20.20 建立了一个虚拟连接(10.10.10.10,20.20.20.20)。随后,在 20.20.20.20 上的连接端点转移到了主机 30.30.30.30 上,虚拟连接(10.10.10.10,20.20.20.20)也随之转移到 10.10.10.10 与 30.30.30.30 之间。此时若主机 20.20.20.20 上的应用程序想再建立一个同 10.10.10.10 的连接,则这个虚拟连接应该为(10.10.10.10,20.20.20.20),但是由于 10.10.10.10 上已经有了一个同 30.30.30.30 的名为(10.10.10.10,20.20.20.20)的连接,这便产生了冲突。在实际应用中,发生冲突的概率是很小的,因此 VNAT 允许通信终端使用相同的虚拟地址。当冲突发生时,VNAT 将关闭其中的一个连接。

同其他实现移动互联网或互联网漫游的技术相比,VNAT 的最大优点在于它不用对现有软硬件设施做任何更改,而且适用范围很广。随着分布式计算和移动通信设备的飞速发展,现有的网络技术和设施已渐显落后,然而,彻底更新现有的信息基础设施将会是一个规模浩大且旷日持久的工程。因此,如何使现有技术设备在现有环境下进一步发挥潜力,这是一个值得关注的问题。VNAT 技术便是这一领域的一个鲜明例证。

2.5.3 移动互联网相关技术标准

由于移动互联网整体定位于业务与应用层面,业务与应用不遵循固定的发展模式,其创新性、实效性强,因此移动互联网标准的制定将面临很多争议和挑战。从移动应用出发,为确保基本移动应用的互通性,开放移动联盟(OMA)组织制定了移动应用层的技术引擎技术规范及实施互通测试,其中部分研究内容对移动互联网有支撑作用;从固定互联网出发,万维网联盟(W3C)制定了基于 Web 基础应用技术的技术规范,为基于 Web 技术开发的移动互联网应用奠定了坚实基础。

1. OMA 技术标准

在移动业务与应用发展的初期阶段,很多移动业务局限于某个厂家设备、某个厂家的手机、某个内容提供商、某个运营商网络的局部应用。标准的不完备、不统一是上述问题的主要成因,当时制定移动业务相关技术规范的论坛和组织多达十几个。2002 年 6 月,WAP 论坛(WAP Forum)和开放式移动体系结构(Open Mobile Architecture)两个标准化组织合并,成立了最初的 OMA(Open Mobile Alliance,开放移动联盟)。OMA 的主要任务是收集市场移动业务需求并制定规范,清除互操作性发展的障碍,并加速各种全新的增强型移动信息、娱乐服务的开发和应用。OMA 在移动业务应用领域的技术标准研究致力于实现无障碍的访问能力、可控并充分开放的网络和用户信息、融合的信息沟通方式、灵活完备的计量体系、可计费和经营、多层次的安全保障机制等,使移动网络和移动终端具备了实现开放有序移动互联网市场环境的基本技术条件。

OMA 定义的业务范围要比移动互联网更加广泛,其部分研究成果可作为移动互联网应用的基础业务能力。

移动浏览技术可以被认为是移动互联网最基本的业务能力。在移动互联网应用中,移动下载(OTA)作为一个基本业务,可以为其他的业务(如 Java、Widget 等)提供下载服务,OTA 也是移动互联网技术中重要的基础技术之一。

移动互联网服务相对于固定互联网而言,最大的优势在于能够结合用户和终端的不同状态而提供更加精确的服务。这种状态可以包含位置、呈现信息、终端型号和能力等方面。

OMA 定义了多种业务规范,能够为移动互联网业务提供用户与终端各类状态信息的能力,应属于移动互联网业务的基础能力,如呈现、定位、设备管理等。

OMA 的移动搜索业务能力规范定义了一套标准化的框架结构、搜索消息流和接口适配函数集,使移动搜索应用本身以及其他的业务能力能有效地分享现有互联网商业搜索引擎技术成果。开放移动联盟制定的多种移动业务应用能力规范可以对移动社区业务提供支持。作为锁定用户的有效手段,即时消息是社区类业务的核心应用;组和列表管理(XDM)里的用户群组,可以用于移动社区业务,成为移动社区里博客用户的好友群组;针对特定话题讨论的即按即说(PoC)群组,可以移植到相关专业移动社区的群组里,增加了这些用户的交流方式。

2. W3C 技术标准

万维网联盟(W3C)是制定 WWW 标准的国际论坛组织。W3C 的主要工作是研究和制定开放的规范,以便提高 Web 相关产品的互用性。为解决 Web 应用中不同平台、技术和开发者带来的不兼容问题,保障 Web 信息的顺利和完整流通,W3C 制定了一系列标准并督促 Web 应用开发者和内容提供商遵循这些标准。目前,W3C 正致力于可信互联网、移动互联网、互联网语音、语义网等方面的研究,无障碍网页、国际化、设备无关和质量管理等主题也已融入了 W3C 的各项技术之中。W3C 正致力把万维网从最初的设计〔基本的超文本链接标记语言(HTML)、统一资源标识符(URL)和超文本传输协议(HTTP)〕转变为未来所需的模式,以帮助未来万维网成为信息世界中具有高稳定性、可提升和强适应性的基础框架。

W3C 发布的两项标准是 XHTML Basic 1.1 和移动 Web 最佳实践 1.0。这两项标准均针对移动 Web,其中 XHTML Basic 1.1 是 W3C 建议的移动 Web 置标语言。W3C 针对移动特点,在移动 Web 设计中遵循如下原则。

(1)为多种移动设备设计一致的 Web 网页:在设计移动 Web 网页时,须考虑到各种移动设备,以降低成本,增加灵活性,并使 Web 标准可以保证不同设备之间的兼容。

(2)针对移动终端、移动用户的特点进行简化与优化:对图形和颜色进行优化,显示尺寸、文件尺寸等要尽可能小。

(3)要方便移动用户的输入:移动 Web 提供的信息要精简、明确。

(4)节约使用接入带宽:不使用自动刷新、重定向等技术,不过多引用外部资源,充分利用页面缓存技术等。

3. 中国的移动互联网标准化

中国通信标准化协会(CCSA)开展的移动互联网标准研究工作中的部分项目源于中国产业的创新,也有大量工作与 W3C 和 OMA 等的国际标准化工作相结合。

目前 CCSA 已经开展 WAP、Java、移动浏览、多媒体消息(MMS)、移动邮件(MEM)、即按即说、即时状态、组和列表管理、即时消息(IM)、安全用户面定位(SUPL)、移动广播业务(BCAST)等,正在进行的项目包括移动广告(MobAd)、移动搜索(MobSrch)、融合消息(CPM)、移动社区、移动二维码、移动支付等标准研究。面向移动 Web 2.0 的工作刚刚起步,已开始进行移动聚合(MasHup)、移动互联网 P2P 等方面的工作。

2.5.4 支撑移动互联网业务的重要技术引擎

1. 用于互联网访问和下载的技术引擎

1) 移动浏览

移动浏览技术可以被认为是移动互联网最基本的业务能力。无线应用协议最初是由 WAP 论坛制定的用于无线网络浏览的规范。移动用户利用移动终端的 WAP 能力就可以方便地访问 Internet 上的信息和服务。随着移动设备能力的不断提升,WAP 也发生了变化,OMA WAP 2.x 系列标准已经发布。

2) 移动下载

移动下载技术是通过移动通信系统的空中接口对媒体对象进行远程下载的技术。服务提供商(SP)及内容提供商(CP)可不断开发出更具个性化的贴近用户需求的服务应用及媒体内容,如移动游戏、位置服务以及移动商务等。手机用户可以方便地按照个人喜好把网络所提供的各种媒体对象及业务应用下载到手机中安装使用。

2. 用于提供移动用户和移动终端状态的技术引擎

1) 呈现业务

呈现业务使得参与实体(人或者应用)可以通过网络实时发布和修改自己的个性化信息,如位置、心情、连通性(外出就餐、开会)等,同时参与实体可以通过订阅、授权等方式控制存在信息的发布范围。在即时通信业务中,人们经常用到呈现业务。

2) 位置业务

无线定位业务是通过一组定位技术获得移动终端的位置信息,提供给移动用户本人或他人以及通信系统,实现各种与位置相关的业务。一方面 OMA 在漫游、与外部业务提供者接口等方面做了大量的工作,制定了漫游定位协议、私密性检查的协议;另一方面 OMA 又制定了基于用户面的定位业务方式规范。用户终端的位置信息的获取提供了移动互联网精确服务的基本能力。

3) 终端设备管理

设备管理主要用于第三方管理和设置无线网络中的设备(如手机终端及终端中的功能对象)的配置和环境信息。利用终端管理技术可以通过 OTA 的方式来采集终端信息,配置终端的参数信息,将数据包从网络下载到终端上安装并更新永久性信息,处理终端设备产生的事件和告警信息。终端越来越复杂,终端厂商维护成本越来越高,同时业务应用不断丰富,移动互联网的开放趋势,使得运营商在新业务的部署、参数的配置方面的需求越来越强烈。

除了设备管理基本协议外,针对各种应用制定的标准主要有连接管理对象、诊断与监控、固件更新管理对象、预定任务生命周期管理、设备能力管理对象、软件组件管理对象、智能卡的应用、Web 服务接口等标准。

3. 用于社区和群组管理的技术引擎

互联网社区业务的成功,激化和诱导出在移动网络上开展类似的业务。在移动网络虚拟世界里,服务社区化将成为焦点和亮点。

1）即时消息

在移动互联网应用产品中,应用率最高的依然为即时通信类,如微信、手机 QQ 等。即时消息(IM)业务可在一系列的参与者间实时地交换各种媒体内容信息,并且可以实时知道参与者的即时状态信息,从而选择适当的方式进行交流。

即时状态和即时消息存在两种标准:一种是基于无线的即时消息和出席服务(IMPS);另一种是基于 SIMPLE/SIP 的即时状态和即时消息。其中基于 SIMPLE/SIP 的即时消息与即时状态是业务发展的主要趋势,它能够充分利用 IP 多媒体子系统(IMS)提供的会话控制机制,也是目前 OMA 组织已经完成的两个重要的业务能力标准。

2）融合消息

随着全球移动业务的快速发展,短信、多媒体消息、移动电子邮件以及移动即时通信等消息类业务获得了广泛的应用。但由于已有的消息业务都被设计成了"竖井"式体系架构,导致不同消息业务各自提供了不同的用户体验;同时不同的消息业务构建了不同的架构和平台,尽管各种消息业务功能相似却不能相互重用。为了提升用户体验,简化复杂的消息系统架构,使消息业务与平台分离,OMA 在业界首先成立了基于 IP 的融合消息业务项目。融合消息最终要被做成一个架构,基于融合消息可以灵活地创建符合需要的消息业务,而传统的消息业务可以和融合消息进行互通。

3）组和列表管理及融合地址本

- 组和列表管理(XDM)是即时通信类业务的基本能力实体。经过授权的 PoC、IM 等实体可以对这些义档进行获取、添加、删除和修改等操作,从而可以实现组和列表信息的管理。基于 XDM 可以实现联系人列表、群组等一系列应用。
- 融合地址本业务(CAB)是基于网络的联系人信息存储服务,以支持用户存储、管理相关联系人信息。CAB 支持联系人信息融合更新服务,用户可根据个人喜好,调整、公开一些个人信息,并融合源自多种业务的信息,如消息、游戏、会议、增值业务等信息,分享给其他联系人更新信息。用户可跨平台管理自己的联系人信息,如支持通过互联网、智能电话等方式进行访问,并可把网络存储的信息同步到自己拥有的不同终端设备上。

4. 用于移动搜索技术引擎

移动搜索(MSF)业务是一种典型的移动互联网服务。移动搜索是基于移动网络的搜索技术的总称,是指用户通过移动终端,采用短消息业务(SMS)、WAP、交互式语音应答(IVR)等多种接入方式进行搜索,获取 WAP 站点及互联网信息内容、移动增值服务内容及本地信息等用户需要的信息及服务。

OMA 研究移动搜索业务规范的主要目的是给业务提供商配置移动应用和增值业务时,提供一个标准化的统一的搜索功能能力集。通过使用标准化的信息搜索接口和内容数据格式,为搜索引擎提供基础搜索资源,可以降低业务部署的复杂程度。开放移动联盟的移动搜索业务能力规范不对目前存在的各种各样的搜索引擎技术核心本身进行标准化,而是通过基于搜索业务的研究,定义一套标准化的框架结构、搜索消息流和接口适配函数集,使移动搜索应用本身,以及其他的业务能力,能有效地分享现有互联网商业搜索引擎的技术成果。

5. 基于分类的内容过滤技术引擎

OMA 基于分类的内容过滤(CBCS)用于明确一种基于分类的内容过滤框架,其既适用于移动环境,也适用于网页环境,是用于移动互联网业务内容管理的重要基础设施。在移动互联网应用环境中,用户有时需要被保护,从而避免接收到他们所不想接收或未被同意接触到的内容。例如,未成年人接触成人内容(性、暴力等)应该被控制并限制,公司在上班时间控制其雇员能接触的内容,不让他们接触与工作无关的内容,等等。

OMA CBCS 规范了基于相关规则的内容过滤应用中各功能实体之间的接口,可用于任何内容分发服务或协议,并且不限制"内容"的范围,即可对所有来自或到达用户的任何信息应用内容过滤。

移动互联网的业务应用标准一直以来是一个充满挑战的领域,产业和用户呼吁出台统一的标准规范,但由于各方的利益不同、业务应用的不确定性等诸多原因,往往使得应用标准滞后于市场或不被市场应用。虽然如此,产业链的各方仍在积极探讨移动互联网业务发展的关键要素,并推动与之紧密相关的业务应用标准。

2.5.5　移动互联网特征关键技术

区别于传统电信和互联网网络,移动互联网是一种基于用户身份认证、环境感知、终端智能、泛在无线的互联网应用业务集成,最终目标是以用户需求为中心,将互联网各种应用业务通过一定的变换,在各种用户终端上进行定制化和个性化的展现。

移动互联网的关键技术包括 SOA、Web X.0、Widget/Mashup、P2P/P4P、SaaS/云计算等架构和 XHTML MP、MIP、SIP、RTP/RTSP 等应用协议以及业务运营平台。下面对这些关键技术进行简要介绍。

1. SOA

SOA(Service-Oriented Architecture,面向服务的体系架构)实际是一种架构模型,它可以根据需求通过网络对松散耦合粗粒度应用组件进行分布式部署、组合和使用。在移动互联网中 SOA 提供了一种新设计和服务理念,强调端到端服务和用户体验。

运用 SOA 技术能够整合现有各种技术解决方案,为客户提供更完善而全面的价值服务。SOA 已经经历了过热期,逐步走向成熟。随着电信领域技术研究的进一步深入,SOA 将会在移动互联网应用上得到更加广泛的应用。

2. Web X.0

Web X.0 技术包括现有 Web 2.0 和目前还没有完成定义的 Web 3.0 技术。Web 2.0 以Blog、BBs、TAG、SNS、RSS、WiKi 等应用为核心,改变了传统互联网阅读模式向主动创造信息迈进,把内容制作开放给用户,实现人和人交互共同创造内容。Web 3.0 则引入人工智能、语义网、智能搜索和虚拟现实技术等,将给现有互联网应用模式带来新挑战。

3．Widget/Mashup

Widget 最初是一种微型应用插件,后来逐步发展成为可以内嵌在移动终端上,小用户不需要登录网络即可以实现各种应用服务,并可及时更新,使用简单方便。

Mashup 则是一种新型的基于 Web 的数据集成应用。它利用从外部数据源检索到的内容来创建全新服务。

这两项技术应用在移动互联网上可以将互联网络和通信网络能力进行整合,按照用户需求定制各种个性化应用,实现区别场景下的相同业务体验。

电信运营商需要提供统一、简化的业务开发生成环境,能够集成电信能力和互联网能力提供图形化开发配置方式,能够提供工具方便构建 Widget、Mashup 等应用,使得企业用户、个人用户可以进行快速业务生成、仿真和体验。

通过 Widget 平台驱动移动终端可以使用户快速开发和部署移动互联网业务,结合互联网和电信网络优势开创新商业模式,建立新生态系统。

4．P2P/P4P

P2P(Peer-to-Peer network,对等网络)是一种资源(计算、存储、通信和信息等)分布利用和共享网络体系架构,和目前电信网络占据主导地位的 C/S(Client/Server)架构相对应,采用分布式数据管理能力,发挥对等节点性能,提升系统能力,是移动互联网核心业务和网络节点扁平化自组织管理的重要方式。

P4P(Proactive network Provider Participation for P2P,P2P 技术的升级版),强调效率和可管理,可以协调网络拓扑数据,提高网络路由效率,可以应用在流媒体、内容下载、CDN(内容分发网络)和业务调度等方面。

5．SaaS/云计算

SaaS(Software-as-a-Service,软件即服务,国内通常叫作软件运营服务模式,简称为软营模式)/云计算是分布式处理、并行处理和网格计算(Grid Computing)的进一步发展,它将计算任务分布在大量计算机构成的资源池上,使各种应用能够根据需要获取计算力、存储空间和支撑服务。SaaS 将软件部署转为托管服务,云计算为 SaaS 提供强力支撑,移动运营商和 SaaS 相结合为用户提供多种通信方式接入、计费、用户管理和用户业务配置等在内的业务管理。

P2P/P4P、SaaS/云计算的优势不仅在于其创新性技术理念,还在于其创新理念所带来的电信服务模式。电信运营商需要成为 P2P 网络和云计算提供者,依托现有网络和用户资源,建立大型数据存储和管理中心,并在数据中心中配置各种在线服务,并在数据中心配置各种在线服务软件,为个人和企业用户提供计算、存储和应用服务。

如针对企业用户的通信、电子商务平台、行业应用、企业 IT 应用,针对个人用户的移动社区、移动游戏、虚拟桌面等,采用这些架构和技术可以有效降低成本提高系统可靠性。

6．XHTML MP

XHTML MP(XHTML Mobile Profile,可扩展标记语言移动概要)是 WAP 2.0 中定义的标记语言。WAP 2.0 是 WAP 论坛(现为 OMA)创建的最新的移动服务说明。对 WAP CSS 的说明也在 WAP 2.0 中做了定义。WAP CSS 和 XHTML MP 二者常被一起使用。使用 WAP CSS 可以轻松地改变与格式化 XHTML MP 页面的展现。

XHTML MP 的目标是把移动网浏览和万维网浏览的技术结合起来。在 XHTML MP 产生之前,WAP 开发人员用 WML 和 WMLScript 创建 WAP 网站,而 Web 程序员用

HTML/XHTML 和 CSS 开发 Web 网站。

XHTML MP 发布后,无线世界和有线世界的标记语言最终汇聚到了一起。XHTML MP 和 WAP CSS 赋予了无线因特网应用开发人员更多更好的展现控制。XHTML MP 最大的优点是在网站开发时,Web 版和无线版因特网网站可以用同样的技术开发,可以在原型化和开发过程中用任何 Web 浏览器查看 WAP 2.0 应用程序。

7. MIP

MIP(Mobile IP,移动 IP)是为满足移动节点在移动中保持其连接性而设计的网络服务,实现跨越不同网段的漫游功能。

随着移动终端设备的广泛使用,移动计算机和移动终端等设备也开始需要接入网络,但传统的 IP 设计并未考虑到移动节点会在连接中变化互联网接入点的问题。传统的 IP 地址包括两方面的意义:一方面是用来标识唯一的主机;另一方面它还作为主机的地址在数据的路由中起重要作用。但对于移动节点,由于互联网接入点会不断发生变化,所以其 IP 地址在两方面发生分离:一是移动节点需要一种机制来唯一标识自己;二是需要这种标识不会被用于路由。移动 IP 便是为了能让移动节点能够分离 IP 地址这两方面功能,而又不彻底改变现有互联网的结构而设计的。

移动 IP 结合了互联网和移动通信的相关技术。在移动 IP 中,每台计算机都具有两种地址:归属 IP 地址(固定地址)和移动地址(随计算机移动而变化)。当设备移动到其他地区时,它需要将其新地址发给归属代理,由此代理将通信转发到其新地址。

IETF 为了适应社会需求,制定了移动 IP(Mobile IP)协议,从而使 Internet 上的移动接入成为可能。

8. SIP

SIP(Session Initiation Protocol,信令控制协议)是类似于 HTTP 的基于文本的协议。

SIP 可以减少应用特别是高级应用的开发时间。由于基于 IP 协议的 SIP 利用了 IP 网络,SIP 能够连接使用任何 IP 网络(包括有线 LAN 和 WAN、公共 Internet 骨干网、移动 2.5G、3G 和 Wi-Fi)和任何 IP 设备(电话、PC、PDA、移动手持设备)的用户,从而出现了众多利润丰厚的新商机,改进了企业和用户的通信方式。基于 SIP 的应用(如 VOIP、多媒体会议、Push-to-talk、定位服务、在线信息和 IM)即使单独使用,也会为服务提供商、ISV、网络设备供应商和开发商提供许多新的商机。不过,SIP 的根本价值在于它能够将这些功能组合起来,形成各种更大规模的无缝通信服务。

9. RTP/RTSP

RTP(Real-time Transport Protocol,实时传输协议)是一个网络传输协议,RTP 详细说明了在互联网上传递音频和视频的标准数据包格式。一开始它被设计为一个多播协议,但后来被用在很多单播应用中。RTP 常用于流媒体系统(配合 RTSP)、视频会议和 push-to-talk 系统(配合 H.323 或 SIP),使它成为 IP 电话产业的技术基础。

RTSP(Real Time Streaming Protocol,实时流传输协议),是 TCP/IP 体系中的一个应用层协议。该协议定义了一对多应用程序如何有效地通过 IP 网络传送多媒体数据。RTSP 在体系结构上位于 RTP 和 RTCP 之上,它使用 TCP 或 RTP 完成数据传输。HTTP 传送的是 HTML,而 RTSP 传送的是多媒体数据。使用 HTTP 时,请求由客户端发出,服务器作出响应;使用 RTSP 时,客户端和服务器都可以发出请求,即 RTSP 可以是双向的。

10. 业务运营平台：鉴权、认证、计费

对于电信运营商而言，移动互联网业务区别于现有互联网业务模式，核心是如何实现可管理、可运营、可控制的业务运营平台，需要对移动互联网业务管理、鉴权、计费提供支持。

（1）统一控制流：用户业务订购、开通、使用、计费和 SLA（Service-Level Agreement，服务等级协议）等业务控制流程的标准化以统一用户体验。

（2）统一管理流：自有数据业务需要由统一平台进行管理，以支持业务开发、体验、捆绑营销。

（3）统一外部接口：各业务平台和支撑系统之间的网状接口需要统一集成平台，实现接口技术、协议标准化并开放各种内部能力为外部应用提供透明服务。

（4）完整数据视图：统一自有数据业务管理需要将分散在各业务平台用户数据、业务数据整合到一起，以实现各系统之间的有效数据共享，并可以基于这些数据和用户行为分析提供多种数据挖掘功能。

移动互联网技术的发展日新月异，很多新概念和技术还没有完全成熟或没有得到应用就被更新或淘汰。同时，很多老技术也不断推陈出新，创造出新生命力。电信运营商和设备制造商需要对这些纷繁复杂的技术进行分析和研究，结合电信网络的特点和产品研发模式，优化网络架构，降低产品开发成本，同时参与产业链开放电信能力，引进互联网创新思路，为运营商提供更加丰富多彩的应用业务。

本 章 小 结

移动互联网（Mobile Internet）是指利用互联网提供的技术、平台、应用以及商业模式，与移动通信技术相结合并用于实践活动的统称。用户借助移动终端通过移动通信技术访问互联网。移动互联网的产生、发展与移动通信技术的发展趋势密不可分。

2000 年 9 月 19 日，中国移动通信集团公司和国内百家网络内容服务商（Internet Content Provider，ICP）在一起探讨了商业合作模式。然后时任中国移动市场经营部部长张跃率团去日本 NTT DoCoMo 公司 I-mode 学习相关的运作模式，开创了"移动梦网"的雏形。

纵观国内外移动互联网发展和演变的历史，并分析各主要运营商在运营移动互联网业务时的成败得失，可以看到这一新兴的融合领域在发展过程中存在一些问题影响或制约发展速度，比较显著的问题包括覆盖率、终端及平台、产业链、监管、商业模式、安全性等。

随着网络技术和无线通信设备的迅速发展，人们迫切希望能随时随地从 Internet 上获取信息。针对这种情况，Internet 工程任务组（IETF）制定了支持移动 Internet 的技术标准移动 IPv6（MIPv6，Mobile IPv6，RFC 3775）和相关标准。

基本的 MIPv6 解决了无线接入 Internet 的主机在不同子网间用同一个 IP 寻址的问题，而且能保证在子网间切换过程中保持通信的连续，但切换会造成一定的时延。MIPv6 的快速切换（FMIPv6）针对这个问题提出了解决方法，IETF 发布了 FMIPv6 的正式标准 RFC 4068。

若 MN 移动到离家乡网络很远的位置，则每次切换时发送的绑定要经过较长时间才能被 HA 收到，从而造成切换效率低下。为解决这个问题，IETF 提出层次移动 IPv6（Hierarchical Mobile IPv6 Mobility Management，HMIPv6），发布了正式标准 RFC 4140。

移动互联网相对于传统互联网来说，新增了许多新的应用。

云计算的出现使人们可以通过互联网获取各种服务,并且可以实现按需支付的要求,随着电信和互联网网络的融合发展,云计算将成为跨越电信和互联网的通用技术。直观而言,云计算是指由几十万甚至上百万台廉价的服务器所组成的网络,为用户提供需要的计算机服务,用户只需要一个能够上网的设备,如一台笔记本计算机或者一个手机,就可以获得自己所需要的一切计算机服务。

虚拟网址转换(Virtual Network Address Translation,VNAT)是一种实现移动互联网的新技术。这种技术能使移动通信双方在漫游时仍能保持连接。移动通信在漫游时不能保持连接的原因,是因为通信连接是靠双方的物理地址建立起来的,漫游时由于物理地址的改变,连接就会断开。VNAT 是在通信双方建立连接后,就用虚拟地址代替了原来的物理地址,同时建立一个从虚拟地址到物理地址的映射,传输层协议看到的只有连接双方的虚拟地址,而不用考虑低层物理地址的变化。这时尽管物理地址随着移动发生了变化,VNAT 更新映射信息,虚拟地址保持不变,因此能保持连接不会断开,这是因为 VNAT 在不断更新对应的地址信息。

由于移动互联网整体定位于业务与应用层面,业务与应用不遵循固定的发展模式,其创新性、实效性强,因此移动互联网标准的制定将面临很多争议和挑战。从移动应用出发,为确保基本移动应用的互通性,开放移动联盟(OMA)组织制定了移动应用层的技术引擎技术规范及实施互通测试,其中部分研究内容对移动互联网有支撑作用;从固定互联网出发,万维网联盟(W3C)制定了基于 Web 基础应用技术的技术规范,为基于 Web 技术开发的移动互联网应用奠定了坚实基础。

支撑移动互联网业务的重要技术主要引擎包括用于互联网访问和下载的技术引擎、用于提供移动用户和移动终端状态的技术引擎、用于社区和群组管理的技术引擎、用于移动搜索技术引擎和基于分类的内容过滤技术引擎。

移动互联网特征关键技术主要包括 SOA、Web X.0、Widget/Mashup、P2P/P4P、SaaS/云计算、XHTML MP、MIP、SIP、RTP/RTSP 和业务运营平台的鉴权、认证和计费等。

本章习题

2.1　网络体系结构为什么要采用分层次的结构? 试举出一些与分层体系结构的思想相似的日常生活。

2.2　试述具有五层协议的网络体系结构的要点,包括各层的主要功能。

2.3　试举出日常生活中有关"透明"这种名词的例子。

2.4　简单说明下列协议的作用:IP、ARP 和 ICMP。

2.5　移动互联网特点主要包括哪几个方面?

2.6　移动互联网与传统互联网的区别主要有哪些?

2.7　简单说明下列协议的工作过程:MIPv6、FMIPv6 和 HMIPv6。

2.8　VNAT 协议解决了移动通信面临的什么问题? 它是如何工作的?

2.9　支撑移动互联网业务的重要技术引擎有哪些?

2.10　本章介绍了哪些移动互联网特征关键技术?

2.11　简要介绍制定移动互联网相关技术标准的联盟或组织主要有哪些。

2.12　简单说明移动互联网发展中所面临的问题。

2.13 什么是 RTP 协议？什么是 RTSP 协议？

2.14 移动通信摆脱了以往通信所依赖的双绞线、光纤的限制，可以在水中、空气中甚至真空中进行通信。请列举 3 种移动通信所依赖的传输介质。

2.15 在国际标准领域中，最具影响力的国际组织是国际标准化组织(ISO)。请访问网站 www.iso.org，了解国际化标准组织的基本情况，简要介绍国际标准化组织(ISO)的组织形式。

第3章 通信网络

3.1 计算机通信网络

计算机通信网络是计算机技术和通信技术相结合而形成的一种新的通信方式,主要是满足数据传输的需要。它将不同地理位置、具有独立功能的多台计算机终端及附属硬件设备(路由器、交换机)用通信链路连接起来,并配备相应的网络软件,以实现通信过程中资源共享而形成的通信系统。它不仅可以满足局部地区的一个企业、公司、学校和办公机构的数据、文件传输需要,而且可以在一个国家甚至全世界范围进行信息交换、储存和处理,同时可以提供语音、数据和图像的综合性服务,是未来信息技术发展的必由之路。

计算机网络和数据通信发展迅速,各国都通过建成的公用数据通信网享用各种数据库资源和网络设备资源。为发展高新技术和国民经济服务。计算机通信技术、数据库技术以及基于两者基础上的联机检索技术已广泛应用于信息服务领域。传统信息服务方式正逐步被以数据库形式组织的信息通信计算机网络供用户联机检索所代替。信息量和随机性增大,信息更新加快,信息价值明显提高,信息处理和利用更加方便。因此,计算机网络通信系统是信息社会的显著标志,在信息处理和传递中占重要位置。

3.2 移动通信网络

理论上讲,移动通信是指通信双方或至少有一方处于运动状态进行信息交换的通信方式,而我们通常说的移动通信则有特指,即利用电磁波实现的移动用户与固定点用户之间或移动用户之间的通信。我们知道:奥斯特发现了电流的磁效应;法拉第经过反复实验,发现了电磁感应定律;麦克斯韦通过数学推算,预测了电磁波的存在;最终,赫兹通过实验,证实了电磁波的存在。电磁理论成型之后,没过多久,无线电通信时代就开启了。1894年的一天,刚满20岁的马可尼正和自己的哥哥在阿尔卑斯山度假,偶然读到了电气杂志上赫兹的实验介绍和论文。他马上想到,电磁波可以用于通信。于是,他匆忙结束假期赶回家中,着手进行相关的实践。1895年夏,马可尼对无线电装置的火花式发射机和金属粉末检波器进行了改进,在接收机和发射机上都加装了天线,成功地进行了无线电波传输信号的实验。1897年,马可尼和他的助手在英国海岸进行跨海无线电通信试验,实现了无线电远距离通信。

早期的移动通信主要用于航海、航空、车辆等专用无线电通信及军事通信,主要使用短波频段,其代表是美国底特律市警察使用的车载无线电系统,该系统工作频率为2MHz,到20世纪40年代提高到30～40MHz。后来移动通信逐渐用于民用领域。当今,与人们生活最为紧密的移动通信应用是移动电话,也就是人们所说的"手机"。1902 年,一位叫作"内森·斯塔布菲尔德"的美国人在肯塔基州默里的乡下住宅内制成了第一个无线电话装置,这部可无线移动通信的电话就是人类对手机技术最早的探索研究。1940 年,美国贝尔实验室制造出移动电话机。

支撑移动电话通信的网络通常称为移动通信网。按服务对象,移动通信网分为公用移动通信网和专用移动通信网;按业务性质,移动通信网分为移动电话网和移动数据网;按移动台活动范围,移动通信网分为陆地移动通信网、海上移动通信网和航空移动通信网;按不同技术属性和使用属性,移动通信网分为蜂窝移动电话网、无线寻呼网、集群调度网、无绳电话网、泄漏电缆通信网、无中心选址通信网、卫星移动通信网、个人移动通信网等;按网络结构分无中心网和有中心网。

3.2.1 第一代移动通信技术(1G)

人们日常谈论的移动通信技术通常指公共移动通信网中应用的移动通信技术。第一代移动通信技术(1G)是模拟蜂窝移动通信技术,是指采用模拟通信、仅限语音业务的蜂窝电话标准,制定于 20 世纪 80 年代。1978 年,美国贝尔实验室研制成功先进移动电话系统(AMPS),建成了蜂窝状移动通信网。之后,其他工业化国家也相继开发出蜂窝式移动通信网。这一阶段相对于以前的移动通信系统,最重要的突破是贝尔实验室在 70 年代提出的蜂窝网的概念。蜂窝网是移动通信网络的基本结构方式,这种结构类似蜂窝,由多个小区组成。每个小区中有一个由发射机和接收机组成的基站,负责本小区的用户与本区或其他小区用户的通信联系。每个小区的信道容量有限,但是这种系统可以增容,小区用户增多,可以分成面积更小的小区。更重要的特点是每个小区分配一组信道频率,而相隔较远的小区可以重复再利用相同的频率,这样就使宝贵的频段得到

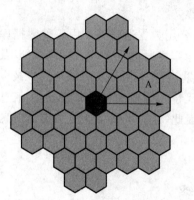

图 3-1 蜂窝网结构

了充分的利用。蜂窝网结构如图 3-1 所示。

蜂窝网络组成主要有 3 个部分:移动站、基站子系统和网络子系统。移动站就是网络终端设备,比如手机或者一些蜂窝工控设备。基站子系统包括基站(大铁塔)、无线收发设备、专用网络(一般是光纤)、无线的数字设备等。基站子系统可以看作是无线网络与有线网络之间的转换器。蜂窝移动电话最大的好处是频率可以重复使用。在我们使用移动电话手机进行通信时,每个人都要占用一个信道。同时通话的人多了,有限的信道就可能不够使用,于是便会出现通信阻塞的现象。采用蜂窝结构就可以使用同一组频率在若干相隔一定距离的小区重复使用,从而达到节省频率资源的目的。

第一代移动通信采用的是模拟通信技术和频分多址(FDMA)技术。模拟通信是利用正弦波的幅度、频率或相位的变化,或者利用脉冲的幅度、宽度或位置变化来模拟原始信号,以达到通信的目的,故称为模拟通信。FDMA 把频带分成若干信道,同时供多个不同地址用户使用不同的载波(信道)来实现多址连接的通信。在 FDMA 中,一个频率信道中同一时刻只能传送一个用户的业务信息。FDMA 以载波频率来划分信道,每个信道占用一个载频,相邻载频之

间应满足传输带宽的要求。FDMA 系统单独使用频分多址方式,每个载频只传输 1 个用户信号,频带占用较窄,移动台设备简单,但基站设备庞大复杂,有多少个信道就要有多少个收发信机,而且需要天线共用器,功率损失大;另外,越区切换较为复杂,切换时通信会中断数十到数百毫秒,对于数据传输会带来数据丢失。所谓越区切换就是当移动台从一个小区(指基站或者基站的覆盖范围)移动到另一个小区时,为了保持移动用户的不中断通信需要进行的信道切换。由于受到传输带宽的限制,第一代移动通信系统不能进行移动通信的长途漫游,只能是一种区域性的移动通信系统。第一代移动通信有很多不足之处,如容量有限,制式太多,互不兼容,保密性差,通话质量不高,不能提供数据业务,不能提供自动漫游等。

3.2.2　第二代移动通信技术(2G)

第一代移动通信技术采用模拟通信方式,在通信质量、抗干扰能力和保密性能等方面效果较差。为了弥补第一代移动通信技术的不足,人们开始研制数字通信方式的移动通信技术。数字通信是用数字信号作为载体来传输消息,或用数字信号对载波进行数字调制后再传输的通信方式。在数字通信系统中,发信端的来自信源的模拟信号必须先经过信源编码转变成数字信号,并进行加密处理,以提高其保密性;为了提高抗干扰能力,需再经过信道编码,对数字信号进行调制,使之变成适合于信道传输的已调载波数字信号并送入信道。在收信端,对接收到的已调载波数字信号进行解调得到基带数字信号,然后经信道解码、解密处理和信源解码等恢复为原来的模拟信号,送到信宿。由此可见,与模拟通信相比,数字通信具有抗干扰能力强、通信距离远、保密性好、通信设备的制造和维护简便、能适应各种通信业务要求、便于实现通信网的计算机管理等优点。

在 20 世纪 80 年代初欧洲就开始了对数字蜂窝移动通信技术进行研究。欧洲电信标准协会(ETSI)的前身欧洲邮电管理委员会(CEPT)为此成立了移动特别行动小组。从 20 世纪 80 年代中期开始,欧洲首先推出了泛欧数字移动通信网(GSM)的体系。美国于 1987 年开始研究数字移动通信系统并相继推出了 IS-54 TDMA 和 IS-95 CDMA 两种标准系统。移动通信技术到这时候已经发展为 GSM 和 CDMA 两大阵营,但是没有一个统一的国际标准。GSM 的全称是全球移动通信系统,它是由欧洲电信标准化协会(ETSI)制定的一个数字移动通信标准。它的空中接口采用时分多址技术(TDMA)。GSM 它把时间分割成周期性的帧,每一帧再分割成若干个时隙(无论帧或时隙都是互不重叠的),再根据一定的时隙分配原则,使各个移动台在每帧内只能按指定的时隙向基站发送信号,在满足定时和同步的条件下,基站可以分别在各时隙中接收到各移动台的信号而不混扰。CDMA 是指码分多址。码分多址是各发送端用各不相同的、相互正交的地址码调制其所发送的信号。在接收端利用码型的正交性,通过地址识别(相关检测),从混合信号中选出相应的信号。码分多址的特点是:网内所有用户使用同一载波、占用相同的带宽、各个用户可以同时发送或接收信号。码分多址通信系统中各用户发射的信号共同使用整个频带,发射时间又是任意的,各用户的发射信号在时间上、频率上都可能互相重叠。IS-95 CDMA 系统(IS-95 CDMA System)是由美国高通公司设计并于 1995 年投入运营的窄带 CDMA 系统,美国通信工业协会(TIA)基于该窄带 CDMA 系统颁布了 IS-95 CDMA 标准系统。IS-95 CDMA 系统与 GSM 系统并列为第二代移动通信的两大主流系统。与第一代移动通信技术相比,第二代移动通信技术提供了通信质量高、抗干扰能力强的语音通信业务和低速数据通信业务。

在第二代移动通信技术中，GSM 的应用最广泛。但是 GSM 系统只能进行电路域的数据交换，且最高传输速率为 9.6 kbit/s，难以满足数据业务的需求。因此，欧洲电信标准委员会（ETSI）推出了 GPRS（General Packet Radio Service，通用分组无线业务）。分组交换技术是计算机网络上一项重要的数据传输技术。为了实现从传统语音业务到当时新兴数据业务的支持，GPRS 在原 GSM 网络的基础上叠加了支持高速分组数据的网络，向用户提供 WAP 浏览（浏览因特网页面）、E-mail 等功能，推动了移动数据业务的初次飞跃发展，实现了移动通信技术和数据通信技术（尤其是 Internet 技术）的完美结合。GPRS 是介于 2G 和 3G 之间的技术，也被称为 2.5G。

3.2.3　第三代移动通信技术(3G)

第二代数字移动通信克服了模拟移动通信系统的弱点，话音质量、保密性得到了很大提高，并可进行一定范围的自动漫游。所谓漫游，是指移动台离开自己注册登记的服务区域，移动到另一服务区后，移动通信系统仍可向其提供服务的功能。但由于第二代数字移动通信系统带宽有限，限制了数据业务的应用，也无法实现移动的多媒体业务。同时，由于各国第二代数字移动通信系统标准不统一，因而无法进行全球漫游。比如，采用日本的 PHS 系统的手机用户，只有在日本国内使用，而中国 GSM 手机用户到美国旅行时，手机就无法使用了。为此，人们开始的第三代移动通信系统的研究。

第三代移动通信的研究与应用开始于 20 世纪 90 年代末，它的改进在于传输语音和数据的速度上的提升，它能够在全球范围内更好地实现无缝漫游，并处理图像、音乐、视频流等多种媒体形式，提供包括网页浏览、电话会议、电子商务等多种信息服务，同时能很好地兼容第二代移动通信系统。第三代移动通信系统的通信标准共有 WCDMA（宽带码分多址）、CDMA 2000 和 TD-SCDMA 三大分支。WCDMA 源于欧洲和日本几种技术的融合，它使用的部分协议与 2G GSM 标准一致。具体一点来说，WCDMA 是一种利用码分多址复用（或者 CDMA 通用复用技术）方法的宽带扩频 3G 移动通信空中接口。CDMA 2000 由北美最早提出，能与现有的 IS-95 CDMA 后向兼容。CDMA 2000 系统是在 IS-95B 系统的基础上发展而来的，因而在系统的许多方面，如同步方式、帧结构、扩频方式和码片速率等，都与 IS-95B 系统有许多类似之处。但为了灵活支持多种业务，提供可靠的服务质量和更高的系统容量，CDMA 2000 系统也采用了许多新技术和性能更优异的信号处理方式。CDMA 2000 系统支持通用多媒体业务模型，允许语音、分组数据、高速电路数据的并发业务的任意组合。CDMA 2000 技术得到主要分布在北美和亚太地区的运营商的支持。TD-SCDMA（时分同步码分多址）是以我国知识产权为主的、被国际上广泛接受和认可的无线通信国际标准，也被国际电信联盟（ITU）正式列为第三代移动通信空口技术规范之一。TD-SCDMA 中的 TD 指时分复用，也就是指在 TD-SCDMA 系统中单用户在同一时刻双向通信（收发）的方式是 TDD（时分双工），在相同的频带内在时域上划分不同的时段（时隙）给上、下行进行双工通信，可以方便地实现上、下行链路间的灵活切换。例如，根据不同的业务对上、下行资源需求的不同来确定上、下行链路间的时隙分配转换点，进而实现高效率地承载所有 3G 对称和非对称业务。与 FDD（频分双工）模式相比，TDD 可以运行在不成对的射频频谱上，因此在当前复杂的频谱分配情况下它具有非常大的优势。TD-SCDMA 通过最佳自适应资源的分配和最佳频谱效率，可支持速率从 8 kbit/s 到 2 Mbit/s 以及更高速率的语音、视频电话、互联网等各种 3G 业务。

　　与前两代相比,第三代移动通信系统在语音质量和数据通信速率方面有了很大提高,但还存在系统不兼容、频谱利用率低、速率仍然不高等诸多问题。

3.2.4　第四代移动通信技术(4G)

　　第四代移动通信技术是对第三代移动通信技术的一次更好的改良,相较于 3G,4G 将WLAN 技术和 3G 通信技术进行了很好的结合,使图像的传输速度更快,使图像看起来更清晰。4G 让智能通信设备的用户上网速度更快(速度可以高达 100 Mbit/s)。4G 研究的初衷是满足人们对提高数字电话及其他移动装置无线速率的需求,所以 4G 最深入人心的特征就在于它具有较快的无线通信上网速率。

　　说到 4G,不得不提 LTE。LTE 是由 3GPP(第三代合作伙伴计划,就是主导 WCDMA 的那个组织)制定的 UMTS(通用移动通信系统)技术标准的长期演进(标准)。LTE 于 2004 年12 月在 3GPP 多伦多会议上正式立项并启动。LTE 系统引入了 OFDM(正交频分复用)和MIMO(多输入多输出)等关键技术,显著提高了频谱效率和数据传输速率,20M 带宽 2×2 MIMO 在 64QAM 情况下,理论下行最大传输速率为 201 Mbit/s,除去信令开销后大概为150 Mbit/s。GSM、CDMA 和 TDMA 是目前移动通信系统标准的三大分支,LTE 标准可以很好地兼容这三大分支,并具有接口开放、全球漫游、与多种网络互联等特点。

　　第四代移动通信的关键技术包括正交频分复用、MIMO、智能天线技术和软件无线电技术。正交频分复用(OFDM)技术在 4G 无线网络系统中起到了关键性作用,将定信道分解成众多的窄正交子信道,通过子载波来对每一个子信道进行调制,并行传输子载波,让信号波能够很协调地存在于一个空间,不受到各自的干扰。OFDM 技术主要解决了高传输速率下,无线信号波形失真、传输效率低等问题。OFDM 这一关键技术主要解决了 4G 网络高速率网络传输所遇见的问题,所以 OFDM 技术成为 4G 无线网络系统中相关技术的核心。MIMO 技术是解决 4G 无线网络高容量问题的主要技术手段,它是采用多输入多输出的方式实现的,MIMO 的技术核心在于信号的无线侧增加多路的收发天线来实现多通道传输的效果,使高容量用户在不同通道内传输,互不干扰,从而达到高速率传输效果。通过 MIMO 技术在空间上把不同的信息通过不同的管道进行传输,不仅大大改善了高容量、高速率下的用户效果,而且也解决了在有限的传输资源的情况下寻求高容量、高速率传输的矛盾问题,这样也大大提高了频带资源的利用效率,从而提高了无线网络的覆盖区域及覆盖效果。智能天线是一种安装在基站现场的双向天线,通过一组带有可编程电子相位关系的固定天线单元获取方向性,并可以同时获取基站和移动台之间各个链路的方向特性。智能天线采用空分复用(SDMA)方式,利用信号在传播路径方向上的差别,将时延扩散、瑞利衰落、多径、信道干扰的影响降低,将同频率、同时隙信号区别开来,和其他复用技术相结合,最大限度地有效利用频谱资源。软件无线电的关键思想是构造一个具有开放性、标准化、模块化的通用硬件平台,各种功能,如工作频段、调制解调类型、数据格式、加密模式、通信协议等,用软件来完成,并使宽带 A/D 和 D/A 转换器尽可能靠近天线,以研制出具有高度灵活性、开放性的新一代无线通信系统。可以说这种平台是可用软件控制和再定义的平台,选用不同软件模块就可以实现不同的功能,而且软件可以升级更新。其硬件也可以像计算机一样不断地更新模块和升级换代。由于软件无线电的各种功能是用软件实现的,如果要实现新的业务或调制方式只要增加一个新的软件模块即可。同时,由于它能形成各种调制波形和通信协议,故还可以与旧体制的各种电台通信,大大延长了电台的使用周期,也节约了成本开支。

4G 的技术特点主要包括以下五个方面。第一,高容量、高传输速率。第二,兼容性强。4G 技术的接口比较开放,可以跟各种网络连接起来,就算在异构系统也没有问题。第三,无缝覆盖。4G 技术比较规范,标准很明确,适用性比较强,能够匹配各种载体的连接。第四,4G 网络系统智能化,4G 网络系统可以智能化根据用户需求自动匹配无线网络。第五,具有个性化服务系统,在社会发展及通信技术更新的基础上,4G 无线网络为人们的个性化服务提供了基础保障。总之,4G 无线网络技术是社会发展及智能设备出现所推动的产物,它不仅大大提高了无线网络性能,而且满足了人们日益增长的网络传输速率的需求。

3.2.5 第五代移动通信技术(5G)

整体而言,4G 网络提供的业务数据大多为全 IP 化网络,所以在一定程度上可以满足移动通信业务的发展需求。然而,随着经济社会及物联网技术的迅速发展,云计算、社交网络、车联网等新型移动通信业务不断产生,对通信技术提出了更高层次的需求。为此,人们开始了通信容量更大、通信速率更高的 5G 的研究。第五代移动通信技术是具有高速率、低时延和海量连接等特点的新一代宽带移动通信技术,是实现人机物互联的网络基础。国际电信联盟(ITU)定义了 5G 的三大类应用场景,即增强移动宽带(eMBB)、超高可靠低时延通信(uRLLC)和海量机器类通信(mMTC)。增强移动宽带(eMBB)主要面向移动互联网流量爆炸式增长,为移动互联网用户提供更加极致的应用体验;超高可靠低时延通信(uRLLC)主要面向工业控制、远程医疗、自动驾驶等对时延和可靠性具有极高要求的垂直行业应用需求;海量机器类通信(mMTC)主要面向智慧城市、智能家居、环境监测等以传感和数据采集为目标的应用需求。

5G 关键技术主要有网络切片、毫米波、小基站、大规模 MIMO、波束成形和全双工等。网络切片是指网络面向不同的应用场景(如大速率、低时延、海量连接、高可靠性等场景)时,将网络切割成满足不同需求的虚拟子网络。每个虚拟子网络的移动性、安全性、时延、可靠性,甚至计费方式等都不一样,相互之间逻辑独立,形成"网络切片"。毫米波指波长为 1~10 mm 的电磁波,其频率处于 30~300 GHz 区间,大致位于微波与远红外波相交叠的波长范围,因而兼具两种波谱的特点。根据通信原理,载波频率越高,其可实现的信号带宽也就越大。以 28 GHz 和 60 GHz 两个频段为例,28 GHz 的可用频谱带宽可达 1 GHz,60 GHz 的可用信号带宽则可达 2 GHz。使用毫米波频段,频谱带宽较 4G 可翻 10 倍,传输速率也更快。毫米波技术的缺陷是穿透力差、衰减大,因此要让毫米波频段下的 5G 通信在高楼林立的环境中传输并不容易,而小基站可解决这一问题。因为毫米波的频率很高、波长很短,意味着其天线尺寸可以做得很小,这是部署小基站的基础。大量的小型基站可以覆盖大基站无法触及的末梢通信。MIMO 是指多输入多输出,它在发射端和接收端分别使用多个发射天线和接收天线,使信号通过发射端与接收端的多个天线传送和接收,从而改善通信质量。它能充分利用空间资源,通过多个天线实现多发多收,在不增加频谱资源和天线发射功率的情况下,可以成倍提高系统信道容量。大规模 MIMO 形成大规模天线阵列,可以同时向更多的用户发送和接收信号,从而将移动网络的容量提升数十倍甚至更大。在大规模 MIMO 技术为 5G 大幅增加容量的同时,其多天线的特点也势必会带来更多的干扰,波束成形是解决这一问题的关键。通过有效地控制这些天线,使它发出的电磁波在空间上互相抵消或者增强就可以形成一个很窄的波束,从而使有限的能量集中在特定方向上传输,不仅传输距离更远,而且还避免了信号的干扰。波束成形还可以提升频谱的利用率,通过这一技术人们可以同时从多个天线传输更多的信息。对于大规模的天线基站群,人们甚至可以通过信号处理算法计算出信号传输的最佳路径和移动终端的位置。因此,波束成形可以解决毫米波信号被障碍物阻挡、远距离衰减的问题。5G 的另一大特色是全双工技术。全双工技术是指设备的发射机和接收机占用相同的频率资源同时进行工作,使得通信的两端同时在上、下行使用相同的频率,突破了现有的频分双工(FDD)和时分双工(TDD)模式下的半双工缺陷,这是通信节点实现双向通信的关键之一,也是 5G 所需的高吞吐量和低延迟的关键技术。

3.2.6　未来移动通信技术

目前,5G 各项技术难关不断被攻克,相关研究不断深入,5G 基站大规模铺设,5G 商用提前,5G 智能终端相继亮相。未来,6G 将以 5G 应用场景为基础,向速率维度、空间维度以及智慧维度等三维扩展。即通信速率由 Gbit/s 达到 Tbit/s 量级以上;通信空间由目前的陆地覆盖拓展至海洋、天空、太空场景下的多域和广域覆盖;通信智慧由目前单一设备的智能处理演进至多设备、多网络之间的协同跨域智能处理,并且从信息传输、处理及应用层面进一步加强和深化通信智慧。与 5G 相比,6G 要在大多数技术领域保持 10～100 倍的性能提升,即 6G 需要达到 1 Tbit/s 的峰值速率,能为特定场景(如工业控制、自动驾驶)提供低于 1 ms 的时延,拥有不高于十亿分之一错误位的高可靠传输能力,且可为海量物联网业务提供足够大的连接密度。6G 将采用新型波形技术、多址接入技术、新型编码技术及无蜂窝大规模 MIMO 技术等先进的无线接入技术,探索更高频率(太赫兹频段),实现全频谱应用;利用卫星、临近空间飞行器等拓展覆盖、构造天地融合全球泛在的通信网络。

3.3　卫星通信技术

卫星通信技术(Satellite Communication Technology)是一种利用人造地球卫星作为中继站来转发无线电波而进行的两个或多个地球站之间的通信。自 20 世纪 90 年代以来,卫星移动通信的迅猛发展推动了天线技术的进步。卫星通信具有覆盖范围广、通信容量大、传输质量好、组网方便迅速、便于实现全球无缝链接等众多优点,被认为是建立全球个人通信必不可少的一种重要手段。

1. 什么是卫星通信?

卫星通信是地球上(包括陆地、水面和低层大气中)无线电通信站之间利用人造卫星作为中继站而进行的空间微波通信,卫星通信是地面微波接力通信的继承和发展。我们知道微波信号是直接传播的,因此可以把卫星通信看作是微波中继通信的一种特例,它只是把中继站放置在空间轨道上。

卫星通信系统由通信卫星和经该卫星连通的地球站两部分组成。静止通信卫星是目前全球卫星通信系统中最常用的星体,是将通信卫星发射到赤道上空 35 860 km 的高度上,使卫星运转方向与地球自转方向一致,并使卫星的运转周期正好等于地球的自转周期(24 h),从而使卫星始终保持同步运行状态。故静止卫星也称为同步卫星。静止卫星天线波束最大覆盖面可以达到大于地球表面总面积的三分之一。因此,在静止轨道上,只要等间隔地放置 3 颗通信卫星,其天线波束就能基本上覆盖整个地球(除两极地区外),实现全球范围的通信。当前使用的国际通信卫星系统,就是按照上述原理建立起来的,3颗卫星分别位于大西洋、太平洋和印度洋上空。

与其他通信手段相比,卫星通信具有如下优点。

① 电波覆盖面积大,通信距离远,可实现多址通信。在卫星波束覆盖区内一跳的通信距离最远为18 000 km。覆盖区内的用户都可通过通信卫星实现多址联接,进行即时通信。

② 传输频带宽,通信容量大。卫星通信一般使用1~10 GHz的微波波段,有很宽的频率范围,可在两点间提供几百、几千甚至上万条话路,提供每秒几十兆比特甚至每秒一百多兆比特的中高速数据通道,还可传输好几路电视。

③ 通信稳定性好、质量高。卫星链路大部分是在大气层以上的宇宙空间,属恒参信道,传输损耗小,电波传播稳定,不受通信两点间的各种自然环境和人为因素的影响,即便是在发生磁爆或核爆的情况下,也能维持正常通信。

卫星传输的主要缺点是传输时延大。在打卫星电话时不能立刻听到对方回话,需要间隔一段时间才能听到。其主要原因是无线电波虽在自由空间的传播速度等于光速(每秒30万公里),但它从地球站发往同步卫星,再从同步卫星发回接收地球站,这"一上一下"需要走8万多公里。打电话时,一问一答,无线电波就要往返近16万公里,需传输0.6秒钟的时间。也就是说,在发话人说完0.6秒钟以后才能听到对方的回音,这种现象称为"延迟效应"。由于"延迟效应"现象的存在,使得打卫星电话往往不像打地面长途电话那样自如方便。

卫星通信是军事通信的重要组成部分,一些发达国家和军事集团利用卫星通信系统完成的信息传递,约占其军事通信总量的80%。

2. 卫星通信技术的发展趋势

卫星轨道和频率资源被充分利用,新的工作频段被开辟,各种数字业务被综合传输,移动卫星通信系统得到进一步的发展。卫星星体向多功能、大容量发展,卫星通信地球站日益小型化,卫星通信系统的保密性能和抗毁能力进一步提高。

卫星通信就是先将信号转换成微波发射到地球同步卫星,而后通过地球同步卫星转发信号,从而将信号覆盖面扩大,达到传输信号的目的。

3. 卫星通信技术的优势和不足

卫星通信是现代通信技术的重要成果,它是在地面微波通信和空间技术的基础上发展起来的。与电缆通信、微波中继通信、光纤通信、移动通信等通信方式相比,卫星通信具有以下特点。

① 卫星通信覆盖区域大,通信距离远。卫星距离地面很远,一颗地球同步卫星便可覆盖地球表面的1/3,因此利用3颗适当分布的地球同步卫星即可实现除两极以外的全球通信。卫星通信是远距离越洋电话和电视广播的主要手段。

② 卫星通信具有多址联接功能。卫星所覆盖区域内的所有地球站都能利用同一卫星进行相互间的通信,即多址联接。

③ 卫星通信频段宽,容量大。卫星通信采用微波频段,每个卫星上可设置多个转发器,故通信容量很大。

④ 卫星通信机动灵活。地球站的建立不受地理条件的限制,可建在边远地区、岛屿、汽车、飞机和舰艇上。

⑤ 卫星通信质量好,可靠性高。卫星通信的电波主要在自由空间传播,噪声小,通信质量好。就可靠性而言,卫星通信的正常运转率达 99.8% 以上。

⑥ 卫星通信的成本与距离无关。地面微波中继系统或电缆载波系统的建设投资和维护费用都随距离的增加而增加,而卫星通信的地球站至卫星转发器之间并不需要线路投资,因此其成本与距离无关。

但卫星通信也有不足之处,主要表现在:

① 传输时延大。在地球同步卫星通信系统中,通信站到同步卫星的距离最大可达 40 000 km,电磁波以光速(3×10^8 m/s)传播,这样,路经地球站→卫星→地球站(称为一个单跳)的传播时间约为 0.27 s。如果利用卫星通信打电话,由于两个站的用户都要经过卫星,因此,打电话的人要听到对方的回答必须额外等待 0.54 s。

② 回声效应。在卫星通信中,由于电波来回转播需 0.54 s,因此产生了讲话之后的"回声效应"。为了消除这一干扰,卫星电话通信系统中增加了一些设备,专门用于消除或抑制回声干扰。

③ 存在通信盲区。把地球同步卫星作为通信卫星时,由于地球两极附近区域"看不见"卫星,因此不能利用地球同步卫星实现对地球两极的通信。

④ 存在日凌中断、星蚀和雨衰现象。

本 章 小 结

计算机通信网络是计算机技术和通信技术相结合而形成的一种新的通信方式,主要是满足数据传输的需要。它将不同地理位置、具有独立功能的多台计算机终端及附属硬件设备(路由器、交换机)用通信链路连接起来,并配备相应的网络软件,以实现通信过程中资源共享而形成的通信系统。它不仅可以满足局部地区的一个企业、公司、学校和办公机构的数据、文件传输需要,而且可以在一个国家甚至全世界范围进行信息交换、存储和处理,同时可以提供语音、数据和图像的综合性服务,是未来信息技术发展的必由之路。

理论上讲,移动通信是指通信双方或至少一方处于运动状态时进行信息交换的通信方式,而我们通常说的移动通信则特指,利用电磁波实现的移动用户与固定点用户之间或移动用户之间的通信。移动通信技术从产生到现在大致经历了从 1G 到 5G 的发展,并正在向未来的移动通信网络演进。

卫星通信技术(Satellite Communication Technology)是一种利用人造地球卫星作为中继站来转发无线电波而进行的两个或多个地球站之间的通信。自 20 世纪 90 年代以来,卫星移动通信的迅猛发展推动了天线技术的进步。卫星通信具有覆盖范围广、通信容量大、传输质量好、组网方便迅速、便于实现全球无缝链接等众多优点,被认为是建立全球个人通信必不可少的一种重要手段。

天上一张网(卫星通信网)、地上两张网(互联网和移动互联网)构成了目前通信的网络体系,它们分别解决了不同的场景和应用面临的问题。技术的演进往往是靠市场需求驱动的,未来的网络会如何? 本书认为未来的网络会是万物智联、万物互联的,是人人为我、我为人人的,智能化、社会化也许是未来网络发展的方向之一。

本 章 习 题

3.1 什么是无线网络？按传输距离无线网络可以分为哪几类？

3.2 分别介绍一下 4 种蜂窝移动通信系统的特点。

3.3 什么是 GSM？GSM 的网络结构是怎样的？

3.4 我们常说的 5G 网络指的是什么？

第4章 移动自组织网络

4.1 Ad Hoc 网络概述

4.1.1 Ad Hoc 网络产生背景

无线网络按照组网控制方式可以分为具有预先部署的网络基础设施的无线网络和不具有预先部署的网络基础设施的无线网络两类。其中一类是具有预先部署的网络基础设施的移动网络(如图 4-1 所示),如移动蜂窝网络、无线局域网等。

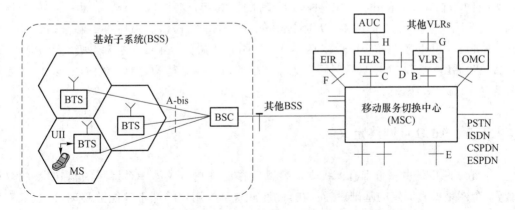

图 4-1 具有预先部署的网络基础设施的移动网络

然而,这种形式的网络并不适用于任何场合。想象一下这些情形:你正在参加野外科学考察,你想和其他队员之间进行网络通信。这时,似乎不能期待有架好基础设施的网络等着我们。再如,战场上协同作战的部队相互进行通信,地震之后的营救工作,都不能期望拥有搭建好的网络架构。在这些情况下,我们需要一种能够临时快速自动组网的移动通信技术。于是,Ad Hoc 网络应运而生。

Ad Hoc 一词起源于拉丁语,意思是"专用的,特定的"。Ad Hoc 网络也常称为"无固定设施网""自组织网""多跳网络"、MANET(Mobile Ad Hoc Network)。迄今为止,Ad Hoc 网络已经受到学术界和工业界的广泛关注,如图 4-2 所示。

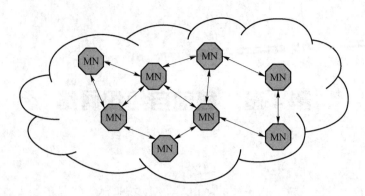

图 4-2　Ad Hoc 网络示意图

4.1.2　Ad Hoc 网络发展历史

1968 年,世界上最早的无线电计算机通信网 Aloha 在美国夏威夷大学诞生。Aloha 本是夏威夷大学的一项研究计划的名字,Aloha 是夏威夷人表示致意的问候语。这项研究计划的目的是要解决夏威夷群岛之间的通信问题。

自主网最初应用于军事领域。1972 年,美国国防部高级研究计划署(DARPA)资助研究分组无线网络(Packet Radio Network,PRNET)。其后,又由 DARPA 资助,在 1993 年和 1994 年进行了高残存性自适网络(SURvivable Adaptive Network,SURAN)和全球移动信息系统(Global Mobile Information Systems,GLOMO)。其实,Ad Hoc 是网络吸收了 PRNET、SURAN 和 GLOMO 3 个项目的组网思想而产生的新型网络架构,随后被 IEEE 802.11 委员会称为 Ad Hoc Network。

4.1.3　Ad Hoc 网络定义

Ad Hoc 网络是由一组带有无线收发装置的移动终端组成的一个多跳的、临时性的自治系统,整个网络没有固定的基础设施。在自组网中,每个用户终端不仅能够移动,而且兼有路由器和主机两种功能。作为主机,终端需要运行各种面向用户的应用程序;作为路由器,终端需要运行相应的路由协议,根据路由策略和路由表完成数据的分组转发和路由维护工作。Ad Hoc网络中的信息流采用分组数据格式,传输采用包交换机制,基于 TCP/IP。因此,Ad Hoc网络是一种移动通信和计算机网络相结合的网络,是移动计算机通信网络的模型。

4.1.4　Ad Hoc 网络特点

1. 动态变化的网络拓扑结构

在自组网中,由于用户终端的随机移动,节点随时开机、关机,无线发射装置发送功率的变化,无线信道间的相互干扰以及地形等综合因素的影响,移动终端间通过无线信道形成的网络拓扑结构随时变化,而且变化的方式和速度都是不可预测的,如图 4-3 所示。

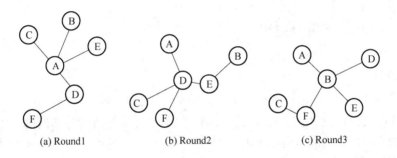

(a) Round1　　　　　(b) Round2　　　　　(c) Round3

图 4-3　动态变化的网络拓扑结构

2. 无中心网络的自组性

自组网没有严格的控制中心，所有节点地位平等，是一个对等式网络。节点随时都可以加入或离开网络，任何节点的故障都不会影响整个网络。正因为如此，网络很难损毁，抗损毁能力很强。

3. 多跳组网方式

当网络中的节点要与其覆盖范围之外的节点通信时，需要通过中间节点的多跳转发。与固定的多跳路由不同，自组网的多条路由是由普通的网络节点完成的，而不是由专用路由设备（路由器）完成的。

4. 有限的传输带宽

由于自组网采用无线传输技术作为底层通信手段，而无线信道本身的物理特性决定了它所能提供的网络带宽要比有线信道低得多，再加上竞争共享无线信道产生的碰撞、信号衰减、信道间干扰等多种因素，移动终端可得到的实际带宽远远小于理论上的最大带宽值。

5. 移动终端的自主性和局限性

自主性来源于所承担的角色。在自组网中，终端需要承担主机和路由器两种功能，这意味着参与自组网的移动终端之间存在某种协同工作的关系，这种关系使得每个终端都承担为其他终端进行分组转发的义务。

6. 安全性差，扩展性不强

由于采用无线信道、有限电源、分布式控制等因素，自组网更容易被窃听、入侵、拒绝服务等。自身节点充当路由器，不存在命名服务器和目录服务器等网络设施，也不存在网络边界概念，使得 Ad Hoc 网络中的安全问题非常复杂，信道加密、抗干扰、用户认证、密钥管理、访问控制等安全措施都需要特别考虑。

7. 存在单向的无线信道

在自组织网环境中，由于各个无线终端发射功率的不同以及地形环境的影响，可能产生单向的信道。如图 4-4 所示，由于环境差异，A 节点的传输范围比 B 节点大，因此产生单向的无线信道。

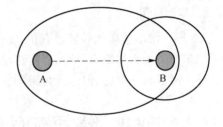

图 4-4　单向的无线信道

4.1.5　Ad Hoc 网络的应用

1. 军事通信

军事应用是 Ad Hoc 网络应用的一个重要领域。因为其特有的无架构设施、可快速展开、抗毁性强等特点,它是数字化战场通信的首选技术,并已经成为战术互联网的核心技术。在通信基础设施(如基站)受到破坏而瘫痪时,装备了移动通信装置的军事人员可以通过 Ad Hoc 网络进行通信,顺利完成作战任务。

2. 传感器网络

传感器网络是 Ad Hoc 网络技术应用的另一大应用领域。对于很多应用场合来说,传感器网络只能使用无线通信技术,并且考虑到体积和节能等因素,传感器的发射功率不可能很大。分散在各处的传感器组成一个 Ad Hoc 网络,可以实现传感器之间和控制中心之间的通信。在战场上,指挥员往往需要及时准确地了解部队、武器装备和军用物资供给的情况,铺设的传感器将采集相应的信息,并通过汇聚节点融合成完备的战区态势图。在生物和化学战中,利用传感器网络及时、准确地探测爆炸中心将会提供宝贵的反应时间,从而最大可能地减少伤亡,传感器网络也可避免核反应部队直接暴露在核辐射的环境中。传感器网络还可以为火控和制导系统提供准确的目标定位信息以及生态环境监测等。

3. 移动会议

现在,笔记本计算机等便携式设备越来越普及。在室外临时环境中,工作团体的所有成员可以通过 Ad Hoc 方式组成一个临时网络来协同工作。借助 Ad Hoc 网络,还可以实现分布式会议。

4. 紧急服务

在遭遇自然灾害或其他各种灾难后,固定的通信网络设施都可能无法正常工作,快速地恢复通信尤为重要。此时,Ad Hoc 网络能够在这些恶劣和特殊的环境下提供临时通信,从而为营救赢得时间,对抢险和救灾工作具有重要意义。

5. 个人域网络

个人域网络(Personal Area Network,PAN)的概念是由 IEEE 802.15 提出的,该网络只包含与某个人密切相关的装置,如 PDA、手机、掌上计算机等,这些装置可能不与广域网相连,但它们在进行某项活动时又确实需要通信。目前,蓝牙技术只能实现室内近距离通信,Ad Hoc 网络为建立室外更大范围的 PAN 与 PAN 之间的多跳互连提供了技术可能性。

6. 其他应用

Ad Hoc 网络的应用领域还有很多,如 Ad Hoc 网络与蜂窝移动通信网络相结合,利用 Ad Hoc 网络的多跳转发能力,扩大蜂窝移动通信网络的覆盖范围,均衡相邻小区的业务等,作为移动通信网络的一个重要补充,为用户提供更加完善的通信服务。

4.1.6　Ad Hoc 网络面临的问题

Ad Hoc 网络作为一种新型无线通信网络,已经引起了人们的广泛关注。但同时它又是一个复杂的网络,所涉及的研究内容非常广泛。Ad Hoc 网络的实用化还有许多要解决的问题。

1. 可扩展性

一个大规模的 Ad Hoc 网络可能包含成百上千甚至更多的节点。在这样一个网络中,节点间存在相互干扰,这样网络容量就会下降,而且网络中各节点的吞吐量也会下降;同时不断变化的网络拓扑也会对现有的 Ad Hoc 网络路由协议提出严峻考验。可扩展性问题的解决最终需要智能天线和多用户检测技术的支持。

2. 跨层设计

Ad Hoc 网络的跨层设计是相对于 OSI 的分层思想而言的(下文会进行讲解)。严格的分层方法的好处是层与层间相对独立,协议设计简单。它通过增加"水平方向"的通信量,降低"垂直方向"的处理开销。但对于 Ad Hoc 网络环境,频率资源非常宝贵,最大限度地降低通信开销是一个首要问题。通过跨层设计可以降低协议栈的信息冗余度,同时层与层之间的协作更加紧密,缩短响应时间。这样就能节约有限的无线带宽资源,达到优化系统的目的。Ad Hoc网络跨层优化的目标是使网络的整体性能得到优化,因此需要把传统的分层优化的各个要求转化到跨层优化中。同时,跨层优化还面临复杂的建模和仿真问题,这些都需要进一步研究和解决。

3. 与现有网络的融合

随着 Ad Hoc 网络组网技术的不断发展,Ad Hoc 网络与现有网络的融合已经成为网络互连的重要内容。Ad Hoc 网络与现有网络融合的主要目的是完成异构网络的无缝互连,Ad Hoc网络可以看成现有网络在特定场合的一种扩展。

Ad Hoc 网络通常以一个末端网络的方式进入现有网络,这样就要考虑 Ad Hoc 网络与现有网络的兼容性问题,其他网络是否可以通过 Ad Hoc 网络技术将最后一跳扩展为多跳无线连接。将传统的有基础设施的无线网络中的移动 IP 协议加以改进,与 Ad Hoc 网络技术有机结合起来,是解决融合问题的一个重要方向。

Ad Hoc 网络自身的独特性,使得它在军事领域的应用中保持重要地位,在民用领域中的作用逐步扩大。然而,它作为一种新型网络,还存在很多问题,新的应用也对它的研究和发展不断提出新的挑战。随着研究的深入,Ad Hoc 网络将在无线通信领域中有着更加广阔的前景。

4.2　Ad Hoc 网络的体系结构

4.2.1　Ad Hoc 网络的节点结构

Ad Hoc 网络的节点通常包括主机、路由器和电台三部分。

从物理结构上,节点可以分为以下四类:单主机单电台、单主机多电台、多主机单电台、多主机多电台,如图 4-5 所示。

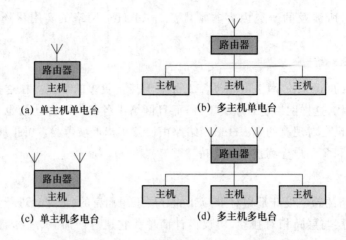

图 4-5　Ad Hoc 网络节点物理结构分类

4.2.2　Ad Hoc 网络的拓扑结构

Ad Hoc 网络一般有两种结构,即平面结构和分级结构。

（1）平面结构。在平面结构中,所有节点地位平等,所以平面结构又称为对等式结构,如图 4-6 所示。

（2）分级结构。分级结构的 Ad Hoc 网络可以分为单频分级结构网络和多频分级结构网络。在单频分级结构网络中所有节点使用同一个频率通信,如图 4-7 所示。在多频分级结构网络中,不同级采用不同的分级频率,如图 4-8 所示。

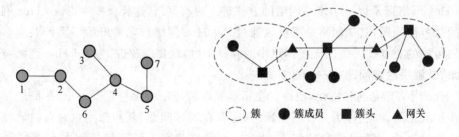

图 4-6　平面结构的 Ad Hoc 网络　　　　图 4-7　单频分级结构网络

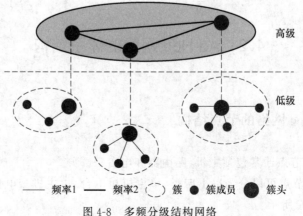

图 4-8　多频分级结构网络

在单频分级结构网络中,所有节点使用同一个频率通信。为了实现簇头之间的通信,要有网关节点(同时属于两个簇的节点)的支持。而在多频分级结构网络中,不同级的节点采用不同的通信频率。低级节点的通信范围较小,而高级节点要覆盖较大的范围。高级的节点同时处于多个级中,有多个频率,用不同的频率实现不同级的通信。在两级网络中,簇头节点有两个频率。频率 1 用于簇头与簇成员的通信,频率 2 用于簇头之间的通信。分级网络的每个节点都可以成为簇头,所以需要适当的簇头选举算法,算法要能根据网络拓扑的变化重新分簇。平面结构的网络比较简单,网络中所有节点是完全对等的,原则上不存在瓶颈,所以比较健壮。它的缺点是可扩充性差:每个节点都需要知道到达其他所有节点的路由。维护这些动态变化的路由信息需要大量的控制消息。在分级结构的网络中,簇成员的功能比较简单,不需要维护复杂的路由信息。这大大减少了网络中路由控制信息的数量,因此具有很好的可扩充性。由于簇头节点可以随时选举产生,分级结构也具有很强的抗毁性。分级结构的缺点是,维护分级结构需要节点执行簇头选举算法,簇头节点可能会成为网络的瓶颈。因此,当网络的规模较小时,可以采用简单的平面结构;而当网络的规模增大时,应用分级结构。

4.2.3　Ad Hoc 网络协议栈简介

在介绍 Ad Hoc 网络协议栈之前,先简要介绍一下经典的 OSI 模型,如图 4-9 所示。

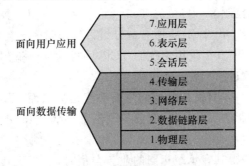

图 4-9　OSI 七层协议栈

OSI 模型共分为七层:物理层(Physical)定义了网络硬件的技术规范;数据链路层(Data link)定义了数据的帧化和如何在网上传输帧;网络层(Network)定义了地址的分配方法以及如何把包从网络的一端传输到另一端;传输层(Transport)定义了可靠传输的细节问题;会话层(Session)定义了如何与远程系统建立通信会话;表示层(Presentation)定义了如何表示数据。不同品牌的计算机对字符和数字的表示不一致,表示层把它们统一起来;应用层(Application)定义了网络应用程序如何使用网络实现特定功能。

传统 Internet 协议栈设计强调相邻路由器对等实体之间的水平通信,以尽量节省路由器资源,减少路由器内协议栈各层间的垂直通信。然而,Ad Hoc 网络中链路带宽和主机能量非常稀少,并且能量主要消耗在发送和接收分组上,而主机处理能力和存储空间相对较高。为了节省带宽和能量,在 Ad Hoc 网络中应该尽量减少节点间水平方向的通信。Ad Hoc 网络的协议栈划分为五层,如图 4-10 所示。

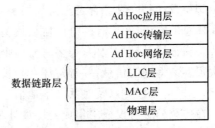

图 4-10　Ad Hoc 网络协议栈

（1）物理层。在实际的应用中，Ad Hoc 物理层的设计要根据实际需要而定。首先，是通信信号的传送介质，由于是无线通信，因而就面临通信频段的选择。目前人们采用的是基于 2.4 GHz 的 ISM 频段，因为这个频段是免费的。其次，物理层必须就各种无线通信机制做出选择，从而完成性能优良的收发信功能。物理层的设备可使用多频段、多模式无线传输方式。

（2）数据链路层。数据链路层解决的主要问题包括介质接入控制，数据的传送、同步、纠错以及流量控制。基于此，Ad Hoc 数据链路层又分为 MAC 层和 LLC 层。MAC 层决定了链路层的绝大部分功能。LLC 层负责向网络提供统一的服务，屏蔽底层不同的 MAC 方法。在多跳无线网络中，对传输介质的访问是基于共享型的，隐藏终端和暴露终端是多跳无线网络的固有问题，因此，需要在 MAC 层解决这两个问题。通常，采用 CSMA/CA 协议和 RTS/CTS 协议来规范无线终端对介质的访问控制。

（3）Ad Hoc 网络层。Ad Hoc 网络层的主要功能包括邻居发现、分组路由、拥塞控制和网络互连等。一个好的 Ad Hoc 网络层的路由协议应当满足以下要求：分布式运行方式；提供无环路路由；按需进行协议操作；具有可靠的安全性；提供设备休眠操作和对单向链路的支持。对一个 Ad Hoc 网络层的路由协议进行定量衡量比较的指标包括端到端平均延时、分组的平均递交率、路由协议开销及路由请求时间等。

（4）Ad Hoc 传输层。Ad Hoc 传输层的主要功能是向应用层提供可靠的端到端服务，使上层与通信子网相隔离，并根据网络层的特性来高效地利用网络资源，包括寻址、复用、流控、按序交付、重传控制、拥塞控制等。传统的 TCP 会使无线 Ad Hoc 网络分组丢失很严重，这是因为无线差错和节点移动性，而 TCP 将所有的分组丢失都归因于拥塞而启动拥塞控制和避免算法。所以，若在 Ad Hoc 中直接采用传统的 TCP，则可能导致端到端的吞吐量降低。因此，必须对传统的 TCP 进行改造。

（5）Ad Hoc 应用层。Ad Hoc 应用层的主要功能是提供面向用户的各种应用服务，包括具有严格时延和丢失率限制的实时应用（紧急控制信息）、基于 RTP/RTCP（实时传输协议/实时传输控制协议）的自适应应用（音频和视频）和没有任何服务质量保障的数据包业务。Ad Hoc网络自身的特性使得其在承载相同的业务类型时，需要比其他网络考虑更多的问题，克服更多的困难。

4.2.4　Ad Hoc 网络的跨层设计

采用严格分层的体系结构使得协议的设计缺乏足够的适应性，不符合动态变化的网络特点，网络的性能无法保障。为了满足 Ad Hoc 网络的特殊要求，需要一种能够在协议栈的多个层支持自适应和优化性能的跨层协议体系结构，并根据所支持的应用来设计系统，即采用基于应用和网络特征的跨层体系结构。

跨层设计是一种综合考虑协议栈各层次设计与优化并允许任意层次和功能模块之间自由交互信息的方法，在原有的分层协议栈基础上集成跨层设计与优化方法可以得到一种跨层协议栈。在分层设计方式中，很多时候多个层需要做重复的计算和无谓的交互来得到一些其他层次很容易得到的信息，并常常耗费较长的时间。跨层设计与优化的优势在于通过使用层间交互，不同的层次可以及时共享本地信息，减少处理和通信开销，优化了系统整体性能。

在传统分层协议栈中集成跨层设计和优化思想得到的自适应跨层协议栈中（如图 4-11 所示），所有层之间可以方便及时地交互和共享信息，能够以全局的方式适应应用的需求和网络状况的变化,并且根据系统约束条件和网络特征(如能量约束和节点的移动模式)来进行综合优化。

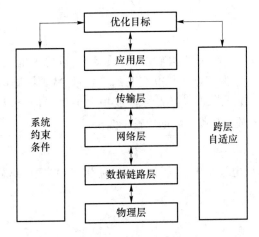

图 4-11　跨层的协议栈

跨层的自适应机制:协议栈每层的自适应机制应基于所在层发生变化的时间粒度来适应该层的动态变化。如果本地化的自适应机制不能解决问题,那么需要同其他层交互信息来共同适应这种变化。

跨层的设计原则:跨层协议栈的设计策略是综合地对每层进行设计,利用它们之间的相关性,将各层协议集成到一个综合的分级框架中。这些相关性涉及各层的自适应性、通用的系统约束(移动性、带宽和能量)以及应用的需求。

4.3　Ad Hoc 网络的关键技术

由于自组织网的特性,Ad Hoc 自组网面临下面的问题。

1. 自适应技术

如何充分利用有限的带宽、能量资源和满足 QoS 的要求,最大化网络的吞吐量是自适应技术要解决的问题。解决的方法主要有自适应编码、自适应调制、自适应功率控制、自适应资源分配等。

2. 信道接入技术

Ad Hoc 的无线信道虽然是共享的广播信道,但不是一跳共享的,而是多跳共享广播信道。多跳共享广播信道带来的直接影响就是报文冲突与节点所处的位置有关。在 Ad Hoc 网络中,冲突是局部事件,发送节点和接收节点感知到的信道状况不一定相同,由此将带来隐藏终端和暴露终端等一系列特殊问题。基于这种情况,需要为 Ad Hoc 设计专用的信道接入协议。

3. 路由协议

Ad Hoc 网络中所有设备都在移动。由于常规路由协议需要花费较长时间才能达到算法收敛,而此时网络拓扑可能已经发生了变化,使得主机在花费很大代价后得到的是陈旧的路由信息,使路由信息始终处于不收敛状态。所以,在 Ad Hoc 网络中的路由算法应具有快速收敛的特性,减少路由查找的开销,快速发现路由,提高路由发现的性能和效率。同时,应能够跟踪和感知节点移动造成的链路状态变化,以进行动态路由维护。

4. 传输层技术

与有线信道相比,Ad Hoc 网络带宽窄,信道质量差,对协议的设计提出新的要求。为了节约有限的带宽,就要尽量减少节点间相互交互的信息量,减少控制信息带来的附加开销。此外,由于无线信道的衰落、节点移动等因素会造成报文丢失和冲突,将会严重影响 TCP 的性能,所以要对传输层进行改造,以满足数据传输的需要。

5. 节能问题

Ad Hoc 终端一般采用电池供电。为了电池的使用寿命,在网络协议的设计中,要考虑尽量节约电池能量。

6. 网络管理

Ad Hoc 的自组网方式对网络管理提出新的要求,不仅要对网络设备和用户进行管理,还要有相应的机制解决移动性管理、服务管理、节点定位和地址配置等特殊问题。

7. 服务质量保证

Ad Hoc 网络出现初期主要用于传输少量的数据信息。随着应用的不断扩展,需要在 Ad Hoc 网络中传输多媒体信息。多媒体信息对带宽、时延、时延抖动等都提出了很高的要求。这就需要提供一定的服务质量保证。

8. 安全性

无线 Ad Hoc 网络不依赖任何固定设施,而是通过移动节点间的相互协作保持网络互连。传统网络的安全策略(如加密、认证、访问、控制、权限管理和防火墙)等都是建立在网络的现有资源(如专门的路由器、专门的密钥管理中心和分发公用密钥的目录服务机构)的基础上的,而这些都是 Ad Hoc 网络所不具备的。

9. 网络互连技术

Ad Hoc 网络中的网络节点要访问互联网或和另一个 Ad Hoc 网络中的节点通信,这样就产生了网络互连问题。Ad Hoc 网络通常以一个末端网络的方式通过网关连接到互联网,网关通常是无线移动路由器。

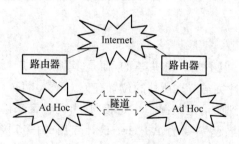

图 4-12　无线移动路由传播示意图

如图 4-12 所示,无线移动路由器通过隧道机制,将互联网的网络基础设施作为信息传输系统,在隧道进入端按照传统网络的格式封装 Ad Hoc 网络的分组,在隧道的出口端进行分组解封,然后按照 Ad Hoc 路由协议继续转发。

针对前面讲到的问题,目前,已有的关键技术包括路由协议、服务质量、MAC 协议、分簇算法、功率控制、安全问题、网络互连和网络资源管理等。

4.3.1　隐藏终端和暴露终端

1. 隐藏终端

隐藏终端(如图 4-13 所示)是指在接收节点的覆盖范围内而在发送节点的覆盖范围外的节点。隐藏终端由于听不到发送节点的发送而可能向相同的接收节点发送分组,导致分组在接收节点处冲突。冲突后发送节点要重传冲突的分组,这降低了信道的利用率。

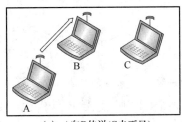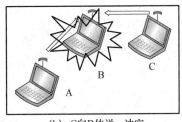

(a)　A向B传送(C未听见)　　　　(b)　C向B传送,冲突

图 4-13　隐藏终端

隐藏终端又可以分为隐发送终端和隐接收终端两种。在单信道条件下,隐发送终端可以通过发送数据报文前的控制报文握手来解决。但是隐接收终端问题在单信道条件下无法解决。如图 4-14 所示,当 A 要向 B 发送数据时,先发送一个控制报文 RTS;B 接收到 RTS 后,以 CTS 控制报文回应;A 收到 CTS 后才开始向 B 发送报文,如果 A 没有收到 CTS,A 会认为发生了冲突,因此会重发 RTS,这样隐发送终端 C 能够听到 B 发送的 CTS,知道 A 要向 B 发送报文,C 延迟发送,解决了隐发送终端问题。

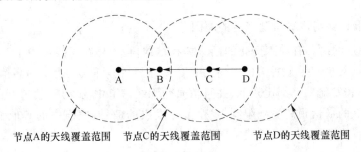

节点A的天线覆盖范围　　节点C的天线覆盖范围　　　节点D的天线覆盖范围

图 4-14　隐藏终端 C

对于隐接收终端,当 C 听到 B 发送的 CTS 控制报文而延迟发送时,若 D 向 C 发送 RTS 控制报文请求发送数据,因为 C 不能发送任何信息,所以 D 无法判断是 RTS 控制报文发生冲突,还是 C 没有开机,还是 C 是隐终端,D 只能认为 RTS 报文冲突,就重新向 C 发送 RTS。因此,当系统只有一个信道时,因为 C 不能发送任何信息,所以隐接收终端问题在单信道条件下无法解决。

2. 暴露终端

暴露终端(如图 4-15 所示)是指在发送节点的覆盖范围内而在接收节点的覆盖范围外的节点。暴露终端因听到发送节点的发送而可能延迟发送。但是,它其实是在接收节点的通信范围之外,它的发送不会造成冲突。这就引入了不必要的时延。

暴露终端又可以分为暴露发送终端和暴露接收终端两种。在单信道条件下,暴露接收终端问题是不能解决的,因为所有发送给暴露接收终端的报文都会产生冲突;暴露发送终端问题也无法解决,因为暴露发送终端无法与目的节点成功握手。

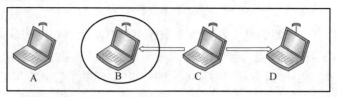

- C向D传送
- B监听到此行动,被阻止
- B欲向A传送,但正被C阻止
- 浪费带宽

图 4-15 暴露终端

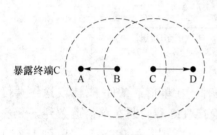

图 4-16 暴露终端 C

如图 4-16 所示,当 B 向 A 发送数据时,C 只听到 RTS 控制报文,知道自己是暴露终端,认为自己可以向 D 发送数据。C 向 D 发送 RTS 控制报文。如果是单信道,那么来自 D 的 CTS 会与 B 发送的数据报文冲突,C 无法和 D 成功握手,暴露终端 C 它不能向 D 发送报文。在单信道下,如果 D 要向暴露终端 C 发送数据,那么来自 D 的 RTS 报文会与 B 发送的数据报文在 C 处冲突,C 收不到来自 D 的 RTS,D 也就收不到 C 回应的 CTS 报文。因此,在单信道条件下,暴露终端问题根本无法得到解决。

3. 隐藏终端和暴露终端问题产生的原因

由于 Ad Hoc 网络具有动态变化的网络拓扑结构,且工作在无线环境中,采用异步通信技术,各个移动节点共享同一个通信信道,存在信道分配和竞争问题;为了提高信道利用率,移动节点电台的频率和发射功率都比较低;并且信号受无线信道中的噪声、信道衰落和障碍物的影响,因此移动节点的通信距离受到限制,一个节点发出的信号,网络中的其他节点不一定都能收到,从而会出现隐藏终端和暴露终端问题。

4. 隐藏终端和暴露终端问题对 Ad Hoc 网络的影响

隐藏终端和暴露终端问题的存在,会造成 Ad Hoc 网络时隙资源的无序争用和浪费,会增加数据碰撞的概率,严重影响网络的吞吐量、容量和数据传输时延。在 Ad Hoc 网络中,当终端在某一时隙内传送信息时,若其隐藏终端也在此时隙内传送信息,就会产生时隙争用冲突。受隐藏终端的影响,接收端将因为数据碰撞而不能正确接收信息,造成发送端的有效信息丢失和大量时间的浪费(数据帧较长时尤为严重),从而降低了系统的吞吐量和容量。在某个终端成为暴露终端后,它侦听到另外的终端对某一时隙的占用信息,从而放弃预约该时隙进行信息传送。其实,因为源终端节点和目的终端节点都不一样,暴露终端是可以占用这个时隙来传送信息的。这样,就造成了时隙资源的浪费。

5. 隐藏终端和暴露终端问题的解决方法

解决隐藏终端问题的思路是使接收节点周围的邻居节点都能了解到它正在进行接收,目前实现的方法有两种：一种是接收节点在接收的同时发送忙音来通知邻居节点，即 BTMA 系列；另一种是发送节点在数据发送前与接收节点进行一次短控制消息握手交换，以短消息的方式通知邻居节点它即将进行接收，即 RTS/CTS 方式。这种方式是目前解决这个问题的主要趋势，如已经提出来的 CSMA/CA、MACA、MACAW 等，除此之外，还有将两种方法结合起来使用的多址协议，如 DBTMA。

对于隐藏发送终端问题，可以使用控制分组进行握手的方法加以解决。一个终端发送数据之前，首先要发送请求分组，只有听到对应该请求分组的应答信号后才能发送数据，而只收到此应答信号的其他终端必须延迟发送。

在单信道条件下，使用控制分组的方法只能解决隐发送终端，无法解决隐藏接收终端和暴露终端问题。为此，必须采用双信道的方法，即利用数据信道收发数据，利用控制信道收发控制信号。

6. RTS/CTS 握手机制

RTS(Request to Send，请求发送)/CTS(Clear to Send，清除发送)握手机制是对 CSMA 的一种改进，它可以在一定程度上避免隐藏终端和暴露终端问题。采用基于 RTS/CTS 的多址协议的基本思想是在数据传输之前，先通过 RTS/CTS 握手的方式与接收节点达成对数据传输的认可，同时可以通知发送节点和接收节点的邻居节点即将开始传输。邻居节点收到 RTS/CTS 后，在一段时间内抑制自己的传输，从而避免对即将进行的数据传输造成碰撞。这种解决问题的方式是以增加附加控制消息为代价的。

从帧的传输流程来看，基于 RTS/CTS 的多址方式有几种形式，从复杂性和传输可靠性角度考虑，可采用 RTS-CTS-Data-ACK 的方式。具体做法：当发送节点有分组要传时，检测信道是否空闲，如果空闲，那么发送 RTS 帧；接收节点收到 RTS 后，发 CTS 帧应答，发送节点收到 CTS 后，开始发送数据，接收节点在接收完数据帧后，发 ACK 确认，一次传输成功完成，如图 4-17 所示。如果发出 RTS 后，在一定的时限内没有收到 CTS 应答，那么发送节点执行退避算法重发 RTS。RTS/CTS 交互完成，且发送和接收节点的邻居收到 RTS/CTS 后，在一段时间内 RTS/CTS 会抑制自己的传输。延时时间取决于将要进行传输的数据帧的长度，所以由隐藏终端造成的碰撞就大大减少了。采用链路级的应答(ACK)机制就可以在发生其他碰撞或干扰时，提供快速和可靠的恢复。

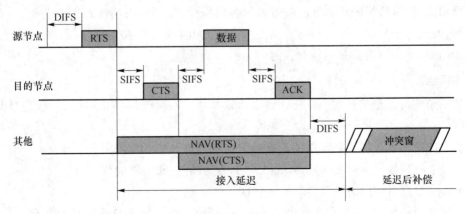

图 4-17　RTS/CTS 握手机制

4.3.2 Ad Hoc 网络路由协议

由于移动性的存在,造成连接失败的原因比基础设施网络种类更多。而且,随着节点移动速度的增加,连接失败的概率也会相应增加。因此,Ad Hoc 网络需要应用一种与移动方式无关的协议。

人们把 Ad Hoc 路由协议分为以下几类(如图 4-18 所示)。

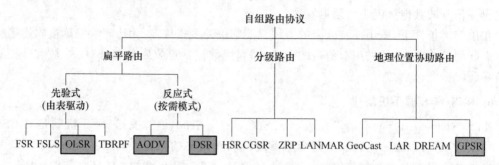

图 4-18　Ad Hoc 路由协议的分类

(1) 先验式路由协议(Proactive Protocol):路由与交通模式无关,包括普通的路由和距离向量路由。

(2) 反应式路由协议(Reactive Protocol):只有在需要时保持路由状态。

(3) 分级路由协议(Hierarchical Protocol):在平面网络引入层次概念。

(4) 地理位置协助路由(Geographic Position Assisted Routing)。

在介绍 Ad Hoc 路由协议之前,先来介绍传统的路由算法,看看它们应用在 Ad Hoc 网络中会出现什么问题。

- 距离向量(Distance Vector):距离向量路由协议使用度量来记录路由器与所有知道的目的地之间的距离。这个距离信息使路由器能识别某个目的地最有效的下一跳。
- 链路状态(Link State):周期性通知所有路由器当前物理连接状态,路由器需要知道整个网络的连接情况。

在移动情况下,传统的路由算法会带来很多局限性。例如,周期性地更新路由表,需要大量的时间,而且对于目前并不活动的节点很难实现。由于要交换路由信息,本来有限的带宽还要进一步缩减。另外,连接并不是对称的。

1. 洪泛法

在这一节将介绍最简单的 Ad Hoc 路由协议算法——洪泛法(Flooding)。洪泛法的执行步骤如下。

(1) 信息发出者 S 将它要发送的数据包 P 发给所有与它相邻的节点。

(2) 每个收到数据包 P 的节点 M 再次把 P 发送给与 M 相邻的节点。

(3) 每个节点对相同的数据包只发送一次。

(4) 因此,只要发出者 S 到接收者 D 存在一条路径,数据包 P 总能够被 D 收到。

(5) D 不再发送数据包 P。

下面以图 4-19 为例,介绍一下 Flooding 算法的详细过程。○表示已经收到数据包 P 的节点，──表示两个节点之间连接，┈┈▶表示数据包的传输。在图 4-19(a)中，节点 S 想把数据包 P 传给节点 D。它检测到自己与 B、C、E 相邻，于是它把 P 传给 B、C 和 E。接下来 B、C 和 E 以此类推，把数据包传给相邻的节点。注意这里 B 和 C 同时要传给 H，有碰撞的危险〔如图 4-19(c)所示〕。节点 C 会收到 H 与 G 传来的数据包，但不会继续往下传，因为节点 C 已经发送过数据包 P 了。在图 4-19(e)中，D 会收到来自 J 和 K 发送的数据包。J 和 K 相互没有联系，因此它们发送的数据也有可能发生碰撞。一旦这种情况发生，数据包 P 可能根本没办法传到节点 D，尽管我们用了 Flooding 算法。鉴于 D 是要收到数据包的节点，D 不再向其他节点发送 P。

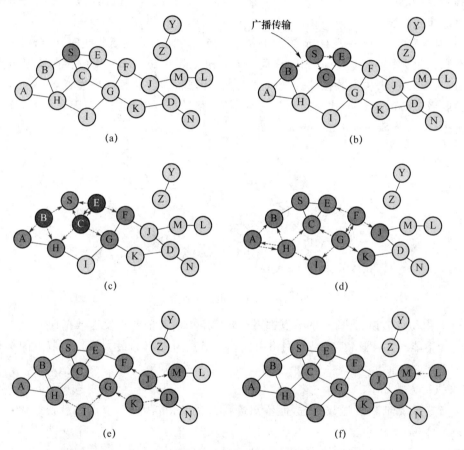

图 4-19　Flooding 算法示意图

从上面的例子可以看出，Flooding 算法会把数据发送给很多节点，最坏的情况是为了成功传输数据，所有节点都收到了这个数据包。这会造成大量的浪费。而且，假定我们希望把数据从 S 传到 Z，S 和 Z 之间根本没有连接路径，但是用 Flooding 算法，需要把节点 A~N 全部发送完毕才发现根本没有到 Z 的路径。

这是一个非常简单的算法，而且由于从发送者到接收者的路径可以有很多条，传输成功的概率是很高的。另外，当信息传播速率较低时，Flooding 算法可能比其他协议更有效率。

Flooding 算法也有很多缺点和局限性。Flooding 算法会把数据包传输给很多并不需要收到数据的节点。采用广播的方法进行洪泛，如果不大幅度增加开销，那么很难进行有效的传输。我们还需要考虑碰撞造成的丢包问题。

现在很多协议在 Flooding 算法中传输的是控制包,而不是数据包。控制包是用来发现路由的,已经被发现的路由链路则被用来传输数据包。

2. DSR 协议

DSR(Dynamic Source Routing)协议是一种基于源路由方式的按需路由协议。在 DSR 协议中,当发送者发送报文时,在数据报文头部携带到达目的节点的路由信息,该路由信息由网络中的若干节点地址组成,源节点的数据报文就通过这些节点的中继转发到达目的节点。

与基于表驱动方式的路由协议不同的是,在 DSR 协议中,节点不需要实时维护网络的拓扑信息,因此在节点需要发送数据时,如何能够知道到达目的节点的路由是 DSR 路由协议是需要解决的核心问题。

以图 4-20 为例,介绍一下 DSR 的工作方式。当 S 要向 D 发送数据包时,整个路由链路都被包含在数据包头(Packet Header)。中间节点(Intermediate Node)用包含在数据包头的源路径(Source Route)去决定数据包传向哪个节点。因此,即使从相同的发送者(Sender)发到相同的接收者(Destination),由于数据包头的不同,路径也可能不同。正因为如此,这个路由协议称为 Dynarmic Source Routing。

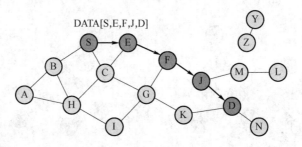

图 4-20　DSR 路由协议示意图

DSR 路由协议假设:①所有的节点都愿意向网络中的其他节点发送数据;②一个 Ad Hoc 网络的直径不能太大(网络直径是指网络中任意两节点间距离的最大值);③节点的移动速度是适中的。

DSR 执行方式如下。

(1) 当 S 想要向 D 发送数据包,但不知道到 D 的路由链路时,节点 S 就初始化一个路由发现(Route Discovery)。

(2) S 用洪泛法发出路由请求(Route Request,RREQ)。

(3) 每个节点继续发送 RREQ 时,加上自己的标识(Identifier)。

(4) 节点 S 接收到 RREP(Route Reply)后,把路径存到缓存中。

(5) 当 S 向 D 发送数据包时,整个路径就被包含在数据包头中了。

(6) 中间节点利用包头中的源路径去决定该向谁发送数据。

1) 路由发现

每个 RREQ 包含以下内容:<目标地址(Target Address),发出者地址(Initiator Address),路由编号(Route Record),请求标识符(Request ID)>。每个节点都有一个<Initiator Address,Request ID>的列表。当节点 Y 收到 RREQ 时,如果<Initiator Address,Request ID>在列表中,那么丢弃这个 Request Packet。如果 Y 是目标节点或 Y 是在通向目标节点的一个节点返回包含从发送者到目标节点的路径的路由应答,那么把这个节点自身的地址加入 RREQ 的路径记录(Route Record)中,并重新广播 RREQ。

2) 路由应答(Route Reply)

路由应答如图 4-21 所示。

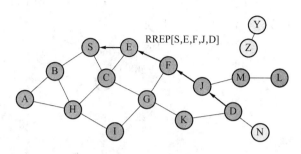

图 4-21　路由应答(←表示 RREP 控制信息)

目的节点 D 收到第一个 RREQ 后,发出一个 Route Reply(RREP)。RREP 包括从 S 到 D 的路径,当链路连接能够保证双向时,Route Reply 能够按照 RREQ 中记下来的路径的相反方向把 Route Reply 返回给 S。如果只允许单向传输,那么 RREP 需要发现一条从 D 到 S 的路径。

3) 路由维护

在 Ad Hoc 网络中,并不能总是保证得到的路径信息都是最新的。例如,图 4-22 中,从节点 S 向 D 发送数据,本来路由表中记录的路径是 S-E-F-J-D,但是 J-D 原本相连的路径断开,如图 4-22 所示。当 J 发现 J-D 路线断开时,J 沿着路线 J-F-E-S 向 S 发送一个路由错误(Route Error)。接收到 RERR 的节点则更新内部的路由缓存,把所有与 J-D 这条路径有关的无效路径全部清除。

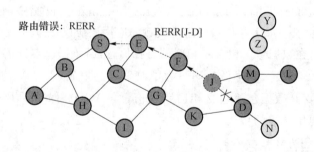

图 4-22　路由维护

4) 路由高速缓存

我们知道,在计算机中缓存可以用来加速进程。同样,在 Ad Hoc 网络中,采用缓存可以加速路由路径的发现过程,每个节点缓存通过任何方式获得新路由。在图 4-23 中,当节点 S 发现路径[S,E,F,J,D]到达节点 D 之后,节点 S 也学会了到达节点 F 的路径[S,E,F]。当节点 K 收到到达节点 D 的路由请求[S,C,G]时,节点 F 就学到了到达节点 D 的路径[F,J,D]。当节点 E 继续沿着路径传输数据[S,E,F,J,D]时,它就知道了到达节点 D 的路径[E,F,J,D]。甚至一个节点偷听到数据时,也能更新自己的路由信息。当然,相应的问题就是未及时更新的路由缓存可能造成更大的开销。

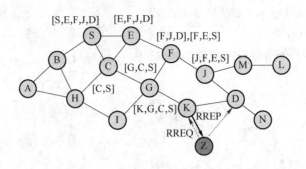

图 4-23　路由高速缓存示意图

5）DSR 的优点和缺点

不难发现，与洪泛法相比，DSR 只在需要进行通信的节点直接传送数据，而不必影响其他节点。这也减少了维持路由的开销。而且，路由高速缓存的存在，进一步减小了路由发现的开销。

另外，由于中间节点可以从本地缓存得到路径信息，所以发现一条路由路径可能意味着可以发现多条路由路径，可以从不同的渠道将信息传达给目的节点。

在每个数据包头前面都要加上中间节点的相关信息，随着路径长度的增加，数据包的长度也会相应增加，这样传输效率会明显降低。在发送路由请求（Route Request）时若采用洪泛法，其实也可以把这个请求发到整个网络的所有节点。

另外，同洪泛法一样，DSR 也可能发生因碰撞导致的丢包情况。解决方法是在传播 RREQ 之前加入随机时延。如果过多的路由应答想要用某个节点的本地缓存，那么会引起竞争。未及时更新的缓存也会增加开销。这些都是采用 DSR 的弊端。

3. AODV 协议

AODV（Ad Hoc On-demand Distance Vector Routing）协议是一种源驱动路由协议。AODV 属于网络层协议。每次寻找路由时都要触发应用层协议，这增加了实现的复杂度。

在 DSR 协议中，在数据包头包含了相应的路径信息，当数据包本身包含的数据很少时，如果路径信息很多，那么会极大地降低效率。为了改善这一措施，AODV 协议通过让每个节点记录路由表，从而不必让数据包头包含相应路径信息。AODV 保持了 DSR 协议中路径信息只在需要通信的节点中传播的特点。

1）AODV 的执行方式

（1）路由请求的传播方式和 DSR 类似。

（2）AODV 假定通信链路是双向的。

（3）当一个节点以广播的方式传播路由请求时，它会建立一条通向源节点的路径。

（4）当要接收数据的目标节点收到路由请求时，它会发送一个路由应答。

（5）路由应答沿着那条向源节点的路径传播。

（6）路由表有两个功能：一个是负责在一段时间之后清除返回源节点的路径；另一个是在一段时间之后清除前进路径。后面会详细介绍这些功能。

（7）当 RREQ 向前传播时，中间节点的路由表会更新。当 RREP 从接收数据的目的节点往回传播时，中间节点的路由表也会更新。

2）AODV 中的路由请求

在转发过程中的 RREQ，中间节点从收到的以广播方式发出的数据包的第一个副本
（copy）记录下它的相邻节点的地址。如果之后又收到了相同的 RREQ，那么这些 RREQ 会被
丢弃。RREP 数据包被传回相邻的节点，路由表也因此而相应地进行更新。AODV 中的路由
请求如图 4-24 所示。

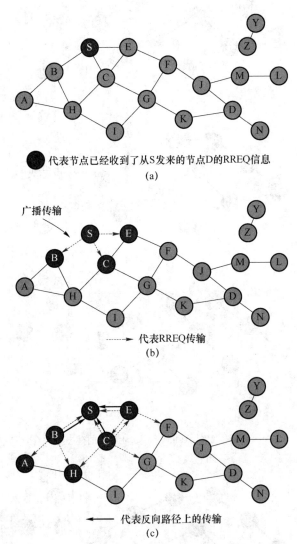

图 4-24　AODV 中的路由请求

3）AODV 中反向路径的建立

AODV 中反向路径的建立如图 4-25 所示。

在图 4-25（a）中，节点 C 收到了来自 G 和 H 的 RREQ，但是节点 C 已经传播了 RREQ，它
不再传播收到的 RREQ。在图 4-25（c）中，由于节点 D 是 RREQ 的目标节点，节点 D 也不再
传播 RREQ。

4）AODV 中的路由应答

一个中间节点（非目标节点）只要知道了一条比到发送者 S 更近的路线，它也可以发送一

个 RREP,如图 4-26 所示。目标节点的序列号可以被用于决定到中间节点的路径是不是最新的。在 AODV 算法中,一个中间节点发送 RREP 的可能性没有 DSR 算法中那么高。

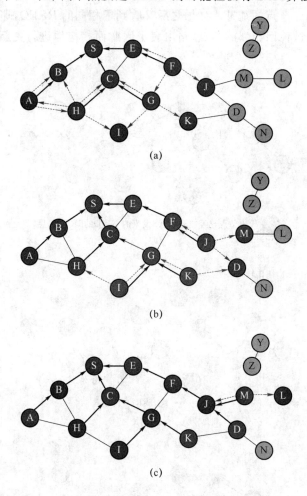

图 4-25　AODV 中反向路径的建立

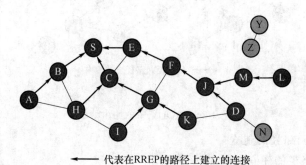

————— 代表在 RREP 的路径上建立的连接

图 4-26　AODV 中的路由应答

5) 超时(timeout)和错误

维护一个反向路径的路由表条目在经过一个超时时间间隔后会被删除。超时时间间隔必须足够长,以确保 RREP 可以返回。一个前向路径的路由表若在 active_route_timeout 时间内没有被使用,则会被清除。若没有使用一个特定的路由表条目发送数据,则该条目将被从路由表中删除(即使路线实际上可能仍然有效)。

对于节点 X 的一个相邻的节点,如果这个节点在 active_route_out 时间内发送了一个数据包,那么这个节点就可以被称为活跃的(Active)。当在路由表项目中第二跳的连接被破坏时,所有活跃的相邻节点都会被通知到。这样一来,连接失败的信息就会通过路由错误信息(Route Error Message)传播,同时也更新目标节点的序号。

当节点 X 不能沿路径(X,Y)传播要从 S 发送到 D 的数据包时,它会产生一个 RERR 信息。节点 X 会增加它缓存中关于 D 的序列号。RERR 中包含已经被增加的序列号 N。当节点 S 收到这个 RERR 时,它就用至少为 N 的序列号重新进行到目标节点 D 的路由发现。节点 D 收到目标序列号 N 之后,D 就把自己的序列号置为 N,除非它当前的序列号已经比 N 大。

AODV 还有检测链路失效的机制。相邻节点之间相互定期交换 Hello Messages。如果缺少了某个 Hello Message,那么可以认为这条链路已经失效。类似地,没有收到 MAC 层的应答信号也可以被认为链路失效。

在前面我们提到 AODV 中的序列号。为什么要用序列号这个概念呢? 我们用下面的例子来更清楚地解释这个问题。

图 4-27 中,假设由于从 C 发出的 RERR 丢失,A 不知道 C 到 D 的路径已经坏掉。现在 C 要进行到 D 的路径查找。节点 A 通过路径 C-E-A 收到了 RREQ。由于 A 知道经过 B 到达 D 的路径,A 将会对这个 RREQ 做出应答。这样,就形成了一条回路(C-E-A-B-C)。

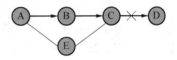

图 4-27　Ad Hoc 网络简图

6) AODV 总结

AODV 算法和前面的算法相比有以下特点。

(1) 路径信息可以不必包含在数据包头中。

(2) 节点序列号用于避免过时的或者已经坏掉的链路。

(3) 节点序列号可以用来防止路径形成回路。

(4) 即使网络的拓扑结构没有发生变化,没有用到的路径也会被清除。

(5) 对于每个节点,每个目标最多维持 1 跳。

4. LAR 协议

1) LAR 协议概述

LAR(Location-Aided Routing)协议是一种基于源路由的按需路由协议。它的思路是利用移动节点的位置信息来控制路由查询范围,从而限制路由请求过程中被影响的节点数目,提高路由请求的效率。它利用位置信息将寻找路由的区域限制在一个较小的请求区域(Request Zone)内,由此减少了路由请求信息的数量。LAR 在操作上类似于 DSR。在路由发现过程中,LAR 利用位置信息进行有限的广泛搜索,只有在请求区域内的节点才会转发路由请求分组。若路由请求失败,则源节点会扩大请求范围,重新进行搜索。LAR 确定请求区域的方案有两种:一是由源节点和目的节点的预测区域确定的矩形区域;二是距离目的节点更近的节点所在的区域。LAR 采用按需路由机制,但它离不开 GPS 系统的支持。

LAR 可采用两种控制路由查找的策略:区域策略和距离策略。LAR 中节点通过全球定位系统 GPS 获得自己的当前位置(x, y)。源节点在发送的"路由请求"中携带自己的当前位置和时间,目的节点也在"路由应答"中携带自己的当前位置和时间,沿途转发请求或应答分组的节点可以得到源节点或目的节点的位置信息,通过这种方法节点可以获得其他节点的位置信息。

2）LAR 区域策略

通过计算目的节点期望区（Expected Zone，EZ）和路由请求区（Request Zone，RZ）来限制路由请求的传播范围，只有在 RZ 中的节点才参与路由查找。

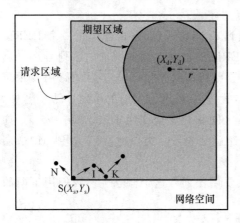

图 4-28　LAR 图解 1

如图 4-28 所示，假设 t_1 时刻节点 S 要查找到节点 D 的路由，S 知道在 t_0 时刻 D 的位置为 (X_d,Y_d)，其平均移动速度为 v，则在 t_1 时刻，S 认为 D 应该在以 (X_d,Y_d) 为圆心，以 $r=v(t_1-t_0)$ 为半径的圆 EZ 内。RZ 是包含源节点 S 和 EZ 的最小直角形区域。S 将 RZ 的边界坐标写入请求分组并广播。收到请求的节点，设为 I，若 I 在分组标记的 RZ 内且请求分组不重复，则 I 转发该分组，否则删除。若 I 为目的节点，则 I 发"路由应答"给 S。

3）距离策略

通过计算节点和目的节点之间的距离来决定节点是否可以转发"路由请求"。在图 4-29 中，假设 t_1 时刻节点 S 要查找到节点 D 的路由，S 知道在 t_0 时刻 D 的位置为 (X_d,Y_d)。S 计算它到 (X_d,Y_d) 的距离为 $DIST_s$，并将 $DIST_s$ 和 (X_d,Y_d) 写入路由请求分组。当节点 I 从 S 那里接收到路由请求时，I 计算它到 (X_d,Y_d) 的距离 $DIST_i$。若 $a(DIST_s)+b \geqslant DIST_i$，$a$、$b$ 为待定参数，I 对请求分组进行处理，用 $DIST_i$ 代替 $DIST_s$，并转发。随后的节点使用相同的比较方法，将自己到目的节点的距离和分组中的距离 $DIST_s$ 加上 b 进行比较，以确定是否转发。因此，初始时，请求区 (X_d,Y_d) 在以 D 为圆心，以 $DIST_s$ 为半径的圆 RZ_s 内，I 更新后请求区在以 $DIST_i$ 为半径的圆 RZ_i 内。若 $DIST_s+b < DIST_i$，则 I 删除该分组。若 I 为目的节点，则 I 将发"路由应答"给 S。

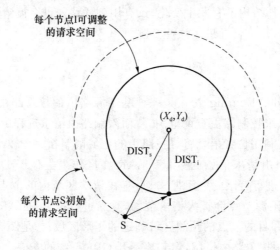

图 4-29　LAR 图解 2

4）LAR 协议评价

LAR 协议将路由表查找限制在请求区内，在请求区之外的节点不受路由请求的干扰，因此路由查找速度快，开销小，网络的扩展性能好，需要额外设备 GPS 系统的支持。

若初始时节点确定的查找区域不准确(例如,目的节点的移动速度高于源节点记录的速度,目的节点并不在 EZ 中),则会造成源节点增加查找范围,重新进行查找,这会增加延迟和网络开销。当源节点没有目的节点的位置信息时,其查找范围为整个网络,等同于洪泛法。

4.4　Ad Hoc 的服务质量和安全问题

前面介绍了 Ad Hoc 网络的基本概念和相应的路由协议。但是对于一个网络,保证良好的服务质量(Quality of Service,QoS)和安全性是网络稳定运行的关键。本节将会讨论 Ad Hoc 网络的服务质量和安全问题。

1. 服务质量的概念

服务质量指一个网络能够利用各种基础技术,为指定的网络通信提供更好的服务能力,它是网络的一种安全机制,是用来解决网络延迟和阻塞等问题的一种技术。在正常情况下,若网络只用于特定的无时间限制的应用系统(如 Web 应用、E-mail 设置等),则不需要 QoS。但是对于关键应用和多媒体应用 QoS 就十分必要。当网络过载或拥塞时,QoS 能确保重要业务量不会延迟或不被丢弃,同时保证网络的高效运行。

QoS 是系统的非功能化特征,通常是指用户对通信系统提供服务的满意程度。在计算机网络中,QoS 主要是指网络为用户提供的一组可以测量的预定义的服务参数,包括时延、时延抖动、带宽和分组丢失率等,也可以看成用户和网络达成的需要双方遵守的协定。网络所提供的 QoS 能力是依赖于网络自身及其采用的网络协议特性的。运行在网络各层的 QoS 控制算法也会直接影响网络的 QoS 支持能力。

在 Ad Hoc 网络中,链路质量不确定性、链路带宽资源不确定性、分布式控制(缺少基础设施)为 QoS 保证带来困难,网络动态性也是保证 QoS 的难点。综合以上因素,在 Ad Hoc 网络中,QoS 必须进行重新定义。人们需要定义一组合适的参数,来反映网络拓扑结构的变化和适应这种低容量时变的网络,如图 4-30 所示。

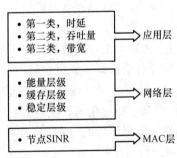

图 4-30　Ad Hoc 网络的 Qos 参数

2. 跨层模型

为了克服上一小节提到的这些问题,需要用跨层模型来定义 Ad Hoc 网络中的 QoS(如图 4-31 所示)。

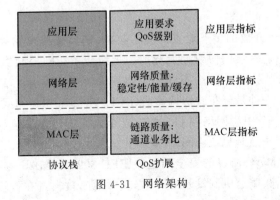

图 4-31　网络架构

- 应用层指标:ALMs(Application Layer Metrics)。
- 网络层指标:NLMs(Network Layer Metrics)。
- MAC 层指标:MLMs(MAC Layer Metrics)。

MLMs 和 NLMs 决定了链路的质量。ALMs 用来选择最能满足应用需求的链路。

3. Ad Hoc 网络中的安全问题

传统网络中的加密和认证应该包括一个产生和分配密钥的密钥管理中心(KMC)、一个确认密钥的认证机构以及分发这些经过认证的公用密钥的目录服务。Ad Hoc 网络显然缺乏这类基础设施支持,节点的计算能力很低,这些都使得 Ad Hoc 网络中难以实现传统的加密和认证机制,节点之间难以建立起信任关系。

传统网络中的防火墙技术用来保护网络内部与外界通信时的安全。防火墙技术的前提是假设网络内部在物理上是安全的。但是,Ad Hoc 网络拓扑结构动态变化,没有中心节点,进出该网络的数据可由任意中间节点转发,这些中间节点的情况是未知且难以控制的。同时,Ad Hoc 网络内的节点难以得到足够的保护,很容易实施网络内部的攻击。

因此,防火墙技术不再适用于 Ad Hoc 网络,并且难以实现端到端的安全机制。在 Ad Hoc 网络中,由于节点的移动性和无线信道的时变特性,基于静态配置的安全方案不适用于 Ad Hoc 网络。

综上所述,理想的 Ad Hoc 安全体系结构至少应包括路由安全问题、密钥管理、入侵检测、响应方案与身份认证方案。事实上,Ad Hoc 网络的很多特性使得在设计安全体系结构时仍然面临诸多挑战。下面在每个层中具体分析一下 Ad Hoc 网络中的安全问题。

1) 物理层的网络安全

Ad Hoc 网络中物理层的网络安全非常重要,因为许多攻击和入侵都来自这一层。Ad Hoc 网络中物理层必须快速适应网络连接特点的变化。这一层中最常见的攻击和入侵有网络窃听、干扰、拒绝服务攻击和网络拥塞。Ad Hoc 网络中一般的无线电信号非常容易堵塞和被拦截,而且攻击者能够窃听和干扰无线网络的服务。攻击者有足够的传输能力,掌握了物理和链接控制层机制就能很容易地进入无线网络中。

(1) 窃听。窃听是指非法阅读信息和会话。Ad Hoc 网络中的节点共享传输介质和使用 RF 频谱及广播通信的性质,使得 Ad Hoc 网络很容易被窃听,只要攻击者调整到适当的频率,就能够窃听到传输的信息。

(2) 信号干扰。对无线电信号的干扰和拥塞导致信息的丢失和损坏。一个强大的信号发射器能够产生足够大的信号来覆盖和损坏目标信号,使得通信失败。脉冲和随机噪声是最常见的信号干扰。

2) 数据链路层的网络安全

Ad Hoc 网络是一个开放的多点对点的网络架构,链路层协议始终保持相邻节点的跳连接。许多攻击都是针对这一层的协议而发起的。无线介质访问控制协议(MAC)必须协调传输节点的通信和传输介质。基于两个不同的协调算法,在 IEEE 802.11 MAC 协议中采用了分布式争议解决机制。一种是分布式协调算法(DCF),这是完全分布式访问协议;另一种是点协调功能(PCF),这是一个中心网络控制方式。多个无线主机解决争议的方法,在 DCF 中使用载波侦听多路访问与碰撞避免或访问/冲突防止机制。

(1) IEEE 802.11 MAC 协议的安全问题。IEEE 802.11 MAC 容易受到 DOS 攻击。攻击者可能利用二进制指数避退机制发起 DoS 攻击。例如,攻击者在传输中加入一些位或者是忽略正在进行的传输就能够很容易地破坏整个协议框架。在相互竞争的节点中,二进制指数主张谁导致了捕获效应谁就赢得竞争。捕获效应就是与解调有关的一种效应,尤其对于强度调制信号,当两个信号出现在无线电接收机的输入端的通带内时,只有较强输入信号的调制信号出现在输出端。那么恶意节点就可以利用捕获效应这一脆弱性。此外,它可引起连锁反应并在上层协议使用退避计划,如 TCP Window Management。在 IEEE 802.11 MAC 协议中通过 NAV(分配矢量网络)领域进行的 RTS/CTS(请求发送/清除发送)帧也容易受到 DoS 攻击。在 RTS/CTS 握手中,发信人发出一个 RTS 帧,包括完成 CTS 所需要的时间、数据和 ACK 帧。所有相邻节点(不管是发送者还是接收者)都可以根据它们偷听到传输时间来更新它们的 NAV 领域。攻击者就可以利用这一点。

(2) IEEE 802.11 WEP 协议的安全问题。IEEE 802.11 标准的第一个安全规则就是有线等效保密(WEP)协议。它的目的是保障无线局域网的安全。但是,在 WEP 协议中,使用 RC4 加密算法有许多设计上的缺陷和一些弱点。众所周知,WEP 容易在信息保密性和信息完整性上受到攻击,尤其是受到概率加密密钥恢复攻击。目前,在 IEEE 802.11i 中 WEP 取代了 AES(高级加密标准)。但 WEP 有如下一些缺点。

- WEP 协议中没有指定密钥管理。缺乏密钥管理是一种潜在的风险,因为大多数攻击都是利用许多人都是手动发送秘密这一种方式。在 WEP 中初始化向量(IV)明确地发送一个 24 位字段,而且部分 RC4 算法导致概率加密密钥恢复攻击(通常称为分析攻击)。
- WEP 使用 RC32 算法作为其数据完整性的校验算法,该算法的非加密性会导致 WEP 受到信息保密性和信息完整性的攻击。

3) 网络层中的安全问题

在 Ad Hoc 网络中,节点也充当路由器使用,发现和保持路由到网络的其他节点。在相互连接的节点建立一个最佳的和有效的路径是 MANET 路由协议首先关注的问题。

攻击路由可能会破坏整体的信息传输,可能导致整个网络瘫痪。因此,网络层的安全在整个网络中发挥着重要作用。网络层所受到的攻击比所有其他层都要多。一个良好的安全路由算法可以防止某一种攻击和入侵。没有任何独特的算法,可以防止所有的弱点。

4) 传输层的网络安全问题

传输层的网络安全问题有:身份验证,确保点到点的通信,数据加密通信,处理延迟,防止包丢失等。MANET 的传输层协议提供并保证点到点的连接,提供可靠的数据包、流量控制、拥塞控制和清除点到点连接。就像互联网中的 TCP 模式,MANET 网络中的节点也易受会话劫持攻击。

(1) SYN flooding 攻击。SYN flooding 攻击是 DoS 攻击的一种,SYN flooding 攻击是指利用 TCP/IP 三次握手协议的不完善而恶意发送大量仅仅包含 SYN 握手序列数据包的攻击方式。这种攻击方式可能导致被攻击计算机为了保持潜在连接在一定时间内大量占用系统资源且无法释放从而产生拒绝服务甚至崩溃。

(2) 会话劫持。所谓会话,就是两台主机之间的一次通信。例如,浏览某个网站,就是一次 HTTP 会话。会话劫持(Session Hijack)就是结合了嗅探以及欺骗技术的攻击手段。例如,在一次正常的会话过程中,攻击者作为第三方参与到其中,他可以在正常数据包中插入恶意数据,也可以在双方的会话当中进行监听,甚至可以是代替某一方主机接管会话。会话劫持攻击可以分为两种类型:中间人攻击和注射式攻击。会话劫持攻击还可以分为被动劫持和主动劫持。被动劫持实际上就是在后台监视双方会话的数据流,从中获得敏感数据;而主动劫持则是将会话当中的某一台主机下线,然后由攻击者取代并接管会话,这种攻击方法危害非常大。

(3) TCP ACK 风暴。TCP ACK 风暴比较简单。当攻击者发出如图 4-32 所示的信息给节点 A,并且节点 A 承认收到一个 ACK 数据包到节点 B,节点 B 会被迷惑并接到一个意外的序列号的包。它会向节点 A 发送一个包含预定序列号的 ACK 数据包来保持 TCP 同步会话。这个步骤会重复一次又一次,结果就导致了 TCP ACK 风暴。

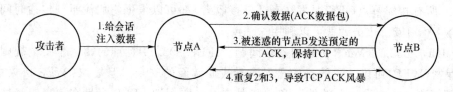

图 4-32　TCP ACK 风暴

5) 应用层的网络安全问题

应用层需要设计成能够处理频繁地断线、重新恢复连接时的延时,以及数据包丢失。与其他层一样,应用层也容易受到黑客的攻击和入侵。因为这层包含用户数据,支持多种协议(如 SMTP、HTTP、Telnet 和 FTP),其中有许多漏洞和接入点可以攻击。应用层的攻击主要是恶意代码攻击和抵赖攻击。

(1) 恶意代码攻击。各种恶意代码,如病毒、蠕虫、间谍软件、特洛伊木马攻击用户的操作系统和应用程序,导致计算机系统和网络运行缓慢甚至崩溃。在 MANET 中,攻击者可以产生这种攻击并且获得他们需要的信息。

(2) 抵赖攻击。恶意程序通过否认自己发送信息的行为和信息的内容来破坏网络的正常运行。计算机系统可以通过数字证书机制进行数字签名和时间戳验证,以证实某个特定用户发送了消息并且该消息未被修改。

本 章 小 结

无线网络按照组网控制方式可以分为具有预先部署的网络基础设施和不具有预先部署的网络基础设施两类。具有预先部署的网络基础设施的移动网络有:移动蜂窝网络、无线局域网等。然而,这种形式的网络并不适用于任何场合。想象一下这些情形:你正在参加野外科学考察,你想和其他队员之间进行网络通信。这时,似乎不能期待有架好基础设施的网络等着我们。再如战场上协同作战的部队相互进行通信,地震之后的营救工作,都不能期望拥有搭建好的网络架构。在这些情况下,我们需要一种能够临时快速自动组网的移动通信技术。Ad Hoc 网络应运而生。

Ad Hoc 网络是由一组带有无线收发装置的移动终端组成的一个多跳的、临时性的自治系统,整个网络没有固定的基础设施。在自组网中,每个用户终端不仅能够移动,而且兼有路由器和主机两种功能。作为主机,终端需要运行各种面向用户的应用程序;作为路由器,终端需要运行相应的路由协议,根据路由策略和路由表完成数据的分组转发和路由维护工作。Ad Hoc 网络中的信息流采用分组数据格式,传输采用包交换机制,基于 TCP/IP。因此,Ad Hoc

网络是一种移动通信和计算机网络相结合的网络,是移动计算机通信网络的模型。

Ad Hoc 网络的节点通常包括主机、路由器和电台三个部分。从物理结构上,节点可以分为以下四类:单主机单电台、单主机多电台、多主机单电台、多主机多电台。

Ad Hoc 网络一般有两种结构,即平面结构和分级结构。

(1) 平面结构。在平面结构中,所有节点地位平等,所以平面结构又称为对等式结构,如图 4-6 所示。

(2) 分级结构。分级结构的 Ad Hoc 网络可以分为单频分级结构网络和多频分级结构网络。在单频分级结构网络中所有节点使用同一个频率通信。在多频分级结构网络中,不同级采用不同的分级频率。

为了节省带宽和能量,在 Ad Hoc 网络中应该尽量减少节点间水平方向的通信。Ad Hoc 网络的协议栈划分为五层:物理层、数据链路层、Ad Hoc 网络层、Ad Hoc 传输层和 Ad Hoc 应用层。

隐藏终端是指在接收节点的覆盖范围内而在发送节点的覆盖范围外的节点。隐藏终端由于听不到发送节点的发送而可能向相同的接收节点发送分组,导致分组在接收节点处冲突。冲突后发送节点要重传冲突的分组,这降低了信道的利用率。暴露终端是指在发送节点的覆盖范围内而在接收节点的覆盖范围外的节点。暴露终端因听到发送节点的发送而可能延迟发送。但是,它其实是在接收节点的通信范围之外,它的发送不会造成冲突。这就引入了不必要的时延。

由于移动性的存在,造成连接失败的原因比基础设施网络种类更多。而且,随着节点移动速度的增加,连接失败的概率也会相应增加。因此,Ad Hoc 网络需要应用一种和移动方式无关的协议。人们把 Ad Hoc 路由协议分为以下几类。

(1) 先验式路由协议(Proactive Protocol):路由与交通模式无关,包括普通的路由和距离向量路由。

(2) 反应式路由协议(Reactive Protocol):只有在需要时保持路由状态。

(3) 分级路由协议(Hierarchical Protocol):在平面网络引入层次概念。

(4) 地理位置协助路由协议(Geographic Position Assisted Routing Protocol)。

本章介绍了最简单的洪泛法、DSR 路由协议、AODV 路由协议和 Location-Aided Routing (LAR)。对于一个网络,保证良好的服务质量(Quality of Service,QoS)和安全性是网络稳定运行的关键。服务质量指一个网络能够利用各种基础技术,为指定的网络通信提供更好的服务能力,它是网络的一种安全机制,是用来解决网络延迟和阻塞等问题的一种技术。在正常情况下,如果网络只用于特定的无时间限制的应用系统(如 Web 应用、E-mail 设置等),那么不需要 QoS。但是对于关键应用和多媒体应用,QoS 就十分必要。当网络过载或拥塞时,QoS 能确保重要业务量不会延迟或不被丢弃,同时保证网络的高效运行。

传统网络中的加密和认证应该包括一个产生和分配密钥的密钥管理中心(KMC)、一个确认密钥的认证机构以及分发这些经过认证的公用密钥的目录服务。Ad Hoc 网络显然缺乏这类基础设施支持,节点的计算能力很低,这些都使得 Ad Hoc 网络难以实现传统的加密和认证机制,节点之间难以建立起信任关系。理想的 Ad Hoc 安全体系结构至少应包括路由安全问题、密钥管理、入侵检测、响应方案与身份认证方案。事实上,Ad Hoc 网络的很多特性使得在设计安全体系结构时仍然面临诸多挑战。本章在每个层中具体分析了 Ad Hoc 网络中的安全问题。

本章习题

4.1 除了书上举出的例子外,请另给出 3 个更具体的 Ad Hoc 网络在实际应用中的场景,并分析为何此场景下 Ad Hoc 网络具有更优的表现力。

4.2 分析针对 Ad Hoc 的网络协议与其余网络协议在设计时要考虑的问题有哪些区别,另外,假定需要针对 Ad Hoc 网络设计一个 MAC 协议,可以从哪些角度考虑设计,以提升 MAC 层的传输效率。

4.3 Ad Hoc 无中心网络与有中心的网络相比,存在哪些优势? 存在哪些劣势? (可以从分布式网络和集中式网络的角度分析)

4.4 通过阅读书上知识点,分析隐藏终端和暴露终端产生的原因。

4.5 隐藏终端和暴露终端的问题可以通过哪种机制解决?

4.6 简述 Ad Hoc 网络中路由协议的分类,同时分析 Ad Hoc 网络路由协议中洪泛法的弊端。

4.7 分析 AODV 协议和 DSR 协议的主要区别。

4.8 画图说明 AODV 路由发现的基本过程。

第5章　传感器网络

5.1　传感器网络概述

无线自组织传感器网络被认为是 21 世纪最重要的技术之一。无线传感器网络的应用前景非常广阔,能够广泛应用于军事、环境监测和预报、健康护理、智能家居、建筑物状态监控、城市交通、大型车间和仓库管理,以及机场、大型工业园区的安全监测等领域。

随着"感知中国""智慧地球"等国家战略性课题的提出,传感器网络技术的发展对整个国家的社会与经济,甚至人类未来的生活方式都具有重大意义。

最近 20 年间,以互联网为代表的计算机网络技术给世界带来了深刻变化,然而,网络功能再强大,网络世界再丰富,终究是虚拟的,与现实世界还是相隔的。互联网必须与传感器网络相结合,才能与现实世界相联系。集成了传感器、微机电系统和网络技术的新型传感器网络(又称为物联网)是一种全新的信息获取和处理技术,其目的是让物品与网络连接,使之能被感知、方便识别和管理。物联网用途广泛,遍及智能交通、环境保护、政府工作、公共安全、平安家居、智能消防、工业监测、老人护理、个人健康等多个领域。

物联网被称为继计算机、互联网之后,世界信息产业的第三次浪潮。业内专家认为:一方面物联网可以提高经济效益,大大节约成本;另一方面物联网可以为全球经济的复苏提供技术动力。目前,美国、欧盟、中国等都投入巨资深入研究探索物联网。

随着美国"智慧地球"计划的提出,物联网已成为各国综合国力较量的重要因素。美国将新兴传感网技术列为"在经济繁荣和国防安全两方面至关重要的技术"。加拿大、英国、德国、芬兰、意大利、日本和韩国等都加入传感网的研究,欧盟将传感网技术作为优先发展的重点领域之一。据 Forrester 等权威机构预测,下一个万亿级的通信业务将是传感网产业,到 2020年,物物互联业务与现有人人互联业务之比达到 30∶1。

如图 5-1 所示,无线传感器网络(Wireless Sensor Networks,WSN)由数据采集网络和数据分发网络组成,并由统一的管理中心控制。无线传感器网络是新型的传感器网络,同时也是一个多学科交叉的领域,与当今主流无线网络技术一样,均使用 IEEE 802.15.4 的标准,由具有感知能力、计算能力和通信能力的大量微型传感器节点组成,通过无线通信方式形成的一个多跳的自配置的网络系统,其目的是协作地感知、采集和处理网络覆盖区域中感知对象的信息,并发给观察者。强大的数据获取和处理能力使得其应用范围十分广泛,可以被应用于军事、防爆、救灾、环境、医疗、家居、工业等领域,无线传感器网络已得到越来越多的关注。由此可见,无线传感器网络的出现将会给人类社会带来巨大的变革。

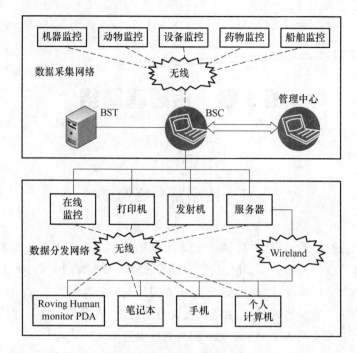

图 5-1　无线传感器网络示意图

5.2　无线传感器网络

5.2.1　IEEE 1451 与智能传感器

理想的传感器节点应该包括以下特点和功能：安装简易，自我识别，自我诊断；可靠性，节点间时间同步，软件功能及数字信号处理，标准通信协议与网络接口。

如图 5-2 和图 5-3 所示，为了解决传感器与各种网络相连的问题，以 Kang Lee 为首的一些有识之士在 1993 年就开始构造一种通用智能化传感器的标准接口。1993 年 9 月，IEEE 第九届技术委员会（传感器测量和仪器仪表技术协会）决定制定一种智能传感器通信接口的协议。1994 年 3 月，美国国家技术标准局 NIST 和 IEEE 共同组织了一次关于制定智能传感器接口和智能传感器网络通用标准的研讨会。经过几年的努力，IEEE 会员分别在 1997 年和 1999 年投票通过了其中的 IEEE 1451.2 和 IEEE 1451.1 两个标准，同时成立了两个新的工作组对 IEEE 1451.2 标准进行进一步的扩展，即 IEEE 1451.3 和 IEEE 1451.4。IEEE、NIST 和波音、惠普等一些大公司积极支持 IEEE 1451，并在传感器国际会议上进行了基于 IEEE 1451 标准的传感器系统演示。

IEEE 1451.2 标准规定了一个连接传感器到微处理器的数字接口，描述了电子数据表格（Transducer Electronic Datasheet，TEDS）的数据格式，提供了一个连接 STIM 和 NCAP 的 10 线的标准接口 TII，使制造商可以把一个传感器应用到多种网络中，使传感器具有"即插即用（Plug-and-Play）"兼容性。这个标准没有指定信号调理、信号转换或 TEDS 如何应用，由各传感器制造商自主实现,以保持各自在性能、质量、特性与价格等方面的竞争力。

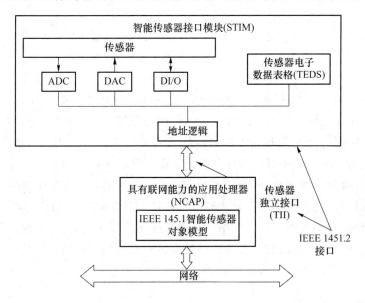

图 5-2 IEEE 1451.1 和 IEEE 1451.2 框架

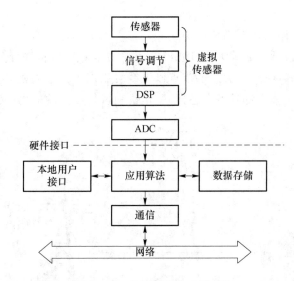

图 5-3 一种智能化传感器系统

IEEE 1451.1 定义了网络独立的信息模型,使传感器接口与 NCAP 相连,它使用面向对象的模型定义提供给智能传感器及其组件。该模型由一组对象类组成,这些对象类具有特定的属性、动作和行为,它们为传感器提供一个清楚、完整的描述。该模型也为传感器的接口提供了一个与硬件无关的抽象描述。该标准通过采用一个标准的应用编程接口(API)来实现从模型到网络协议的映射。同时,这个标准以可选的方式支持所有的接口模型的通信方式,如STIM、TBIM(Transducer Bus Interface Module)和混合模式传感器。

IEEE P1451.3 定义了以多点设置的方式连接多个物理上分散的传感器的物理接口指标。这是非常必要的。例如,在恶劣的环境下,不可能在物理上把 TEDS 嵌入传感器中。IEEE P1451.3 标准提议以一种"小总线"(mini-bus)方式实现变送器总线接口模型,这种小总线足够小(且便宜),可以轻易地嵌入传感器中,从而允许通过一个简单的控制逻辑接口进行最大量的数据转换。

作为 IEEE 1451 标准成员之一,IEEE P1451.4 定义了一个混合模式变送器接口标准,如为控制和自我描述的目的,模拟量变送器将具有数字输出能力。它将建立一个标准,允许模拟输出的混合模式的变送器与 IEEE 1451 兼容的对象进行数字通信。每个 IEEE P1451.4 兼容的混合模式变送器由一个变送器电子数据表格和一个混合模式的接口 MMI 组成。变送器的TEDS 很小但定义了足够的信息,可允许一个高级的 IEEE 1451 对象来进行补充。

IEEE 1451 传感器代表了下一代传感器技术的发展方向。网络化智能传感器接口标准IEEE 1451 的提出有助于解决目前市场上多种制造商网络并存的问题。随着 IEEE P1451.3、IEEE P1451.4 标准的陆续制定、颁布和执行,基于 IEEE 1451 的网络化智能传感器技术已经不再停留在论证阶段或实验室阶段,越来越多成本低廉具备网络化功能的智能传感器涌向市场,并且将更广泛地影响人类生活。网络化智能传感器会给工业测控、智能建筑、远程医疗、环境、农业信息化、航空航天及国防军事等领域带来革命性影响,其广阔的应用前景和巨大的社会效益、经济效益和环境效益不久将展现于世。

5.2.2 无线传感器网络体系结构

典型的无线传感器网络体系结构如图 5-4 所示,传感器节点经多跳转发,再把传感信息送给用户使用,系统构架包括分布式无线传感器节点群、汇集节点、传输介质和网络用户端。传感器网络是核心,在感知区域中,大量的节点以无线自组网方式进行通信,每个节点都可充当路由器的角色,并且每个节点都具备动态搜索、定位和恢复连接的能力,传感器节点将所探测

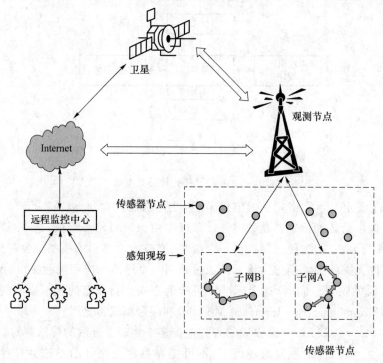

图 5-4 典型的无线传感器网络体系结构

到的有用信息通过初步的数据处理和信息融合之后传送给用户,数据传送的过程是通过相邻节点接力传送的方式传送回基站,然后通过基站以卫星信道或者有线网络连接的方式传送给最终用户。

无线传感器网络作为一种新型的网络,其主要特点如下。

(1) 电源能力局限性。节点通常由电池供电,每个节点的能源是有限的,一旦电池能量耗尽,节点就会停止正常工作。

(2) 节点数量多。为了获取精确信息,在监测区域通常部署大量传感器节点,通过分布式处理大量采集的信息能够提高检测的精确度,降低对单个节点传感器的精度要求,大量冗余节点的存在,使得系统具有很强的容错性能,大量节点能够增大覆盖的监测区域,减少盲区。

(3) 动态拓扑。无线传感器网络是一个动态的网络,节点可以随处移动,某个节点可能会因为电池能量耗尽或其他故障,退出网络运行,也可能由于工作的需要而被添加到网络中。

(4) 自组织网络。在无线传感器网络应用中,通常情况下传感器节点的位置不能预先精确设定。节点之间的相互邻居关系也不能预先知道,如通过飞机撒播大量传感器节点到面积广阔的原始森林中,或随意放置到人不可到达或危险的区域。这样就要求传感器节点具有自组织能力,能够自动进行配置和管理。无线传感器网络的自组织性还要求能够适应网络拓扑结构的动态变化。

(5) 多跳路由。网络中节点通信距离一般在几十到几百米范围内,节点只能与它的邻居直接通信。如果希望与其射频覆盖范围之外的节点进行通信,需要通过中间节点进行路由。无线传感器网络中的多跳路由是由普通网络节点完成的,没有专门的路由设备。这样每个节点既可以是信息的发起者,也可以是信息的转发者。

(6) 以数据为中心。传感器网络中的节点采用编号标识,节点编号不需要全网唯一。由于传感器节点随机部署,节点编号与节点位置之间的关系是完全动态的,没有必然联系。用户查询事件时,直接将所关系的事件通告给网络,而不是通告给某个确定编号的节点。网络在获得指定事件的信息后汇报给用户。这是一种以数据本身作为查询或者传输线索的思想。所以,传感器网络是一个以数据为中心的网络。

5.3　无线传感器网络系统

商业化的无线传感器产品中最常见的就是智能节点。美国加州大学伯克利分校是无线传感器研究开展较早的美国高校。基于该高校研发成果的无线传感器器件称为 Mote,这也是目前最为常用的无线传感器网络产品,是由 Crossbow 公司生产的,如图 5-5 所示。最基本的Mote 组件是 MICA 系列处理器无线模块,完全符合 IEEE 802.15.4 标准。最新型的 MICA2可以工作在 868/916 MHz、433 MHz 和 315 MHz 三个频带,数据速率为 40 kbit/s。其配备了128KB 的编程用闪存和 512KB 的测量用闪存,4KB 的 EEPROM,串行通信接口为 UART模式。

Crossbow 的 MEP 系列是无线传感器网络典型系统之一。这是一种小型的终端用户网络,主要用来进行环境参数的监测。该系统包括两个 MEP410 环境传感器节点,4 个 MEP510温度/湿度传感器节点,1 个 MBR410 串行网关和 MoteView 显示与分析软件。整个系统采用了 TrueMesh 拓扑结构,非常便于用户安装和使用。类似的产品还有 Microstrain 公司的

X-Link 测量系统等，如图 5-6 所示。

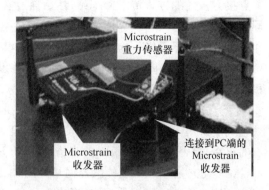

图 5-5　Crossbow 系统演示图　　　　图 5-6　Microstrain 系统演示图

本 章 小 结

无线自组织传感器网络被认为是 21 世纪最重要的技术之一。无线传感器网络的应用前景非常广阔，能够广泛应用于军事、环境监测和预报、健康护理、智能家居、建筑物状态监控、城市交通、大型车间和仓库管理，以及机场、大型工业园区的安全监测等领域。

无线传感器网络由数据采集网络和数据分发网络组成，并由统一的管理中心控制。无线传感器网络是新型的传感器网络，同时也是一个多学科交叉的领域，与当今主流无线网络技术一样，均使用 IEEE 802.15.4 的标准，它由具有感知能力、计算能力和通信能力的大量微型传感器节点组成，它是通过无线通信方式形成的一个多跳的自配置的网络系统，其目的是协作地感知、采集和处理网络覆盖区域中感知对象的信息，并发给观察者。强大的数据获取和处理能力使得其应用范围十分广泛，它可以被应用于军事、防爆、救灾、环境、医疗、家居、工业等领域，无线传感器网络已得到越来越多的关注。

1994 年 3 月，美国国家技术标准局 NIST 和 IEEE 共同组织了一次关于制定智能传感器接口和智能传感器网络通用标准的研讨会。经过几年的努力，IEEE 会员分别在 1997 年和 1999 年投票通过了其中的 IEEE 1451.2 和 IEEE 1451.1 两个标准，同时成立了两个新的工作组对 IEEE 1451.2 标准进行进一步的扩展，即 IEEE 1451.3 和 IEEE 1451.4。

典型的无线传感器网络体系结构中的传感器节点经多跳转发，再把传感信息送给用户使用，系统构架包括分布式无线传感器节点群、汇集节点、传输介质和网络用户端。传感器网络是核心，在感知区域中，大量的节点以无线自组网方式进行通信，每个节点都可充当路由器的角色，并且每个节点都具备动态搜索、定位和恢复连接的能力，传感器节点将所探测到的有用信息通过初步的数据处理和信息融合之后传送给用户，数据传送的过程是通过相邻节点接力传送的方式传送回基站，然后通过基站以卫星信道或者有线网络连接的方式传送给最终用户。

随着 IEEE P1451.3、IEEE P1451.4 标准的陆续制定、颁布和执行，基于 IEEE 1451 的网络化智能传感器技术已经不再停留在论证阶段或实验室阶段，越来越多成本低廉具备网络化功能的智能传感器涌向市场，并且将更广泛地影响人类生活。网络化智能传感器会给工业测控、智能建筑、远程医疗、环境、农业信息化、航空航天及国防军事等领域带来革命性影响，其广阔的应用前景和巨大的社会效益、经济效益和环境效益不久将展现于世。

本 章 习 题

5.1　结合自己的实际体验,说明传感器网络的重要性。

5.2　简述 IEEE 1451 标准定义的主要内容。

5.3　无线传感器网络有哪些特点?

5.4　无线传感器网络有哪些具体的应用? 举出 5 个例子。

第6章　软件定义网络

随着物联网及云计算等新兴技术的发展以及智能终端的普及,互联网与人类生活的关系变得更加密切。人类的工作、生活、学习、生产都离不开网络,从科技发展、企业管理、电子商务到社交网络,互联网承载的业务类型日益丰富,数据量爆炸式增长。TCP/IP架构体系不能支撑大数据量的数据传输业务,不能满足快速响应的需求网络安全问题也急需解决。尽管许多新的协议被用来弥补这些缺陷,但是补丁使得网络系统越来越臃肿。云计算被提出后,美国斯坦福大学 Clean Slate 研究组提出了一种新型网络架构——软件定义网络(Software Defined Network,SDN),它为未来的网络发展提供了新方向。

6.1　软件定义网络概述

6.1.1　软件定义网络的发展

2006 年斯坦福大学开启了 Clean Slate 课题,其根本目的是重新定义网络结构,从根本上解决现有网络难以进化发展的问题。2007 年,斯坦福大学的学生 Martin Casado 在网络安全与管理的项目 Ethane 中实现了基于网络流的安全控制策略,利用集中式控制器将其应用于网络终端,从而实现对整个网络通信的安全控制。2008 年,Nick McKeown 教授等人基于 Ethane 的基础提出 OpenFlow 的概念。基于 OpenFlow 为网络带来可编程的特性,Nick McKeown 教授和他的团队进一步提出软件定义网络(SDN)的概念,自此之后,SDN 正式登上历史舞台。

2011 年,在 Nick 教授的推动下,为推动 SDN 架构、技术的规范和发展工作,Google、Facebook、NTT、Verizon、德国电信、微软、雅虎 7 家公司联合成立了开放网络基金会(Open Network Foundation,ONF),共有成员 96 家,其中包括了我国华为、腾讯、盛科等公司。

2012 年 4 月,在开放网络峰会(Open Network Submit,ONS)上谷歌宣布其主干网络 G-Scale 已全面在 OpenFlow 上运行,使广域线路的利用率从 30% 提升到了接近 100%。

作为首个 SDN 的商用案例,OpenFlow 正式从学术界的研究模型,转化为可以实际使用的产品,因此软件定义网络也得到广泛的关注,推动了 SDN 的发展。

2012 年 7 月,软件定义网络先驱者、开源政策网络虚拟化私人控股企业 Nicira 以 12.6 亿美元被 VMware 收购,实现了网络软件与硬件服务器的强隔离,同时这也是 SDN 走向市场的第一步。2012 年 7 月 30 日,SDN 厂商 Xsigo Systems 被 Oracle 收购,实现了 Oracle VM 的服务器虚拟化与 Xsigo 网络虚拟化的一整套的有效结合。作为网络设备中的领头者,思科公司也在 2012 年向 Insieme 注资 1 亿美元,来加强在 SDN 领域的产品技术。2012 年年底,

AT&T、英国电信(BT)、德国电信、orange、意大利电信、西班牙电信公司和 Verizon 联合发起成立了网络功能虚拟化产业联盟(Network Functions Virtualization,NFV),旨在将 SDN 的理念引入电信业。

在我国,也有越来越多的企业与学者投入 SDN 的研究中。2012 年,多所高校参与了国家"863"项目未来网络体系结构和创新,并且提出了未来网络体系结构创新环境(Future Internet iNnovation Environment,FINE)。2013 年 4 月,中国 SDN 大会作为我国首个大型 SDN 会议在北京举行,将 SDN 引入我国现有网络中,并在 2014 年 2 月成功立项 S-NICE 标准,S-NICE 是在目前的智能管道中使用 SDN 技术的一种智能管道应用的特定形式。

6.1.2 软件定义网络的定义

2012 年 4 月 13 日,ONF 在白皮书中发布了对 SDN 的定义,软件定义网络是一种可编程的网络架构,如图 6-1 所示,不同于传统的网络架构,SDN 实现了控制层与转发层的分离,它不再以 IP 为核心,而是通过标准化实现集中管理且可编程的网络,将传统网络设备紧耦合的网络架构分解成由上至下的应用层、控制层、硬件交换层,在最高层中用户可以自定义应用程序,从而触发网络中的定义。

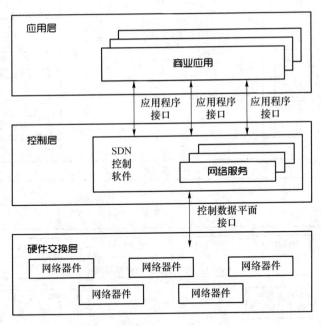

图 6-1 软件定义网络结构示意图

在 SDN 网络中控制面与转发面分离,控制层与应用层接口称为北向 API(Application Program Interface),为应用层提供集中管理与编程接口,可以利用软件来定义网络控制与网络服务,用户可以通过这个接口实现与控制器之间的通信。转发面与控制面的接口称为南向 API 接口,由于 OpenFlow 协议仍在起步状态,并没有足够的标准来控制网络,目前大部分的研究热点都在南向 API 接口。南向 API 接口统一了网络所支持的协议,使得转发面的资源可以直接进行调度,接收指令直接进行数据转发。

在目前的网络架构中,每个数据交换中心都需要根据相应的转发规则进行判断,而在

SDN 架构中控制面与数据面分离,转发面仅需要转发功能,通过控制中心来判断转发策略,因此大大减少了整个网络体系中智能节点的数量。这种标准化的北向接口提供了很好的编程接口,使得网络对硬件的依赖性大大减小,同时可以实现图形界面,更加方便用户的使用。中央控制器作为一个软件实体,可以覆盖整个网络,同时在整个网络中可以有多个控制器。这极大增强了控制面的可用性。另外,作为控制数据流的 OpenFlow 也可以被编程,实现了物理网络拓扑与部署的分离,控制器可以与 OpenFlow 相连,将交换层彻底从应用层分离出来。

虽然通过软件定义网络使得各种网络功能软件化,可以更方便地实现网络协议与各种网络功能,大大减少了网络设备的数量,但是它仍在刚起步进行测试阶段,为了可以利用真实环境中的物理设备搭建新的网络架构,需要在不影响整个网络系统的条件下在新的网络运行新的网络设备来测试算法,可是这些在现有的网络环境中是无法实现的,因此在现实中的网络研究仍需要改进。

现有网络与 SDN 架构的对比如图 6-2 所示。

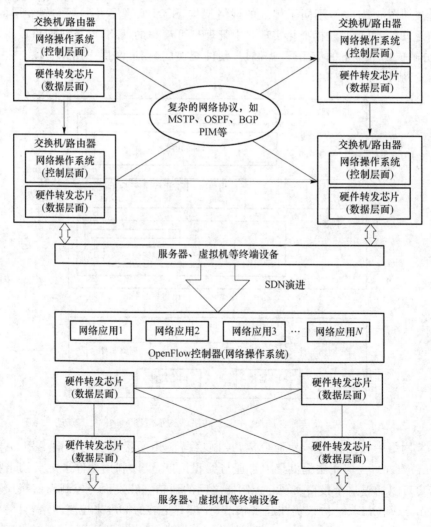

图 6-2　现有网络(上)与 SDN(下)架构的对比

6.1.3　软件定义网络的优势

由于传统的网络设备的固件对硬件依赖性较大,所以在软件定义网络中将网络控制与物理网络拓扑分离,从而摆脱硬件对网络架构的限制。当网络被软件化时就可以像升级、安装软件一样对其架构进行修改,直接利用编程接口就可以改变其逻辑关系,从而满足企业对整个网站架构进行调整、扩容或升级。交换机、路由器等硬件资源并不需要改变,这既大大降低了成本,又大幅缩短了网络架构的迭代周期,集中化的网络控制使得各类协议与控制策略能够更快地到达网络设备。SDN 这种开放的、基于通用操作的面向所有使用者的编程接口,使得整个网络更加灵活,并且可拓展度更高,毫无疑问,软件定义网络必然是未来网络架构的发展趋势。

SDN 不仅给开发人员与企业带来了便利,还使得网络数据的控制与管理变得更加高效与稳定。在传统的网络架构中,为了实现实时的监控与控制,不同的网络节点之间需要根据协议传送大量的路由表与状态信息等诸多数据,这耗费了许多 CPU 资源与网络带宽,尤其是近几年网络节点的大量增加使得这种问题日益突出。在软件定义网络中,由于所有网络节点都由中央控制器集中管理,各个网络节点之间只需要进行数据交换,因此大大减少了交互信息带来的资源消耗。另外,由于南向 API 接口收集了所有的网络信息,包括节点的状态信息以及网络链路的状态信息,因此可以更好地构建出实时的、统一的网络监控图,可以更快捷地计算出最优路径,从而大大提高了各个链路的利用率。

6.2　软件定义网络关键技术

为了实现通过软件定义网络的功能并对上层应用进行编程,SDN 的关键技术主要有三大核心机制:一是基于流的数据转发机制;二是基于中心控制的路由机制;三是面向应用的编程机制。所有的核心技术都是围绕这三大机制而产生的,而 OpenFlow 作为实现 SDN 的主要技术,备受业内人士瞩目。

6.2.1　OpenFlow 概述

OpenFlow 作为软件定义网络中最核心的技术,其发展极大地推动了 SDN 的发展,如表 6-1 所示,自 2009 年 12 月,OpenFlow 1.0 标准发布以来,经过不断完善与改进,OpenFlow 已经经历了超过 10 个版本的更新,2015 年 4 月发布了 OpenFlow 1.5.1,目前官方最新的版本为2017 年 11 月发布的 OpenFlow 1.8 协议。

表 6-1　OpenFlow 的发展历史

版本	发布时间	特点
OpenFlow 1.0	2009 年 12 月	单数据流表设计简单,大规模部署时可拓展性强,但是很好地利用了旧有资源,仅需固件升级
OpenFlow 1.1	2011 年 2 月	利用多数据流表提升流转发性能,但是需要构建新的硬件设备搭建系统
OpenFlow 1.2	2011 年 12 月	引入多控制器,使得网络系统更加稳定

版本	发布时间	特点
OpenFlow 1.3	2012 年 4 月	增强了版本协商能力,提高系统兼容性,但是由于发展进程较快,并没有投入使用
OpenFlow 1.4	2013 年 4 月	增加了一种 Flow Table 同步机制
OpenFlow 1.5	2014 年 8 月	支持匹配数据包的 IPv6 ND 和 ARP 协议字段,支持多级流分类(多级流水线处理),支持动态改变 Flow Table 的 Size(大小),支持虚拟化
OpenFlow 1.6	2016 年 4 月	支持匹配数据包的 GRE 协议字段,支持可编程的数据平面,支持对控制器的访问控制,支持流复制
OpenFlow 1.7	2017 年 3 月	支持匹配数据包的 IPv6 FRAG 和 TCP flags 字段,支持混合表,支持移动节点的 IP 地址,支持对控制器的流量控制,支持对控制器的访问控制

实际上,在 OpenFlow 1.5 以后,OpenFlow 协议的发展就陷入缓慢。因为 OpenFlow 在实践后证实存在一些显著的限制和局限性(如只能覆盖有限的网络功能、需要依赖硬件支持等),这使得 ONF 开始考虑更加灵活且硬件可编程的数据平面替代方案(如 P4、eBPF 等),所以尽管 OpenFlow 1.5 后仍有一些更新和改进,但它已经不是当前网络编程和网络创新的唯一选择。但退一步说,作为 SDN 开发从业者,OpenFlow 仍然是必备的一种基本技能。

OpenFlow 并不完全等同于 SDN,它是一种南向接口协议,是指两个网络节点之间的链路是通过运行在外部服务器上的软件来定义的,并且网络节点之间的数据传输都是通过中央控制器来定义的,所以 OpenFlow 是软件定义网络中一种发展较快的技术。OpenFlow 的基本组成如图 6-3 所示。

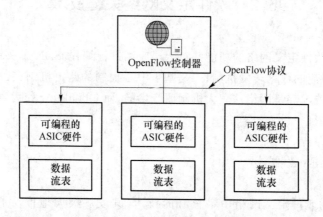

图 6-3　OpenFlow 的基本组成示意图

控制器是整个系统的核心,它负责收集所有网络节点与链路的状态信息,维护全局统一资源视图,优化流表智能决策,并将决策发送给交换机。在规范中定义每个流信息的决策流程为:更新流表信息,修改交换机中现有流表;配置交换机;转发所有未知数据包。与传统网络交换机不同,在 OpenFlow 中交换机不再有智能功能,它仅保留转发功能,依据控制器管理硬件的流表转发数据。OpenFlow 的网络协议与其他网络协议一样,其最终目的都是实现对数据通路的程序指令,但是在实现数据通路指令时 OpenFlow 是所有协议的融合,它既包括客户端服务器技术又包含各种网络协议。

在图 6-4 所示的流程图中,数字代表步骤,步骤从 1 开始(步骤 0 是初始化阶段)。为了简化整个模型,我们先从简单情况入手,首先考虑纯 OpenFlow 模式下运行,OpenFlow 交换机和 OpenFlow 控制器之间是单段链路。如果从步骤 0 开始，那么需要连通 OpenFlow 交换机和 OpenFlow 控制器。首先是在 OpenFlow 交换机与 OpenFlow 控制器之间建立连接。控制器与交换机之间的连接是独立的，每一条连接都仅有一个控制器与一个交换机，并且控制层通过网络管理可以访问多个 OpenFlow 交换机，当然，用户端和服务器之间的连接仍需要 TCP。

在第 1 步中，数据包进入 OpenFlow 交换机后，将被交给交换机中运行的 OpenFlow 模块，这个数据包可以是控制报文也可以是数据报文。

在第 2 步中，交换机负责 PHY（物理层）级的处理，主要对数据分组进行处理，然后数据包将交给在客户端交换机上运行的 OpenFlow 客户端。

在第 3 步中，数据包在交换机内进行处理，交换机内的 OpenFlow 协议将对数据包的数据头进行交换分析，从而判定数据包的类型。一般采用的方法是提取数据包的 12 个元组之一，从而根据后面步骤中安装的流表中的对应元组进行匹配。

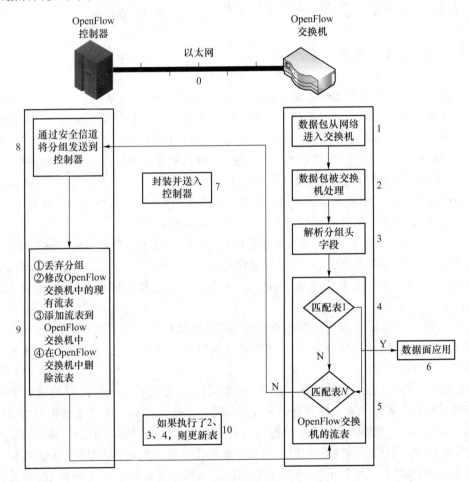

图 6-4　OpenFlow 协议流程图

在第 4 步和第 5 步中，交换机获取了可进行匹配的元组信息后，就开始从头至尾扫描流表。流表中的操作在扫描过后就被提取出来。在 OpenFlow 协议中，可以通过不同的实现方式来优化扫描，减少扫描量，提高流表的使用效率。

在第 6 步中，元组匹配完成后，所有与特定流相关联的操作全部结束。这些操作通常包括转发数据包、丢弃数据包，或者将数据包发送至控制器。如果执行的是从交换机中转发数据包的操作，那么数据包就将被交换。如果没有针对流的操作，那么流就会被后台丢弃，流里面所包含的数据包也将被丢弃。如果流中没有与数据包匹配的条目，那么数据包将被发送至控制器(此数据包将会被封装在 OpenFlow 控制报文中)。

在第 7 步和第 8 步中，给出了从数据包中提取的元组与任何流表中的条目都不匹配的情况，当这种情况发生时，数据包将被封装在数据包的数据头中，并发送到控制器进行进一步操作。按照协议，所有有关这个新的流的操作都将由控制器来做出决定。

在第 9 步中，控制器根据自身配置，决定如何处理数据包。对于这些数据包，控制器并不进行任何操作，处理方式仅包括丢弃数据包、安装或修改 OpenFlow 交换机内的流表，或者修改控制器的配置。

在第 10 步中，控制器通过发送 OpenFlow 消息来对交换机中的流表进行增添或修改。流表安装结束后，下一个数据包将从步骤 6 开始处理。对于每个新的流，流程是一样的。可以根据 OpenFlow 交换机与 OpenFlow 控制器的具体实现对流进行删除操作。

6.2.2 VXLAN 概述

软件定义网络的核心思想是将服务器虚拟化，使得大量硬件资源得以复用，从而满足对网络数据流量成倍增长的需求。但是随着服务器虚拟化的广泛应用暴露出以下一些问题：①当前的虚拟局域网(Virtual Local Area Network，VLAN)中使用的是 12 位 VLAN 账号，随着虚拟化范围的扩展，需要找到一个合理的扩展方法；②虚拟机的无缝转移也是目前的网络系统无法达到的，需要找到实现方法；③由于不同的虚拟机可以在同一个物理地址实现，所以需要找到一个新的方式来实现不同虚拟机的流量隔离，从而满足多租户环境的需求。针对上述问题，虚拟可扩展局域网(Virtual Extensible LAN，VXLAN)应运而生。

VXLAN 主要由三部分实现：管理控制台(vShield)、虚拟主机(vSphere)和网关。vShield 负责整个虚拟网络的集中控制，并且在其边缘处实现 DHCP、NAT、防火墙、负载均衡、DNS 等网络服务，主机用来实现 VTEP 通道，网关并不是所有系统都需要的，它负责不同 VXLAN 网络之间的路由。

图 6-5 所示为 VXLAN 案例，用它来解释 VXLAN 的功能。数字代表步骤，步骤从 1 开始(步骤 0 是初始化阶段)。初始化阶段是指在两个虚拟机交互信息之前，需要先处理两个虚拟机之间的应答消息(ARP)。

在初始化过程中，首先假设这样一种情况：虚拟机 A 想要和一个在不同的主机上的虚拟机 B 进行交互。它需要发送一个消息到指定的虚拟机，但是它不知道指定虚拟机的 MAC 地址。首先，虚拟机 A 发送一个 ARP 数据包来获取虚拟机 B 的 MAC 地址。然后，这个 ARP 通过物理服务器的虚拟通道终端 A 封装成一个多址传送的数据包，而且这个是多址传送到一个和 VNI 有关的组织。所有和 VNI 有关的虚拟通道终端都会接收那个数据包，并且把虚拟通道终端 A/虚拟机 A 的 MAC 地址的映像加到它们的表格中。虚拟通道终端 B 也接收了这个多址传送的数据包，它解封装这个数据包，然后填满内部的数据包，即 ARP 应答消息需要主机 VNI 中某部分的所有端口。虚拟机 B 接收 ARP 应答消息的指令，然后建造一个 ARP 应答消息回复的数据包，并发送给和物理服务器的虚拟机 B 相关的虚拟通道终端 B。当虚拟机 B 在它的为虚拟机 A 准备的表格中建立一个映射，且这个映射指向虚拟通道终端 A 时，它将封装 ARP 应答消息成单一传播的数据包，并把它发送给虚拟通道终端 A。注意，目标 IP 将是虚拟通道终端 A 的 IP 地址。如果已经选择路径或者它同在二层网域,目标 MAC 会成为下一个路由器的 MAC 地址,目标 MAC 地址成为虚拟通道终端 A 的 MAC 地址。虚拟通道终端 A 接收这个数据包,并解封装,之后发送这个 ARP 反馈给虚拟机 A。虚拟通道终端 A 在它的表格中加上一个映射:虚拟通道终端 B 的 IP 地址与虚拟机 B 的 MAC 地址。至此,准备过程完成,虚拟机 A 与虚拟机 B 交换 MAC 地址,开始准备后续工作。

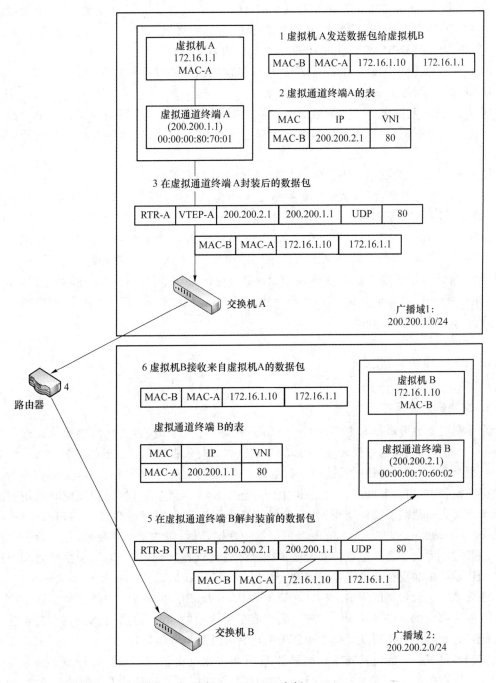

图 6-5 VXLAN 案例

第 1 步,虚拟机 A 想要和虚拟机 B 交互,发送一个附上源 MAC 的数据包(MAC--A)、目标 MAC 为 MAC--B,源 IP 地址为 172.16.1.1,目标 IP 地址为 172.16.1.10。

第 2 步,虚拟机 A 是未知 VXLAN 的,而虚拟机 A 归附的物理服务器是 VXLAN80 的一部分。这个虚拟通道终端节点,在这个例子中是虚拟通道终端 A,检查表格来确认它是否有一个到达目标虚拟机 B 的 MAC 地址的入口。

第 3 步,虚拟通道中 A 封装这个来自虚拟机 A 的数据包,加上一个 VXLAN80 的 VXLAN 数据头,和有着特定目标 VXLAN 端口的 UDP 数据头,一个新的源 IP 作为虚拟通道终端 A 的 IP,新目标 IP 作为虚拟通道终端 B 的 IP,源 MAC 地址作为虚拟通道终端 A 的 MAC 地址,而且目标 MAC 作为链接开关 A 的路由器的接口的 MAC 地址。

第 4 步,当数据包到达路由器时,它将执行正常的路由和依据相应接口进行转发,然后调整外层 header 源 MAC 地址和目标 MAC 地址。

第 5 步,这个数据包到达虚拟通道终端 B,并且当数据包有一个带有 VXLAN 端口的用户数据包协议的数据头,虚拟通道终端 B 解封装这个数据包,然后发送内部的数据包给目标虚拟机。

第 6 步,内部的数据包被虚拟机 B 接收,整个通信过程结束。

VXLAN 实际上是建立在物理 IP 网络之上的虚拟网络,两个 VXLAN 可以具有相同的 MAC 地址,但一个段不能有重复的 MAC 地址。VXLAN 采用 24 位虚拟网络标识符(Virtual Network Identifier,VNI)来标识一个 VXLAN,因此最大支持 16 000 000 个逻辑网络,通过 VNI 可以建立管道,在第三层网络上覆盖第二层网络,帮助 VXLAN 跨越物理三层网络。同时,VXLAN 还采用了虚拟通道终端(VXLAN Tunnel End Point),每两个终端之间都有一条通道,并可以通过 VNI 来识别,VTEP 将从虚拟机发出/接收的帧封装/解封装,而虚拟机并不区分 VNI 和 VXLAN Tunnel。

6.2.3 其他关键技术

1. 交换机关键技术

在数据层面的关键技术主要是 OpenFlow 交换机中关于流表的设计,交换机是整个网络的核心,实现了数据层的数据转发功能,转发功能主要是依据控制器发送的流表完成。流的本质是数据通路,是指具有相同属性数据数组的逻辑通道,关于每一个流的数据分组都作为一个表项存在流表中。在 OpenFlow 交换机中同时包括流表,还包括与控制器通信时所用到的安全通道。流表一般需要硬件实现,普遍的做法是采用三态内容寻址存储器(Ternary Content Addressable Memory,TCAM),在最新的标准中规定,流表项主要由匹配域、优先级、计数器、指令、超时、小型文本文件组成。安全通道则全部通过软件实现,控制器与交换机之间的通信消息和传输数据在安全通道里通过安全套接层(Secure Sockets Layer,SSL)实现。

匹配域中包含传统网络的 L2-L4 的众多参数,在最新版本的协议中匹配域多达 40 个,并且每个匹配字段都可以被匹配。优先级则表明了流表项的匹配次序,每条流表项都包含一个优先级。计数器主要负责统计每个流匹配的比特数及数据分组数目等。指令值一共有 4 种取值,转发到特定端口、封装并转发到控制器、将数组分组交由控制器统一处理及丢弃数据。超时记录了匹配的最大长度或者流的最长有效时间,在匹配时如果超过了匹配最大长度,则删除该表项,而且流表项被应用后,如果使用时间超过了最长有效时间,流表将会被强行失效,当然针对不同的情况,有关超时的设定都可以由用户自行设定或者根据网络自身状况以及流的自身特性而定。小型文本文件(也就是 Cookie)在控制器中应用,对流做一些更新或删除操作。

2. 控制器关键技术

作为整个 OpenFlow 中最核心的部分,中央控制器需要收集所有网络链路中的信息来维护全局统一资源视图,优化流表并发送给交换机,同时也是网络编程接口,根据协议与用户的要求执行应用层对底层资源的决策指令。

在 OpenFlow 控制器中,一些研究人员提出了分布式控制的思想,如图 6-6 所示,在网络中存在多个控制器,每个控制器都可以直接控制与它相连的交换机,同时每个控制器之间也相互连接,互相交换网络信息,从而构成一个完整的网络视图。与传统的集中式控制网络架构相比,分布式控制的优势在于,由于服务器硬件的高速发展,单台服务器的计算能力要远超过1 000 台交换机的计算能力,因此利用服务器取代交换机实现控制层,就可以大大减小网络延迟,同时利用这种在交换机之上的控制层可以更好地分配数据流,更加合理地利用网络资源,避免网络拥挤与网络资源空闲。

当然,不论是集中式控制还是分布式控制都要依据网络自身的情况而定。集中式控制需要采用主备式控制器,这就需要合理解决主备控制器的切换问题,以及面对故障时的应急措施,这种控制方式完全可以满足小规模网络。当面对大规模网络时,需要采用多控制器的分布式网络,但是当采用集群式的控制器时,会面临如何使各个服务器协同工作与共享信息的问题。

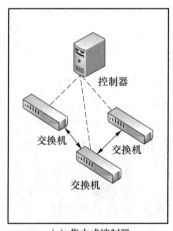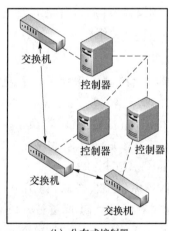

(a) 集中式控制器　　　　　　　　(b) 分布式控制器

图 6-6　集中式控制器与分布式控制器

在 OpenFlow 中控制器可以选择主动模式或者被动模式。在主动模式下,控制器需要自动更新流表信息,并发送到交换机处。在主动模式下,交换机不能将失配的数据传回控制器,只能接收从控制器传来的流表,当然为了提高效率,控制器需要一次性将所有转发规则写入流表传给交换机。在被动模式下,控制器只有在收到交换机转发的失配数据分组时,才会更新流表,并发送至交换机处。

3. 控制器接口关键技术

控制器接口分为南向接口和北向接口。南向接口主要是定义消息格式,通过 OpenFlow 协议连接控制器与交换机,其中交换机既包括物理上的设备,也包括虚拟交换机,如 vSwitch 等。北向接口是一种向上层提供控制应用层的软件接口,为了在原有网络资源的基础上部署

SDN 网络,北向接口向用户提供平滑演进 SDN 的开放 API 的方案也应运而生。该方案主要是在硬件设备上开放可编程接口,使用户可以进行设备控制、更改应用,甚至深入修改设备底层的操作系统,比起传统的网络架构,用户将拥有更高的控制权限。

4. 应用层关键技术

软件定义网络应用层的主要挑战是如何将现有的成熟技术融入 SDN 架构中,SDN 的核心特征是动态智能地自主收集网络信息,而与现有的网络信息度量技术有机地结合可以更高效地实现应用层的优化。传统的协议都不支持 SDN 软件化的接口,因此未来应用层最需要解决的问题是如何更改现有的协议使其可以通过中央控制器对底层的网络资源进行集中控制,获取网络信息。

需要指出的是,虽然 SDN 的高速发展都是由 OpenFlow 发展而来,但是在发展的过程中也存在许多非 OpenFlow 的解决方案,如思科的开放网络环境架构及其产品 onePK 开放 API 功能接口等。

6.3 软件定义网络标准现状

目前,SDN 的标准化工作还处于探索阶段,部分具有先驱性的协议发展较为成熟,但是总体的从场景、需求到整体架构统一的标准还在进一步研究之中。下面从两个方面来介绍 SDN 标准化工作的现状:标准化组织和开源项目。

1. 标准化组织

从事 SDN 标准化研究工作的组织包括开放网络基金会(Open Network Foundation,ONF)、互联网工程任务组(Internet Engineering Task Force,IETF)、国际电信联盟(International Telecommunication Union,ITU)、欧洲电信标准化协会(European Telecommunication Standards Institute,ETSI)和中国通信标准化协会(China Communication Standards Association,CCSA)。

2011 年 3 月,雅虎、谷歌、微软、德国电信等公司联合成立了一家非营利性组织 ONF。ONF 的宗旨是通过对可编程 SDN 进行开发和标准化,实现对网络的改造和构建。2012 年 4 月,ONF 发布白皮书 *Software-defined Networking:The New Norm for Networks*。在该白皮书中,ONF 定义了 SDN 架构的三层体系结构,包括基础设施层、控制层和应用层三层。SDN 能够给企业或网络运营商带来诸多好处,包括混合运营商环境的集中控制、网络自动化运行和维护、增强网络的可靠性和安全性等。不过早在 ONF 成立之前,2009 年 10 月,第一个可商用的 OpenFlow 1.0 发布,随后 2011 年 2 月发布了 OpenFlow 1.1。OpenFlow 协议主要描述了 OpenFlow 交换机的需求,涵盖了 OpenFlow 交换机的所有组件和功能。2011 年 ONF 成立之后,OpenFlow 协议的研究工作大大加快,2011 年 10 月,ONF 发布了 OpenFlow 1.2,提供了可扩展的匹配支持以及更大的灵活性。2012 年 6 月,ONF 发布了 OpenFlow 1.3,增加了基于流的度量、基于连接的过滤、重构能力协商以及更加灵活的交换处理等特性。

IETF 一直致力于研究互联网技术的演进发展。早在 SDN 的概念提出之前,IETF 就已经朝着 SDN 的方向进行了前期的探索。其转发与控制分离工作组(Forwarding Control Element Separation,ForCES)的研究目标就是定义一种架构,用于逻辑上分离控制平面和转发平面。其应用层流量优化工作组（Application-layer Traffic Optimization，ALTO）则制定一种提供应用层流量优化的机制，让应用层做出选择，实现流量的优化。2011 年 11 月，IETF 成立了 SDN BoF 工作组。该工作组提出了若干针对软件定义网络的基本架构和异构网络集成控制机制的标准草案。

ITU 主要有两个研究工作组进行 SDN 的相关研究，分别是 SG 11 和 SG 13。SG 13 主要研究 SDN 的功能需求和网络架构及其标准化。SG 11 则开展 SDN 信令需求和协议的标准化，包括软件定义的宽带接入网应用场景及信令需求、SDN 的信令架构、基于宽带网关的灵活网络业务组合和信令需求、跨层优化的接口和信令需求等。

ETSI 以及 CCSA 等组织虽然还没有发布 SDN 方面的标准，但是已经开始了相关的研究工作。主要对 SDN 的应用及发展、架构及关键技术进行讨论和研究。

2. 开源项目

目前，比较成熟的开源项目有如下几个：OpenDaylight、POF 和 OCP。

OpenDaylight 于 2013 年 4 月成立，成员包括 CISCO、Ericsson、IBM、Microsoft 等涵盖通信、计算机、互联网领域的企业。OpenDaylight 项目将研发一系列技术，为网络设备提供 SDN 的控制器。

POF（Protocol Oblivious Forwarding，无感知转发）是华为公司于 2013 年 3 月发布的首个 SDN 方面的协议，是一个转发平面的创新技术。POF 控制单元下发的通用指令使得转发设备支持任何基于数据分组的协议，使得 SDN 的控制和转发彻底分离。

OCP（Open Compute Project，开放计算项目）主要由 Facebook 公司推动，旨在为互联网提供高效节能的开源网络交换机，通过共享设计来促进专业服务器的有效性和需求。

6.4 信息中心网络

随着信息技术的飞速发展，网络应用的主体逐步向内容获取和信息服务演进。同时相关的硬件与通信技术的发展，为网络具有更多的能力（包括计算、存储）提供基础。信息中心网络（Information-Centric Networking，ICN）技术，以互联网的主要需求为导向，以信息/内容为中心构建网络体系架构，解耦信息与位置关系，增加网络存储信息能力，从网络层面提升内容获取、移动性支持和面向内容的安全机制能力。尽管 ICN 处于起步阶段，具有广阔的研究空间，但已经得到业界越来越广泛的关注，尤其在 ICT 融合的大趋势下，搭乘 5G 快车正在快速发展。

1. 信息中心网络，一个全新的网络架构，作为未来网络的可选方案

信息中心网络以命名的信息、内容或者数据为关注点，以期获得高效的信息共享与获取能力。它颠覆了互联网基础架构以长连接和端到端原则为基础，以主机为中心的网络范式。ICN 关键技术包括：信息的命名，保证信息在命名空间的唯一性；网络基于名字，而不是 IP 地址进行信息传送；网内缓存提供信息的缓存能力以应对重复请求或链路失效；基于信息而非传输通道的安全机制。

ICN 以内容分发效率高，弥补了互联网内容（特别是流行内容）分发效率低的不足。ICN 的研究者还在移动性、安全性以及约束场景的应用等方面进行了大量工作，以期能够提供一个简单、高效的网络架构，实现：①内容的高效分发；②移动性的支持；③基于内容的安全能力。

已有研究成果表明，ICN 在视频流分发等内容分发，以及在移动和约束场景（如物联网、5G 网络移动性支持、车载自组织网络、延迟与中断容忍环境等）下，显示出优势。

2. 信息中心网络发展历程就是一部未来网络研究的历史

ICN 最早可以追溯到 1999 年，而这一年仅仅距离现有 IP 网络形态（IP＋MPLS）中 MPLS 协议的出现才两年，业界正忙着部署 MPLS。

虽然在 1998 年推出了作为下一代 IP 网络协议的 IPv6 协议，但其仅仅是为了解决不久将出现的 IPv4 地址用完的窘况。

因此，当斯坦福大学的研究者 1999 年提出一个新的面向内容提供路由、缓存和传输能力的网络架构时，很显然，远远超过了所处的时代，并没有引起人们的注意。

2006 年，Van. Jacobson 在 Google Tech Talk 上介绍了"内容中心网络（CCN）"的设计思想。

2007 年伯克利大学发表面向数据的网络体系架构（DONA），被认为是第一个完整的 ICN 设计。此时正是欧盟第 7 框架计划（FP7，2007—2013 年）的第一年。

之后，以 FP7 和美国 NSF 项目为代表的未来网络研究逐渐兴起。随之涌现出来一批以信息为中心的项目，包括 4ward（提出了 NetInf）以及后续的 SAIL 项目，发布-订阅模式互联网路由范式（PSIRP）及后续项目 PURSUIT，采用内容中介结构的内容感知网络 COMET 项目，以及 CONVERGENCE 项目等。

特别是到 2010 年由 UCLA 牵头的基于 CCN 概念的 NDN 项目 NSF 资助，成为 FIA 计划的四个提案之一，才引起业界特别是国内关注，从此 ICN 告别了不温不火的状况，成为未来网络研究的主流。

3. 信息中心网络处于技术发展初期

目前信息中心网络仍然是多种方案并存，未达成共识。在这些方案中既有采用革命性技术路线的 NDN、PURSUIT，也有基于现有 IP 网络的重叠网技术方案，如 DONA。尽管都遵循 ICN 的基本理念，但是在命名机制、路由与转发、安全机制等关键技术方面存在差异，在目标及能力方面也表现不同。尽管有多篇论文对这些方案在命名机制、缓存机制、路由/解析与转发机制、移动性支持、安全机制进行了分析和比较，但始终没有明确的结论。

目前研究领域活跃的多个项目涉及 ICN。世界计算机协会（ACM）连续 4 年举办 ICN 专题会议。NDN 项目在 2014 年获得 NSF 新一轮资助，开启第二阶段的研究。而欧盟的 Horizon 2020 计划中也有采用 ICN 技术的项目，如 UMobile、POINT 等。其中，NDN 作为面向未来网络的全新方案，从一开始就以应用出发，采用开源路线提供开源库，搭建测试床，构建生态，从众多方案中脱颖而出，成为最被看好的技术方案之一。

产业界开始行动，概念验证（PoC）开始出现。不仅在学术界，ICN 在业界也得到越来越多的关注，出现了多个基于 ICN 的概念验证，包括：思科在去年移动大会展示了基于 ICN 的增强移动自适应视频流应用，华为则是发布了利用 ICN 实现端到端的移动性服务编排，InterDigital 更是展示了基于 ICN 的 IP（IP-over-ICN）业务，富士通实验室则发布了利用 ICN 实现的功能链系统等。思科官方博客发布了其在 ICN 的系列动作：收购了 PARC 的 CCN 平台；在 FD.io 社区开启 ICN 开源计划-CICN，以及基于现有 IP 架构的混合 ICN 解决方案。

同时，信息中心网络标准化研究工作已逐步展开。2012 年 IRTF 成立了 ICN 研究组，前期研究缓慢,直到 2015 年才陆续发布了基础场景、研究挑战、基于 ICN 的自适应视频流、评估与安全考虑等 5 个 RFCs。ITU-T 第 13 组(未来网络研究组)在 2017—2020 研究周期成立了新的课题组研究 ICN,2017 年 4 月由该组制定的标准 ITU-T Y.3071 建议书《数据感知网络(信息中心网络)的需求及能力》被批准通过。该标准明确了 ICN 在 5G 通信业务方面的需求、能力及功能组件。

4. 信息中心网络技术面临挑战,期待从局部突破

ICN 典型项目 NDN 在 2015 年首次入选 Gartner 电信技术成熟度曲线,从侧面也印证了 ICN 技术仍处于初级阶段。无论哪种方案都面临着挑战。

首先是扩展性问题,相较于已经出现扩展性问题的拥有有限地址空间的互联网,ICN 在面对无限的信息命名空间,其扩展性问题变得更富有挑战性。同时每年泽字节信息的产生速度和越来越广泛的移动性支持,更是加剧了这一挑战。这种扩展性问题不仅仅是在路由与转发层面,它还表现在 ICN 网络架构的各个层面。尽管 ICN 将信息与位置分离,具有原生的移动性支持能力,但在实际中情况并不如意。例如,在采用订阅-发布模式的方案中虽然可以非常简单地实现信息订阅者移动性支持,但是对于信息发布者的移动性支持则存在难度。而无论哪种方案都缺乏大规模移动用户场景的验证。另外,面向信息的新的安全机制,同时也带来了新的挑战,如隐私问题、信息篡改(Content Poisoning)、缓存污染(Cache Pollution)以及实名制要求下访问控制的问题。

如果要作为基础设施取代现有网络,那么 ICN 技术必须解决所面临的挑战。在这之前,ICN 期待从局部突破,如在约束场景下的 ICN 应用,包括:网络基础设施差的偏远地区(特别是游牧地区),应急通信等;利用 ICN 理念和技术提升 5G 场景下内容分发、移动性管理等方面的能力。无论未来 ICN 的发展是取代现有互联网,还是一种补充而共存,其概念、技术已经为我们开启了新的思路,也让我们重新思考通信分层模型等基本问题。

5. ICN 的问题

ICN 虽然发展了很多年,但是仍然存在很多问题。其中一个最大的难题就是部署,不考虑网络设备的替换,应用和软件的通信模式、现有计算机的协议栈,很可能都需要重新设计。因此,ICN 在短时间内难以产生经济效益。

除了部署问题,ICN 还存在其他很多问题,概述如下:

① 命名问题;

② 隐私性问题;

③ 内容认证、授权问题;

④ 安全问题;

⑤ 内容路由(内容名解析)扩展性问题;

⑥ 移动性问题(IOT,5G);

⑦ 新模式的拥塞控制;

⑧ In-Network Caching;

⑨ 网络管理;

⑩ 建立 ICN 架构上的应用程序。

6.5 基于意图的网络

目前业界围绕基于意图的网络(Intent-based Networking,IBN)有诸多的讨论和争议,有专家认为 IBN 是一种智能的拓扑结构,能够监控整体网络性能、识别问题并自动解决问题,而不需要人工干预。业界认为 IBN 是对网络管理方式的一个重大转变。

1. 什么是 IBN?

网络业界的发展总是伴随着新技术的应用,先前,数据中心是 Ethernet Fabrics,后来是 SDN,目前是 SD-WAN。随着 SD-WAN 的不断发展,网络领域最新的风口是基于意图的网络。

基于意图的网络不是产品或市场,而是帮助规划、设计和实施/操作可提高网络可用性和灵活性的网络软件。也有人认为,IBN 是用于网络基础设施的生命周期管理软件。Gartner 提出的关于 IBN 的定义包括以下四个部分。

(1) 转译和验证:系统从最终用户获取更高级别的业务策略,并将其转换为必要的网络配置,生成并验证最终的设计和配置以保证正确性。

(2) 自动化实施:系统可以在现有网络基础设施上配置适当的网络变更,通过网络自动化或网络编排完成。

(3) 网络状态感知:系统为其管理控制下的系统提供实时网络状态,并且是协议和传输不可知的。

(4) 保障和自动化优化/补救:系统持续验证原始业务意图是否得到实现,并且可以在所需意图无法实现时采取纠正措施。

简而言之,IBN 就是网络管理员能够定义他们想要的网络,并且拥有一个自动化的网络管理平台来管理所需的状态并执行策略。

目前国外已经有不少创业公司在 IBN 这一领域进行创业,包括 Apstra、Forward Networks、Waltz 和 Veriflow 等。

2. IBN 的定义

从广义上看 SDN 代表了一种新的网络思想,从狭义上看其就是一项网络转发技术。IBN 似乎更像是一种网络架构,SDN 和 IBN 是互补的,它们可以一起部署,也可以单独部署。它们有着一致的目的,就是帮助网络变得更加灵活。因此,ONF 组织为 SDN 发布了北向接口用于支持 IBN。SDN 更加专注于如何去控制网络,采用一种基于策略的声明式控制方法,而 IBN 专注于如何将应用的需求告诉网络而不是告诉网络怎样配置某个设备。

IBN 的本意是对网络进行抽象,隐藏细节(包括对各种协议的配置和管理维护),最终给用户体现为意图接口,用户只要说出需要网络做什么,而不需要手动配置 OSPF/BGP/LDP 等协议,网络就可以把用户意图实现的结果反馈给用户,让用户知道网络的运行状态。

这是一种智能的拓扑结构,能够监控整体网络性能、识别问题并自动解决问题,而不需要人工干预。其真正的技术内涵包括高级语言接口定义(描述用户意图)、基于获取的网络状态解释用户意图、网络自动运维,其中更是包含了 AI 等各种技术。业界认为,IBN 是对网络管理方式的一个重大转变。

3．为什么需要 IBN？

网络很复杂，管理网络一直以来是一个十分复杂的工作，网络工程师需要负责管理网络设备、提供用户权限、配置网络策略等工作。Gartner 的数据显示，75％的组织仍然通过手动操作来管理他们的网络，很多组织仍然使用最初的命令行界面（CLI）来管理他们的网络。CLI 的缺点也很明显：缺少错误特定的返回代码；自动化工具还必须处理输入或输出文本中的错字；CLI 通常与手动配置更改有关（这是造成企业网络中断的主要原因）。

网络局限于数据传输的时代已经一去不返。现在，网络已成为应用程序开发和创新的平台。作为主要开发平台，网络需要灵活性来满足快速变化的业务和用户需求。自动化和编排通过简化网络运营和管理，帮助实现这种敏捷性。自动化网络的最简单方式是通过可编程性使用标准、低级 API 提供对网络设备乃至芯片级别的细粒度控制。用 API 替换 CLI 并不困难，较新的设备通常有了 XML 或 JSON 编码的 REST 接口支持 CLI 和 API。可编程性对于实现网络感知的应用程序和应用程序感知的网络而言至关重要。网络可编程不在于各种接口和各种规范，而在于对于网络的抽象，能够真正体现出用户意图，通过消除手动配置来降低网络复杂性并提高自动化水平，它使得用户或管理员使用自然语言向物理网络发送一个简答的请求。例如，IT 管理员可以请求 IP 语音应用程序提高语音质量，网络可以对此进行响应。再想象一下，有一家医院的网络拥有所有患者敏感的数据信息。通过 IBNS（基于意图的网络服务），网络工程师能够要求只有医生和护士才能够访问这些患者信息，其他用户被禁止访问。IBNS 可以自动地去识别医生的身份从而修改他们的访问权限策略。

简而言之，IBNS 就是让网络工程师能够定义他们想要的网络，从烦琐的网络运维工作中解脱出来，不再仅仅去使用一些复杂烦琐的脚本，而是拥有一个自动化的网络管理平台和图形化的工具，实现网络变更。系统将会持续实时验证原始的业务意图是否已经被满足了，并且在没有达到预设的意图时可以执行改正的动作，形成一个持续闭环循环的系统（Continuous closed-loop），与传统方式相比它提升了网络的可用性和敏捷性。唯有持续闭环的系统才可以保证意图的有效性，才可以确保意图不会被突发的网络状况干扰。

思科 CEO Chuck Robbins 谈到基于意图的网络的业务优势，可以概括为三个方面。

（1）速度和敏捷：随着网络的发展，在网络上开展的业务会越来越多。现在，人们刷信用卡就能启动一个云应用程序，这就要求网络做出回应。因此，非常重要的一点是，网络能迅速调整来满足这些需求，而且只需很少的人工干预。

（2）多任务的自动化：支持 IT 把工作重点放在实现业务价值上。目前，IT 的很多时间都花在了不产生价值的任务上。我们可以在管理层实现很多任务的自动化，这使得 IT 能够更多地去从事给业务带来价值的工作。

（3）安全、合规和风险：利用自动化和算法验证配置，减少了出错的风险，可以更精细地分析网络。

4．IBN 是如何工作的？

标准化、流程化是自动化的前提。将业务要求转换为复杂的意图，在此过程需要大量劳动力，包括漫长的设计和配置验证。更重要的是，复杂性通常使网络难以改变。传统网络已成为许多 IT 运营中的瓶颈。通过融入实时分析和持续验证业务要求，IBNS 可快速分析当前形势。将用户的业务要求解释为意图，然后将意图转换为整个网络基础架构上的必要网络配置。如果未满足所需的意图，那么系统将立即采取纠正措施。

Intent-Based Networking：*Top 10 Questions and Answers* 一文中，介绍了 10 个常见的问题，在第 6 条中简单地讲解了 IBN 具体是如何工作的。IBN 是通过机器学习、数据分析以及网络团队确保系统的持续性运转。作为一个闭环系统，从一个理想的意图到最终的实现，需要通过下面的步骤。

（1）定义/理解意图：理想的商业需求。

（2）自动转译意图生成一系列指定的网络配置变更（例如：修改 ACLs，更新应用特定的协议，等等）。

（3）在下发修改配置到实际网络之前，需要验证这些变化的配置。

（4）假设第（3）步骤成功，下发验证过的配置到实际网络中，否则回到第（2）步骤。

（5）对实际网络进行周期性地快照，验证是否符合步骤（1）里定义的意图，形成一个闭环系统。

图 6-7 描述了 IBN 的最基本的系统框架。这和上面所描述的步骤基本一致，值得注意的是通常完整的 IBNS 在转译 Translation 后 Implementation 前要加上验证配置的步骤。验证通过了，系统才会下发（deploy）配置到网络中。所以在整个闭环中，有两个地方需要验证 Verification，一个是验证下发前的配置，另一个是根据现网的报文行为和动态网络的状态进行动态的验证。目的是验证实际网络状态是否和所期望的意图达成一致，形成闭环。

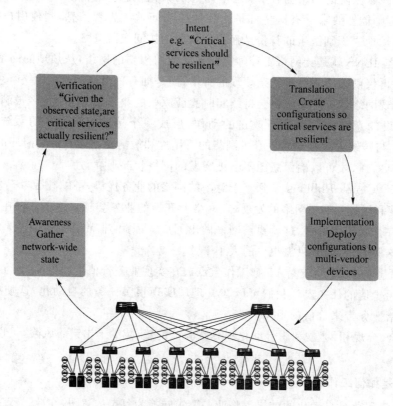

图 6-7　IBN 的最基本的系统框架

在传统的网络中，往往只是进行简单的监控（monitor），有许多不足的地方。在传统的系统中，网络监控广度和深度不足，所描述的信息和数据直接来自底层设备，而非用户期望的以规范化数据模型方式来表达。这对管理员的技能要求高，可用性保障困难。因为故障来源复杂(配置错误、软件故障、链路故障等),设备之间联系紧密,并且存在故障扩散现象,整个系统缺乏有深度的全局网络数据视图。另外,在网络中通常隐藏着许多隐患,往往发生特定的事件时,我们才能发现这个故障。所以,在 IBN 系统中,基于 Telemetry 这一网络遥测、实时监控的特性,能够全面地实时了解网络状态。Telemetry 遥测的功能不仅能够获得数据流实时信息,而且能够获得实时的网络配置、流量统计、计数、报错、表项、环境、缓存等信息。Google 等云巨头推动 OpenConfig 的一个重要原因就是希望能够以单一标准化数据模型语言(YANG)来定义数据和实时状态反馈(State Streaming),其实就是数据定义加上 Telemetry 的特性。通过验证(Verification)最后闭环这一步骤将 low-level 的设备数据与 high-level 的意图关联起来。网络的状态时时变化,执行时的状态与验证时的状态可能不一致,此时 IBNS 会主动地根据期望的状态对策略进行优化补救。

与 SDN 相比,基于意图的网络(IBN)稍显稚嫩,虽然同为改变网络行业的技术,但这两者之间处于什么样的关系呢? SDN 和基于意图的网络有相似之处,IBN 可以视为是 SDN 概念的延伸并且进一步解决网络自动化和复杂性的问题,其中包括减少手动配置网络等。

十年前提出的 SDN 是作为逻辑分离网络硬件和软件的一种方式,也是提高网络可编程性、提高自动化和降低成本的手段。SDN 的概念现在成为数据中心和广域网应用的主流,分别出现了软件定义数据中心(SDDC)和软件定义广域网(SD-WAN)的应用。它将网络创新的重点转移到了软件上,而不是专有硬件。虽然一些领先的超大规模云服务提供商已经开始部署 SDN 对其网络进行编程,并大幅降低了成本,但是在自动化网络运营方面,SDN 能发挥的作用相对有限。

5. 向基于意图的网络演进

根据 Gartner 的数据显示,75%的组织仍然通过手动操作来管理他们的网络,很多组织仍然使用最初的命令行界面(CLI)来管理他们的网络。基于意图的网络通过消除手动配置来降低网络复杂性并提高自动化水平,它使得用户或管理员使用自然语言向物理网络发送一个简答的请求。例如,IT 管理员可以请求 IP 语音应用程序提高语音质量,网络可以对此进行响应。

SDN 和基于意图的网络相互衔接,因为 IBN 的实施可能包括使用可执行所需策略和意图的 SDN 控制器。IBN 的当前版本可以自动执行诸如 IP 地址设置和配置虚拟 LAN 之类的操作,并且可以分析网络流量来检测威胁并提供解决网络问题的方式,基于意图的网络使组织能够快速部署和扩展新的数据中心网络资源。

未来 IBN 的进一步发展将能够检测并自动解决网络挑战,如安全异常和网络拥塞。在 IBN 中实施开放 API 将能够实现更多的厂商集成,并使高级用户能够更轻松地对网络进行编程。SDN 和基于意图的网络目标都很远大,但 IBN 的实现在技术上还面临若干问题,以思科和 Juniper 为代表的厂商已经开始向 IBN 发展,OpenDaylight 等开源项目也在逐渐将 IBN 的思想添加到其 SDN 控制器中。IT 组织仍然面临着决策性的挑战,即他们是将他们的数据中心、校园网或广域网建立在一个厂商的基础上,还是与初创公司合作实现物理网络。

6. 思科 IBN

思科 CEO Chuck Robbins 宣布思科发行了基于意图的网络软件,声称该软件可以检测加密流量中的恶意软件威胁,他认为 IBN 是影响未来 30 年的网络。

为了构建基于意图的网络,思科发布了以下软件和硬件,软件将作为订阅服务提供。

- 数字网络架构(DNA)中心:这是网络自动化和学习的引擎,集中管理仪表板使得网络管理员能够自定义意图,然后将意图转化为行动。它跨越了设计、配置、策略和保障,为整个 IT 部门提供了网络的可见性和情境。
- 软件定义接入(SD-Access):通过自动化策略实施和单个网络结构上的网络分段,目的是通过将日常任务自动化(如配置、故障排除)来简化网络访问。
- 新数据平台和保障:这是一个分析平台,与网络上运行的所有数据进行分类和关联。通过 DNA 中心保障服务,将机器学习转化为预测分析、商业智能和可操作性。
- 加密流量分析:安全软件使用思科的 Talos 网络智能和机器学习来分析元数据流量模式,思科表示这可以使 IT 部门以高达 99% 的准确率来检测加密流量中的威胁。
- Catalyst 9000 交换组合:该交换产品建立在思科的芯片基础上,并且运行该公司的 IOS XE 软件。思科认为,这些交换机将是安全可编程的,设计时充分考虑了移动性、云计算和物联网因素。

思科表示,约有 75 家全球企业和组织正在对思科的软件和交换机进行考察,这些企业包括 DB Systel GmbH,Jade University of Applied Sciences,NASA,Royal Caribbean Cruises,Scentsy,UZ Leuven,Wipro。

7. Juniper Self-Driving Network

Juniper 认为 Self-Driving Network 是一种可预测并适应其环境的自主网络,它提高了规模经济和效率,同时降低了运营成本。因此,它可以为最终用户提供经济而优质的个性化体验。当自动化框架融入遥测、大数据分析、机器学习和网络引导等功能时,自主分析、自我发现、自我配置和自我修正、自治网络就诞生了。Self-Driving Network 可以与零接触网络等同,最终目标是消除手动工作。

实现 Juniper Self-Driving Network 需要以下三个自动化策略:

① 通过简化和抽象网络来降低操作复杂性;

② 使用户能够更快部署新的网络服务;

③ 通过深度遥测提高容量利用率和网络弹性。

迈向 Self-Driving Network 依赖于遥测、自动化、机器学习和声明式编程。

- 遥测:需要基于推送语义的遥测和基于机器学习的异常检测。Juniper 的 OpenNTI 是一个使用标准遥测、分析和分层设计来收集标准化和可视化关键性能指标(KPI)的简单开源工具。
- 自动化:自动化拓扑发现、路径计算和路径安装。需要自动服务部署,基于配置服务的特定升级以及基于机器学习的归纳网络响应。
- 机器学习:机器学习采用创新的编程方法,将静态编码转变为从数据输入中学习的动态算法,进行预测并采取适当的行动。Juniper 的 AppFormix 解决方案将机器学习和流媒体分析的功能与诸如基于 Openstack 和 Kubernetes 的混合云和 NFV/Telco 云等编排系统的应用感知结合在一起。
- 声明的意图:让网络明确你的意图,而不只是完成意图。Juniper 的 Northstar 工具使服务提供商能够根据所提供的限制(如带宽、多样性)安装网络路径。

Juniper 认为,Self-Driving Network 具备革命性的优势,将会促进生产力的进一步发展,释放企业的创新能力。

8. 值得关注的初创公司

- Anuta Networks 致力于提升网络编排水平,网络编排是将网络服务与硬件组件分离以实现流程的高度自动化。凭借其 NCX 平台,该公司认为它可以利用开放架构标准,协调超过 35 家网络厂商的设备。NCX 可以提供服务、扫描网络设备,并提醒 IT 管理员解决潜在的问题。该公司已经在澳大利亚电信和 F5 公司的 Silverline DDoS 提供服务。

- Forward Networks 提供了一套新的功能和创新的定价模式,该公司是由斯坦福大学 Nick Mckeown 的四个博士创立,主要提供两个产品:orward Enterprise 和 Forward Essentials 的工具集。企业产品包括三方面的方法:搜索即时访问,验证基于意图的可伸缩性,预测模型变化如何影响网络。该解决方案创建了一个网络的软件副本,可以建模和测试,而不会损害生产网络。

- Apstra 采取了操作系统的方式来实现基于意图的网络,该公司通过自我配置、修复和防御来自动化网络基础设施和服务的整个生命周期。这需要使用过程自动化、遥测、分析和验证。由此带来的好处是可以提高可扩展性、控制/可视性以及使用多厂商设备的灵活性。

- 云杉网络是中国目前第一家提出 IBN 的 SDN 初创公司,依托于其推出的 DeepFlow 产品,打造数据中心网络的网络分析与控制的闭环系统,最大限度地消除了云时代企业 IT 网络与企业业务脱节,为金融、电信、互联网、能源等多个行业提供下一代网络解决方案。

基于意图的网络目前还处于早期阶段,但它是一个将网络拓扑从传统硬件转移到更灵活的软件定义实现的引人注目的平台。随着机器学习和人工智能的发展,基于意图的网络系统将变得更加智能化和预测性更强。

9. 基于意图的网络优势和风险

业界对网络的要求是一致的,大家的目标都一样,就是让网络更加智能化,虽然目标一致但实现方式往往不相同。用户会根据其业务的优先性来确定其优化网络的途径。IBN 这种方式所具备的诸多优势如下。

- 扩展物联网和移动性:通过在网络中自动创建基于身份的意图,用户可以保护工作组、BYOD 等。

- 云的性能和安全性:如果用户需要将工作负载迁移到云端,那么 IBN 可以确保云应用的安全和高质量的用户体验。这需要在 WAN 中应用 SDN,以便安全访问分支机构的云应用程序。

- 保障、安全和优化:由于 IBN 是一种系统方式,因此所有部署最终都集中在一个集成系统上,该系统需要采用整体闭环方法来实现网络各个部分的策略、保障和自动化。

虽然 IBN 具备诸多的优势,但其风险也很明显。组织实现 IBN 之后将会使网络能够满足需求,同时降低运营成本并能够应付更多的安全问题。对于网络团队来说,这意味着从烦琐的运营维护中解脱出来,从而对业务产生一些好处。然而,这需要相当数量的新技能和流程的变化,这一过程面临着风险。此外,还存在与实施相关的技术和流程风险。

本 章 小 结

随着物联网及云计算等新兴技术的发展以及智能终端的普及,互联网与人类生活的关系变得更加密切。人类的工作、生活、学习、生产都离不开网络,从科技发展、企业管理、电子商务到社交网络,互联网承载的业务类型日益丰富,数据量爆炸式增长。TCP/IP 架构体系不能支撑大数据量的数据传输业务,不能满足快速响应的需求网络安全问题也急需解决。尽管许多新的协议被用来弥补这些缺陷,但是补丁使得网络系统越来越臃肿。云计算被提出后,美国斯坦福大学 Clean Slate 研究组提出了一种新型网络架构——软件定义网络(Software Defined Network,SDN),它为未来的网络发展提供了新方向。

2012 年 4 月 13 日,ONF 在白皮书中发布了对 SDN 的定义,软件定义网络是一种可编程的网络架构,不同于传统的网络架构,SDN 实现了控制层与转发层的分离,它不再以 IP 为核心,而是通过标准化实现集中管理且可编程的网络,将传统网络设备紧耦合的网络架构分解成由上至下的应用层、控制层、硬件交换层,在最高层中用户可以自定义应用程序从而触发网络中的定义。

与传统网络交换机不同,在 OpenFlow 中交换机不再有智能功能,它仅保留转发功能,依据控制器管理硬件的流表转发数据。OpenFlow 的网络协议与其他网络协议一样,其最终目的都是实现对数据通路的程序指令,但是在实现数据通路指令时 OpenFlow 是所有协议的融合,它既包括客户端服务器技术又包含各种网络协议。

软件定义网络的核心思想是将服务器虚拟化,使得大量硬件资源得以复用,从而满足对网络数据流量成倍增长的需求。但是随着服务器虚拟化的广泛应用暴露出以下一些问题:①当前的虚拟局域网(Virtual Local Area Network,VLAN)中使用的是 12 位 VLAN 账号,随着虚拟化范围的扩展,需要找到一个合理的扩展方法;②虚拟机的无缝转移也是目前的网络系统无法达到的,需要找到实现方法;③由于不同的虚拟机可以在同一个物理地址实现,所以需要找到一个新的方式来实现不同虚拟机的流量隔离,从而满足多租户环境的需求。针对上述问题,虚拟可扩展局域网应运而生。

目前,SDN 的标准化工作还处于探索阶段,部分具有先驱性的协议发展较为成熟,但是总体的从场景、需求到整体架构统一的标准还在进一步研究之中。本章从两个方面介绍了 SDN 标准化工作的现状:标准化组织和开源项目。

随着信息技术的飞速发展,网络应用的主体逐步向内容获取和信息服务演进。同时相关的硬件与通信技术的发展,为网络具有更多的能力(包括计算、存储)提供基础。信息中心网络技术,以互联网的主要需求为导向,以信息/内容为中心构建网络体系架构,解耦信息与位置关系,增加网络存储信息能力,从网络层面提升内容获取、移动性支持和面向内容的安全机制能力。尽管 ICN 处于起步阶段,具有广阔的研究空间,但已经得到业界越来越广泛的关注,尤其在 ICT 融合的大趋势下,搭乘 5G 快车正在快速发展。

本章还介绍了基于意图的网(IBN)。目前业界围绕基于意图的网络有诸多的讨论和争议,有专家认为 IBN 是一种智能的拓扑结构,能够监控整体网络性能、识别问题并自动解决问题,而不需要人工干预。业界认为 IBN 是对网络管理方式的一个重大转变。

本 章 习 题

6.1　云计算网络与传统业务有哪些不同?

6.2　软件定义网络最主要的特征是什么?

6.3　软件定义网络的核心机制是什么?

6.4　OpenFlow 是怎样的一种协议?

6.5　简述 OpenFlow 协议的基本组成。

6.6　虚拟局域网采用什么样的网络标识符? 可以支持多少个逻辑网络?

6.7　软件定义网络中,转发机制是依据什么实现的?

6.8　在软件定义网络中,控制器的作用是什么?

第7章 移动云计算

移动云计算作为移动互联网和云计算结合的产物,近年来发展迅速,催生出众多新的信息服务和应用模式,得到了学术界和工业界的广泛关注。移动云计算为解决移动终端资源受限问题提供了一种有效方式,但在用户动态移动、终端电量有限、数据中心网络性能受限的情况下,仍然面临诸多研究挑战。研究者围绕移动云计算关键技术、数据中心网络展开研究。

7.1 移动云计算概述

近年来,随着云计算的快速发展和智能移动终端的普及,两者融合于一个新的快速增长的移动云计算领域,为移动用户提供更加丰富的应用以及更好的用户体验。移动云计算的主要目标是应用云端的计算、存储等资源优势,突破移动终端的资源限制,为移动用户提供更加丰富的应用以及更好的用户体验。移动云计算的定义一般可以概括为移动终端通过无线网络,以按需、易扩展的方式从云端获得所需的基础设施、平台、软件等资源或信息服务的使用与交付模式。作为云计算在移动互联网中的应用,移动云计算能够满足移动终端用户随时随地从云端获取资源和计算能力的需求,不受本地物理资源的限制。移动云计算的体系架构如图 7-1 所示。移动用户通过基站等无线网络接入方式连接到 Internet 上的公有云。公有云的数据中心分布部署在不同的地方,为用户提供可扩展的计算、存储等服务。

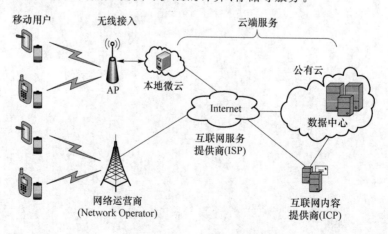

图 7-1　移动云计算的体系架构

互联网内容提供商也可以将视频、游戏和新闻等资源部署在适当的数据中心上,为用户提供更加丰富高效的内容服务。对安全性、网络延迟和能耗等方面要求更高的用户,可以通过局域网连接本地微云,获得具备一定可扩展性的云服务。本地微云也可以通过 Internet 连接公有云,以进一步扩展其计算、存储能力,为移动用户提供更加丰富的资源。

移动云计算由云计算发展而来,天然继承了云计算的应用动态部署、资源可扩展、多用户共享以及多服务整合等优势。另外,移动云计算还具有终端资源有限性、用户移动性、接入网异构性以及无线网络的安全脆弱性等特有属性。

7.2　移动云计算关键技术

随着移动云计算的发展,移动云计算的关键技术应运而生,诸如计算迁移技术、基于移动云的位置服务、移动终端节能技术等。上述技术推动了移动云计算的发展,本节将围绕上述关键技术展开介绍,包括技术概念、技术特点及技术细节等相关内容。

7.2.1　计算迁移技术

计算迁移技术最早由 Cyber Foraging 提出,这个概念是指通过将移动终端的计算、存储等任务迁移到附近资源丰富的服务器执行,减少移动终端计算、存储和能量等资源的需求。随着云计算的发展,计算迁移开始应用于云环境中,成为移动云计算的重要支撑技术。计算迁移的总体目标主要包括扩展 CPU 处理能力、节约移动终端能耗、减少服务延迟和节约处理成本等。

计算迁移可以概括为代理发现、环境感知、任务划分、任务调度和执行控制等步骤。然而,并不是所有计算迁移方案都包含全部步骤。其中,最为核心的执行控制主要涉及如何连接到一个可靠的远程代理,传递执行所需的信息,远程执行并返回计算结果,其具体迁移步骤如图 7-2 所示。

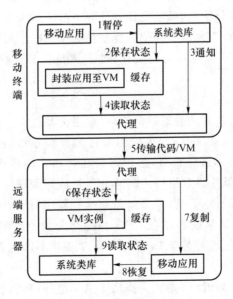

图 7-2　计算迁移步骤图

当移动应用程序需要迁移时,应用程序向操作系统类库发送暂停请求并保存当前运行时的状态;系统类库向本地代理发送通知信息;本地代理读取此状态,并将代码或者虚拟机(Virtual Machine,VM)迁移至远端代理中;远端代理创建新的实例,复制应用程序运行,并将处理结果返回至移动终端。

计算迁移方案一般按照划分粒度进行分类,主要包括基于进程、功能函数的细粒度计算迁移,以及基于应用程序、VM 的粗粒度计算迁移等,如图 7-3 所示。

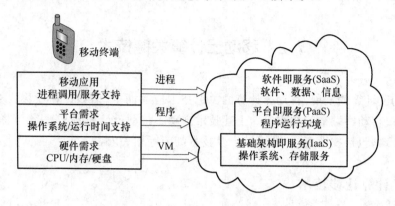

图 7-3 移动云计算中的计算迁移方案

细粒度的计算迁移方案将应用程序中计算密集型的部分代码或函数以进程的形式迁移到云端执行。这类方案需要程序员通过标注修改代码的方式对程序进行预先划分。程序运行时,依据迁移策略,只对那些能够靠远程执行且节约资源的部分进行计算迁移。粗粒度的计算迁移将全部程序甚至整个程序的运行环境以 VM 的形式迁移到代理上运行。这类迁移方式不需要预先对应用程序的代码进行标注修改,减少了程序员的负担。然而,这类方案具有一定的局限性[1],例如与用户有频繁交互的程序就无法应用此类方案。

1. 细粒度计算迁移

细粒度的计算迁移需要对程序进行预先划分标注,只迁移计算密集型代码部分,以实现尽可能少的数据传输。依据迁移策略,细粒度计算迁移一般可以分为静态划分和动态划分两类方案。在程序运行过程中,静态划分方案依据程序员的预先标注策略实施迁移;动态划分方案则可以根据系统负载、网络带宽等状态的变化,动态调整划分迁移区域,提高迁移效率和可靠性。

1) 静态划分方案

早期的计算迁移技术大多采用静态划分方案,程序员通过修改和标注,将应用程序静态地分成两个部分,一部分在移动终端执行,另一部分在远程服务器执行。在 Protium[2] 中,程序员将应用程序分成显示部分和服务部分,显示部分在移动终端运行,服务部分在存储能力和CPU 计算资源丰富的代理服务器上运行。两部分通过应用程序定义的协议进行交流。如果程序包含复杂的交叉状态和显示管理,那么就需要改写程序,这给程序员造成了很大的负担。另外,由于程序员不可能精确掌握程序在 CPU 和内存上的能量消耗,而且网络状态(带宽、RTT)也是动态变化的,因此这种静态标注的划分方法并不能保证程序执行的能量消耗最小化。

为了确保迁移决策的有效性,Li 等人[3] 提出了基于能耗(包括通信能量和计算能量)预测的划分方法。通信能量消耗取决于传输数据的大小和网络带宽,计算能量消耗取决于程序的指令数。基于计算和通信消耗,得到最优化的程序划分方案。对于一个给定的程序,通过分析计算时间和数据传输能耗构造一个消耗图,静态地将程序分为服务器任务和用户端任务。消耗图通过基于分支定界的任务映射算法获得,以最小化计算和传输的总能量。该算法通过修剪搜索空间以获得最优的解决方案。它们的模型用到了任务开始、任务终止、数据发送和数据请求 4 种信息。原始的程序代码中需要进行迁移调用的部分会依据这些信息修改。远程管理也需要根据这些信息进行上下文的状态迁移。

Yang 等人[4] 提出的方案综合考虑了多种资源的利用情况,包括 CPU、内存和通信代价(如带宽资源),将移动终端上的一些任务无缝地迁移到附近的资源比较丰富的笔记本计算机(称为代理)上。这种用户—服务器的迁移结构主要包括监视器、迁移引擎、类方法等模块。资源监视器主要监控内存使用情况、CPU 的利用率和目前的无线带宽。迁移引擎将应用分成一个本地划分和多个远程划分。类方法模块则负责将类转换为一个可以远程执行的方法模块。该方案将应用程序分成 $(k+1)$ 个划分,其中包括 1 个不可以迁移的划分和 k 个不相交可迁移划分,并将这些划分组织成一个有向图,顶点集代表 Java 类,边集代表类之间的相互作用(调用和数据访问)。它们提出的算法可以根据该有向图给出接近最优解的迁移方案。

Misco[5] 实现了集群式服务,支持将数据分发到网络上多个节点并行处理应用数据,以进一步提高计算迁移的执行效率。主服务器是一个集中式监视器,负责 MapReduce 的实现。应用程序被静态地切分成映射(Map)和归约(Reduce)两个部分。映射函数将输入的数据进行处理,生成中间的键值 <key,value> 对,并将所有生成的键值对归类,组成相应数据块节点。所有数据块节点通过归约函数产生最后结果,并返回给主服务器。映射(Map)和归约(Reduce)函数在应用开发过程中通过开发者确认,为移动应用提供分布式平台。

静态划分方案大多假设通信开销和计算时间可以在处理之前通过预测、统计等方法获得。划分方案一旦确定,在任务处理过程中将保持不变。然而,由于移动终端的差异性和无线网络状态的复杂性,计算、通信等开销很难准确预知。

2) 动态划分方案

为了克服静态划分方案无法适应环境动态变化的不足,动态划分方案可以根据连接状态的变化调整迁移划分区域,及时适应环境变化,充分利用可用资源。动态迁移决策的基本原理如图 7-4 所示。a,b,c 为应用程序输入,r 为应用程序输出,应用程序运行过程中会经历 X_1、X_2、X_3 和 X_4 四个计算节点。默认 X_1 和 X_2 在移动终端执行,X_3 和 X_4 在云端执行。根据策略设置,在网络带宽比较好的时候,系统可以把 X_2 动态迁移至云端执行。

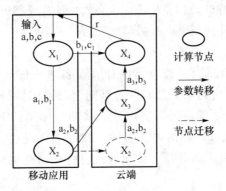

图 7-4 动态迁移决策的基本原理

Chun 等人[6] 提出的解决方案综合考虑了移动终端电量、网络连接状态和实时带宽 3 种因素的变化,针对这 3 种环境的不同变化情况分别给出了解决方案,并针对迁移决策问题设计了普适性的形式化模型,但并没有给出详细的系统设计与实现。在此之后,学术界又相继提出了一系列针对特定应用的计算迁移系统。例如,针对图像识别和语音识别应用的 Cogniserve[7],针对环境感知应用的 Odessa[8],针对社交应用的 SociableSense[9] 以及针对云游戏的 Kahawai[10] 等。

MAUI[1] 的提出旨在提供一个通用的动态迁移方案并尽量降低开发人员的负担。程序员只需要将应用程序划分为本地方法和远端方法,而无须为每个程序制定迁移决策逻辑。程序运行过程中,MAUI 事件分析器基于收集的网络状态等信息动态决策哪些远端方法需要迁移至云端执行。代理执行模块按照决策执行相应的控制和数据传输工作。该系统通过向服务器发送 10KB 的数据的简单方法评估网络的平均吞吐量,对于变化剧烈的无线网络,其预测的准确性有待提高。Thinkair[11] 也是一个线程级的动态迁移方案。与 MAUI 相比,该系统重点对服务端进行了增强,可以为迁移任务动态分配服务内存等资源,提高了系统运行的可靠性。Comet[12] 则在 MAUI 和 Thinkair 的基础上,利用分布式内存共享技术和虚拟机同步技术支持多线程的并行迁移,进一步提高了计算迁移的性能。Zhou 等人[13] 设计的计算迁移系统,可以在程序运行时基于无线信道、云端资源等上下文环境进行动态决策,在微云、公有云等多个云端动态选择服务者,实现代码级的细粒度计算迁移。

需要注意的是,细粒度迁移导致了额外的划分决策的消耗,因此划分算法的优劣直接影响了迁移效率,而且并不总是能获得最优解。另外,无论是依赖于程序员修改应用程序源代码方案,还是利用远程执行管理来计算近似划分的方案,都会引入额外的开销,导致消耗更多的 CPU 能量或增加程序员的负担。

2. 粗粒度计算迁移

粗粒度计算迁移将整个应用程序封装在 VM 实例中发送到云端服务器执行,以此减少细粒度计算迁移带来的程序划分、迁移决策等额外开销。Cyber Foraging 将附近计算能力较强的计算机作为代理服务器,为移动终端提供计算迁移服务。在执行应用程序时,移动终端首先向服务搜索服务器发送迁移请求。服务搜索服务器向移动终端返回可用的代理服务器的 IP 地址和端口号。移动终端继而可以向相应的代理服务申请计算迁移服务。每个代理服务器运行多个独立的虚拟服务,保证为每个应用程序提供孤立的虚拟服务空间。Cyber Foraging 利用局域网低延迟、高带宽的特性为移动终端提供高效的计算迁移服务。然而,基于代理发现和 VM 模板的部署方法,时间开销和资源开销都比较大。

针对广域网传输延迟过长的问题,Satyanarayanan 等人[14] 最先提出微云(Cloudlet)的概念,把微云定义为一种可信任的、资源丰富的计算设备或一群计算设备向附近的移动终端提供计算资源。Cloudlet 模式克服了广域网时延问题,通过局域网提供低延时、高带宽的实时交互式服务。Cloudlet 模式可以进一步细分为移动微云模式和固定微云模式,其架构如图 7-5 所示。固定微云模式以计算能力较强的台式计算机提供云计算服务,通常这种连接方式能够提供较大的带宽和计算资源。移动微云通过移动终端组建微云,旨在随时随地提供接入服务。

与 Cyber Foraging 依赖服务搜索服务器进行代理发现的机制不同,Cloudlet[13] 将移动终端上运行的应用程序以 VM 的形式直接映像迁移至附近指定服务器执行,简化了移动终端的功能。服务器通过互联网与云端数据中心相连,可以将复杂的计算任务和延时要求不高的任务迁移到云端执行,进一步提高计算迁移的处理能力。此框架的不足在于,将移动终端运行环境整体克隆到服务器,对服务器的资源管理能力以及硬件水平都提出了更高的要求。

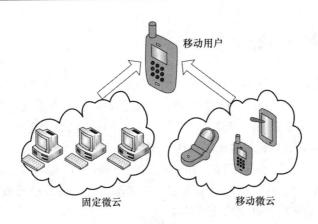

图 7-5　Cloudlet 架构分类

虚拟执行环境(Virtualized Execution Environment)[15]不再依赖专用的服务器,而是利用 VM 技术直接在云端为移动终端建立运行环境。云端为每个应用创建新的虚拟机实例,将迁移的 VM 克隆至虚拟机实例中执行。该方案通过在移动终端的操作系统和硬件间设置中间件,以支持运行时负载迁移、移动终端和云服务器中虚拟机实例的同步,还支持传输状态的暂停和恢复机制。然而,中间件及同步机制给移动终端带来了计算与流量的额外开销。

Clonecloud[16]同样采用 VM 技术直接在云端建立运行环境,不需要操作系统和应用程序做任何额外的改动。Clonecloud 还针对不同类型的应用设计了 3 种不同的迁移算法来进一步优化迁移效率。除了将语音识别、图像处理等计算密集型的任务迁移到云端外,还将安全性检测也迁移至云端服务器,进一步减轻终端负担。然而,基于应用程序多样性的迁移策略增加了移动终端的开销,单线程的部署方式也增加了系统运行时的抖动。为了克服无线网络不稳定等弊端,Tango[17]通过部署多副本的方式,在服务器与移动终端同时执行计算任务,将最快返回的执行结果作为输出,进一步提高了系统的可靠性。表 7-1 对上述主要计算迁移方案进行了对比分析。

表 7-1　各计算迁移方案对比分析

系统框架	操作平台	决策	目标	粒度	划分	迁移支持	管理模式
Misco	移动云节点	代理	延迟	方法级	静态	程序级	集中式
MAU	云服务器	代理/移动终端	能耗	方法级	动态	程序级	集中式
Thinkair	云服务器	移动端	延迟/能耗	线程级	动态	系统级	集中式
Comet	云服务器	—	延迟	多线程	动态	系统级	集中式
Cogniserve	云服务器	—	性能/能耗	应用程序	—	程序级	集中式
Cyber foraging	本地分布式	代理	延迟	应用程序	—	系统级	集中式
Cloudle	本地服务器		延迟	应用程序		系统级	分布式
Cloneclou	云服务器		性能/能耗	VM	动态	系统级	集中式
Virtualized Execution Environment	云服务器		—	应用程序	—	系统级	集中式

7.2.2　基于移动云的位置服务

位置服务作为移动云计算不可或缺的一项支撑技术,一直得到学术界的广泛关注。Zhou等人[18]围绕位置服务的体系架构,对主流定位技术、位置索引及查询处理等技术进行了总结,以便全面深入地认识位置服务。基于 GPS 等传统定位技术的位置服务覆盖范围大,技术成熟,已经在军事、交通等诸多领域得到了广泛应用。然而,由于其存在穿透力弱,定位能耗大等问题,已经无法完全满足精确室内定位、用户动作识别等新的移动应用需求。例如,购物中心的自动导购指引服务、智能家居中的病人监护等。移动云计算模式已经被用来构建新型的位置服务解决这些问题,并成为其重要支撑技术。

1. 室内轨迹追踪与导航

由于室内空间范围小,对导航的精度要求更高。另外,建筑物内部的空间结构、拓扑关系比室外复杂得多,这对室内导航技术提出了更高的要求。当前针对室内轨迹追踪与导航的研究主要通过群智的方式收集移动用户沿途拍摄的照片[19-20]、手机信号强度,并与加速、惯性等手机传感器数据融合,追踪用户行动轨迹,绘制建筑物内部平面图,进而实现实时的定位导航。这些历史信息的收集、存储以及运算处理,需要耗费大量的存储与计算资源,这是普通移动终端无法胜任的。因此,大多数解决方案都是基于公有云或者通过构建微云模式服务器设计实现的。

针对构造室内地图需要进行现场勘测,耗费大量人力物力的问题,LiFS[21]通过收集用户移动过程中的手机信号强度,构造高维信号强度指纹空间,将此映射为室内平面图。Jigsaw[22],iMoon[20]等系统则通过从移动用户处收集照片构建 3D 点云,以此为基础在云端服务器上构造建筑物内部地图。iMoon 还允许用户拍照后上传到云端,与云端存储的地图进行匹配,以实现实时定位。Dong 等人[23]利用基于密度的冲突检测技术对 iMoon 进行改进,进一步提高了系统在障碍物位置的信息完善度,以及众包初始阶段的定位性能。Travi-Navi[19],FOLLOWME[24]等系统通过收集用户上传的照片、手机 WiFi 信号强度指纹,实现用户行动轨迹记录,并采用加速、惯性等手机传感器数据进行校正。然后,基于这些轨迹信息绘制室内平面图,实现室内高精度的导航服务。

2. 室内精确定位与动作识别

近年来兴起的智能家居、体感游戏等新型应用,不仅对目标物体的定位精度提出了更高要求,还需要对用户的特定动作进行识别。当前针对室内精确定位与动作识别的研究通常以移动终端的无线信号强度(Received Signal Strength Indicator,RSSI)[25]、信号抵达时间(Time of Arrival,TOA)和信号抵达角度(Angle of Arriaval,AOA)[15,26]等数据为输入,通过数学模型求解位置坐标。这些数据的存储、处理以及复杂的求解运算一般都需要在云端完成。

1)精确室内定位

Lim 等人[25]将定位的 Wi-Fi 访问点(Access Point,AP)增加到 3 个,将收集到的 RSS 和 AOA 信息发送到云端服务器,执行三角测量算法进行实时跟踪定位,将定位精度提高到 $0.5\sim0.75$ m。ArrayTrack[26]基于 AOA 实现移动终端的室内定位和实时跟踪,并通过 MIMO 技术和多路径抑制算法来减少室内多路径反射的影响,将定位精度进一步提高到几十厘米级,同时将时延控制在 100ms 左右。为了提高 TOA 在有限的无线信道中的分辨率,

Tone Track[27]利用捷变频技术提高带宽利用率。AP 在相邻信道获得 3 个数据包的情况下，就可以达到 90 cm 的定位精度。SpotFi[28]利用超分辨率算法和估算技术计算多径分量的 AOA，在普通 AP 上实现了 40 cm 的定位精度。WiTrack 2.0[29]基于人体反射的无线电信号，在服务器端执行傅里叶变换，实现了同时对 5 个人的定位，定位精度达到 11.7 cm。

2）动作识别

基于 Wi-Fi 的人体动作识别是当前学术界研究的热点之一。WiHear[30]通过专门的定向天线获取由唇形变化带来的信道状态信息（Channel State Information，CSI）变化，在云端服务器上运行机器学习算法，根据人体发音时唇形的不同来辨别发出的单词，并基于上下文进行纠错。由于并没有有效地消除噪声，因此该系统需要通过定向的天线来得到更高的精度。

WiDeo[31]基于目标物体动作对 Wi-Fi 信号反向散射的反射，实现对目标物体的定位及动作识别，在多人同时做动作的环境下，能达到 7cm 的识别精度。E-eyes[32]利用不同运动动作带来 CSI 振幅不同来辨别包括洗澡、走路、洗碗等 9 种日常用户的行为，但基本是以位置为导向的判断方法。CRAME[33]除了可以像 E-eyes 一样识别人们的日常行为动作外，还通过 CSI-speed 和隐式马尔可夫模型推测用户的移动速度和动作的幅度变化。在 CRAME 研究的基础上，提出了识别键盘敲击动作的 WiKey[34]，识别准确率达 93.5%。也有一些学者基于 RFID、VLC 甚至声音实现人体动作识别、位置标记等。Yang 等人[35]提出 Tadar 系统，通过 RFID 识别墙体另一侧的人体动作变化。Luxapose[36]、PIXEL[37]等系统则尝试利用移动设备内置的照相机捕捉 LED 灯光的高频闪烁实现定位。基于 VLC 的 LiSense 系统[38]，利用遮挡二维阴影信息重新构造人体的三维骨架图。EchoTag[39]则是通过手机扬声器主动发出声音信号，由麦克风感测回声的方式，实现精度 1cm 的室内位置标记。

3. 海量位置信息管理

在移动云计算环境中，一方面，定位技术不断发展，为移动应用提供越来越精准的位置信息；另一方面，随着用户数量的增长和移动应用的丰富，用户位置、轨迹等数据量爆发式增长，查询请求剧增，查询空间变得更广，位置服务系统也越来越依赖云平台进行用户位置轨迹等数据的存储、计算、索引和查询等管理，从而减轻移动端的存储和计算负载。

面对庞大的用户位置和运动轨迹等历史数据，学者们基于云平台的分布式处理方法，提出高效的索引查询方案，旨在向用户提供快速的查询响应。Ma 等人[40]将 Map-Reduce 架构用在大规模历史轨迹数据处理方面，该方案把时间和空间轨迹数据存储在不同节点上。在处理查询时，在不同的节点分别执行查询操作，再合并输出查询结果。Eldawy 等人[41]改进了 Hadoop 上的 Map-Reduce 架构，设计了用于分布式处理空间数据的 SpatialHadoop 系统。SHAHED[42]网将现有的 Spatial Hadoop 系统，用于卫星数据处理，将卫星的数据按时间、空间存储在不同的节点上，在索引端建立多重 Quad-tree 时空索引结构，查询时返回时空卫星数据的热点图。

另外，用户针对这些海量位置数据的信息查询需求也越来越旺盛。而随着查询数据库变多、查询空间变得更加广泛，移动终端的计算能力和电池能耗无法满足大数据下的查询服务。针对位置频繁变化的移动终端，有些研究致力于索引技术的改进，提出了基于 R-tree[43]、B+tree[44]、Quad-tree[45]等索引结构，综合利用历史轨迹、当前位置等信息查询索引，旨在提高查询的性能。Cong 等人[46]提出的算法，综合考虑空间相似度和标注信息相关度，通过倒排表和 R-tree 索引，返回 k 个最相关的空间对象。Zhang 等人[47]提出 m 最近关键字查询，用于找到 m 个空间最近并满足 m 个用户给定的关键字空间对象。还有一些研究则希望通过将信息查询与推荐相结合,以进一步提高用户体验。Shi 等人[48]挖掘社交网络中群体用户潜在行为和喜好的相似性,设计 LGM 群体行为挖掘和推荐模型。

7.2.3　移动终端节能技术

移动终端电池容量增长速度缓慢,迅速丰富的移动应用与移动终端有限的电量的矛盾愈发突出。移动终端电量已成为良好用户体验的瓶颈,也得到了学术界的广泛关注。为了深入理解移动终端能耗管理的研究,本节从数据传输节能、定位服务节能等方面对节能方案进行梳理。

1.　数据传输节能

随着移动云计算的推广应用,移动终端无线传输的数据量快速增长。无线数据传输能耗占移动终端能耗的比例也越来越大。Wi-Fi 和 Cellular 网络是目前应用最广泛的无线传输技术,因此网络传输节能的研究也大多基于这两类网络开展。

1) Cellular 网络传输节能

移动终端通过 Cellular 网络传输数据通常采用无线资源控制协议(Radio Resource Control,RRC)。针对 RRC 协议全过程的移动终端能耗测量显示,移动终端网络接口在完成数据传输后,会从高能耗状态转移到中间能耗状态,即尾能耗状态,其功率约为高能耗状态的50%[49]。尾能耗状态结束后才会进入低能耗状态,功率约为高能耗状态的 1%[49]。尾能耗状态的设计是为了减轻状态转换的延迟和开销,然而数据传输过程中存在的过多尾能耗状态却大大降低了移动终端的能耗利用率。

目前针对尾能耗状态节能的研究主要集中在两个方面:一个是通过改变尾能耗时间阈值来减少跳至尾能耗状态次数及时间;另一个是通过传输调度来减少尾能耗。Labiod 等人[50]通过实验数据来获得最优静态快速休眠时间阈值,然而这没有在真正意义上消除尾能耗,且不准确的估算会造成额外的开销。Tailtheft 机制[51]通过虚拟收尾机制和双队列调度算法进行预取数据和延迟传输的传输调度,以消除尾能耗。与调整时间阈值相比,此方法减少了错误估算造成的跳转延时和开销,但并不适用于小数据传输。TailEnder 协议[49]通过对应用实现延迟或预取策略,合并数据发送状态,减少传输过程中的尾时间,达到节能目的。Zhao 等人[52]提出了基于 GBRT 的预测算法来预测用户下载网页后的浏览时间,当浏览时间大于一定阈值时,设备状态将从尾能耗状态跳至低能耗状态。Cui 等人[53]设计了自适应在线调度算法PerES 来最小化尾能耗和传输能耗,使能耗任意接近最优调度解决方案。

2) Wi-Fi 网络传输节能

移动终端在 Wi-Fi 网络中的能耗浪费主要源于 CSMA 机制中空闲监听(IL)状态下的能耗。移动终端在 IL 状态下的功耗和数据传输时的功耗相当,是 Cellular 网络 IDLE 状态功耗的 40 倍左右。目前对于 Wi-Fi 的能耗优化主要是基于 IEEE 802.11 节电模式(PSM),即通过睡眠调度算法减少 IL 状态的时间来达到节能目的。根据 Zhang 等人[54]的测量,PSM 通过捆绑下行数据包来减少网络层延迟,减少了不必要的 IL 时间。然而,由于载波感测和竞争使用的存在,PSM 本身不能减少 IL 时间。他们发现 IL 状态下即使使用 PSM 策略仍然消耗了大量能耗,在繁忙网络中 IL 消耗能量占到 80%,在网络接近空闲状态下消耗能量也占到 60%。

另外,一些学者针对具体应用提出了相应的节能方案。Bui 等人[55]重点针对网页载入的能耗问题,通过感知网络状态而动态调整下载策略和画面渲染的方式,在保证用户体验的前提下,实现了节能 24.4% 的效果。Zhang 等人[56]则通过减少视频尾流量和动态分配信道方式,将 Wi-Fi 条件下的视频传输能耗减少了 29%～61%。

3) Cellular 与 Wi-Fi 切换节能

由于 Wi-Fi 网络的有效传输速率大于 Cellular 网络,一些研究基于这一事实,研究 Cellular 与 Wi-Fi 的切换节能[57-58],目标是将负载从 Cellular 网络迁移至 Wi-Fi 网络,从而减少数据传输的总体能耗。

Rahmati 等人[57]利用 Cellular 网络和 Wi-Fi 网络的互补优势,基于网络状况的估计,智能地选择节能的方式来传输数据。为了避免周期性地扫描 Wi-Fi 带来不必要的能耗,他们设计了内容感知算法,估算 Wi-Fi 网络分布和信号强度,在 Wi-Fi 信号强度比较强时进行扫描,减少了 35% 的能耗。Yetim 等人[58]比较了 4 种调度算法,旨在最小化 Cellular 网络使用,从而减少数据传输能耗,并在真实的系统上进行了实现。实验结果显示,基于 MILP 调度策略通过预测数据请求,在传输调度时检测 Wi-Fi 的可用性和吞吐量,决策是否需要进行切换,最大限度地节约开销和能量。需要注意的是,Cellular 与 Wi-Fi 切换主要的开销包括切换过程中的时间开销、数据流的迁移开销以及移动终端从多个 Wi-Fi 接入点中选择接入点的计算开销。Cellular 与 Wi-Fi 切换节能的研究必须将这些开销考虑在内。

2. 定位服务节能

在移动云计算环境中,越来越多的应用程序提供位置服务。然而,定位过程中实时通信和计算的能量消耗较大。定位服务的节能也就成为节能研究的一个重要方向。定位节能研究主要可分为基于移动终端的优化和基于云的优化两类。基于移动终端的优化主要是通过预测或改变移动终端选择数据源的方式实现节能;基于云的优化则主要通过将定位计算迁移到云端或获取云端共享定位数据达到节能效果。

1) 基于移动终端的能耗优化

基于移动终端的能耗优化主要有两种方法:一种是动态预测(Dynamic Prediction,DP);另一种是动态选择(Dynamic Selection,DS)。两种方法都旨在通过能耗较小的传感器实现定位,从而降低高能耗 GPS 的使用率。DP 通过能耗较少的传感器(如指南针、加速度传感器等)估算当前位置的不确定度。当不确定度超出误差阈值时,将触发 GPS 重新进行定位。DS 根据当前定位技术的覆盖和精度的需求动态地选择使用 GPS、Wi-Fi 和 GSM 定位。

Leonhardi 等人[59]最先提出基于时间和距离的追踪。后续的研究[60-61]正式地提出了动态追踪技术,主要用于节能和 GPS 定位。Farrell 等人[61]在通信延迟和目标速度恒定不变的前提下,结合查询和报告协议,给出特定环境最优参数值。You 等人[60]在定位精确度和延迟、定位目标速度以及用于判断定位目标移动的加速度都恒定不变的前提下,提出的追踪定位方法将定位精度提高了 56.34%,将能耗减少了 68.92%。动态追踪技术进一步发展,分成了现在的动态预测和动态选择技术[62]。

EnTracked[63]架构作为最主要的动态预测方案,首先由移动终端通过 GPS 获得初始位置后关闭 GPS。当用户移动时,由感应器探测用户移动状态,并通过速度和精确度评估模块估算用户的速度。当估算的误差超过预设的误差阈值时,再次开启 GPS 进行定位。EnTracked 的问题在于,加速度传感器在定位过程中一直处于工作状态,这在某些场景下可能会比开启 GPS 定位的能耗更大。另外,此方法只能检测用户的突然移动,而手机持续高速移动可能导致定位失败。

Kjaergaard 等人针对 EnTracked 的不足,提出轨迹追踪的概念,并在 EnTracked 的基础上改进提出了 EnTracked 2[64]。EnTracked 2 通过前进感知策略得到一系列连续位置来确定当前的位置,如图 7-6 所示。

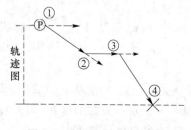

图 7-6　EnTracked 2 策略图

它通过指南针检测用户前进的方向和方向的变化,根据速度和方向计算用户现在与原来位置的距离。同时根据指南针给出的初始走向计算用户的移动距离。当用户运动方向发生变化时,上述两种计算方法得到的位置会产生偏差。当偏差大于误差阈值时,GPS 会更新用户的位置。相比于 EnTracked,EnTracked 2 大大提高了 GPS 开启的间隔;基于占空比(Duty-Cycle)策略,提高了传感器和指南针的使用效率;基于速度阈值策略支持对不同移动方式的检测;简化的移动轨迹法减少了信息的发送,降低了通信开销。然而,当请求的误差阈值比较小时,EnTracked 2 的错误率较高。

在城市环境中,由于建筑物等干扰,GPS 定位不是非常精确,甚至难以获得。RAPS 同时使用 DP 和 DS 策略,在 GPS 不可用的情况下,实现了基于手机基站的定位服务。RAPS 记录当前手机基站 ID 和 RSS 信息,基于历史速度信息估算用户当前位置。RAPS 还提出了多移动用户间位置信息共享。RAPS 的不足在于,它专门为市区行人制定策略,并不适用于其他场景,且 RSS 列表服务需要在云端数据中心的支持下才能有效工作。Nodari 等人[65]则基于运行轨迹建模减少终端与定位服务器通信的方式实现节能。

2) 基于云的能耗优化

除上述在移动终端上实现的优化策略外,学者们又提出了借助云端来减少移动终端能耗的方案,主要包括基于存储历史轨迹信息的定位、迁移计算密集型任务至云端和通过邻近移动终端分享精确位置信息实现定位。

① 基于历史轨迹信息的定位节能。电子地图近年来发展迅速,用户位置和轨迹信息通常被收集并存储在云端。通过适当地利用云端的信息,用户可以以比较节能的方式获取位置信息。用户的移动通常是在同一时间段内移动到某个区域,具有时空一致性。这意味着人们可以高效地在部分区域进行定位。基于历史轨迹信息的定位是通过云端存储的大量历史位置和轨迹信息,结合用户移动性进行定位。路线图最先应用于提高车辆追踪的精度。VTrack[66]将路线图匹配和 Wi-Fi 定位相结合,以提高定位精度和降低能耗。CTrack[67]扩展了 VTrack 的功能,通过历史数据库匹配一系列的 GSM 信号塔进行定位。CTrack 将地理位置分为同一大小的方格,每个方格拥有周围 GSM 以及信号强度的列表。CTrack 还进一步利用能耗较低的传感器(如指南针、感应器)来增加定位精度。这些通过地理位置描绘用户信息的方法会自动建立并更新数据集,且随着定位的持续进行,用户的数据集非常庞大,冗余严重。

② 基于计算迁移的定位节能。将定位服务的信号解码和计算处理迁移至云端服务器也是一种重要的定位节能方法。A-GPS[68-69]在原始 GPS 基础上减少了接收信号的多普勒频移和码相移的不确定性,支持了更大的覆盖范围。A-GPS 迁移了能耗密集型部分,这不仅为了节约能量,也为后期节能提供了空间。LEAP[70]将先前跟踪得到的码相位与 CTN[69]结合,在无须解码和定位计算的前提下产生新的码相位,以节约能量。CO-GPS(Cloud-Offloaded GPS)[71]对 LEAP 进行扩展,将原始 GPS 信号传输至云端进行处理。实验表明,传输 2ms 的数据足以用于定位,传输 10ms 的数据(40KB)可以使定位精度达到 35m。更高精度的需求需要更多数据的传输,这必将带来更多的传输能耗和服务器存储能耗。用户可以根据精度需求

权衡能耗和定位精度。

③ 基于共享信息的定位节能。通过共享其他设备的位置信息来减少自身的定位开销,是定位节能的另一种重要方式。Dhondge 等人[72]提出 ECOPS 系统,移动终端通过 Wi-Fi 建立虚拟 Ad Hoc 网络共享位置信息。移动终端分为两种模式:位置广播者(PB)和位置接受者(PR)。当移动终端拥有足够的电池电量和最新的位置信息,它就可以成为 PB,否则就是 PR。系统通过权衡位置精确度和能耗来定义位置信息的有效时间。PB 通过 Wi-Fi 热点向 PR 提供最新的位置信息,PR 尽可能地搜集 GPS 坐标和信号强度(RSSI),并在相应范围内搜集最近的 3 个 PB,通过三点测量法进行定位。当搜集的 PB 只有一个或两个时,PR 就将 PB 的位置或两 PB 的交集作为定位点。

7.3　数据中心网络

数据中心是近年来新兴的云计算中提供业务支持的重要基础平台。数据中心网络作为数据中心的重要组成部分,对于保证和提升数据中心服务性能至关重要。近年来,无线通信技术的快速发展推动了无线数据中心网络的发展,围绕无线数据中心网络的性能优化成为研究热点。本节将围绕数据中心网络架构、无线数据中心网络架构展开介绍。

7.3.1　数据中心概述

作为云计算和移动云计算的核心基础设施,数据中心在近年来得到了学术界和工业界的关注。数据中心在数量和大小上正在呈几何级数增长,以适应不断增加的用户和应用的需求。现在雅虎、微软和谷歌的数据中心已经托管了成千上万台服务器,拥有大量的存储资源以及网络资源。

在过去的几年中,数据中心已经在各个领域的应用中被广泛采用,例如科学应用、医疗保健、电子商务、智能电网和核科学。云计算已经成为一个执行科学应用程序等的可行平台。例如:气象预报需要从卫星和地面仪器中读取数据流,雷达和气象站被送到云端来计算蒸散系数(ET);卡门电子科学项目介绍了大脑的工作机制,并允许神经科学家通过云平台来共享和分析数据;安装在收割机上的带有全球定位系统(GPS)的产量监测传感器在农业领域产生了大量密集的数据,在云平台上采用启发式算法确定棉田中的关键管理区。在卫生保健领域,数据中心也为各种诊所和医院提供服务。许多电子商务应用程序使用数据中心,并通过访问数据来支持客户。例如,eBay 是流行的拍卖网站之一,为了扩大操作的范围,在 2006 年 eBay 收购了 Switch-X 的数据中心。

数据中心网络作为通信骨干,是数据中心的最重要的设计关注点之一。数据中心网络的基础设施在数据中心确定性能和初始投资方面发挥着重要的作用。随着越来越多的应用和数据迁移至云端,云端数据中心通信呈现爆炸式增长,给数据中心网络(Data Center Network,DCN)带来巨大的挑战,包括可扩展性、容错能力、能源效率以及横截面带宽。学术界正付出巨大的努力来应对数据中心网络所面临的挑战。数据中心网络研究分类如图 7-7 所示。

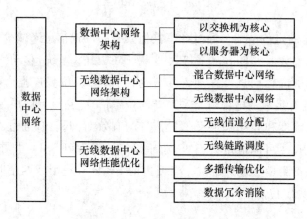

图 7-7　数据中心网络研究分类

7.3.2　数据中心网络架构

　　数据中心网络架构奠定了数据中心内的通信基础设施,在数据中心可扩展性和性能边界上起着关键的作用,端到端的总带宽是影响数据中心网络性能的主要瓶颈。传统数据中心网络普遍采用树形拓扑方案。典型的拓扑由三层交换机互联构成,分别是接入层交换机、汇聚层交换机和核心层交换机。但实践证明这种拓扑方案已经不能很好地适应当前云计算数据中心的业务需求。随着数据中心业务量的提升,传统属性拓扑方案对交换机的性能需求越来越高,设备造价和设备功耗成为限制数据中心发展的重要因素。为了适应数据中心通信不断增长的需求和处理传统数据中心网络面临的问题,要求研究者们设计新型数据中心网络体系结构。

　　网络架构是进行性能优化的基础,如果底层结构存在严重的缺陷,那么上层的优化就难以发挥效果。自 2008 年以来,工业界和学术界针对数据中心网络架构展开研究,基于商用交换机设备,设计出性能良好的新型数据中心架构。当前提出的新型数据中心网络拓扑方案可以分为两类,分别是以交换机为核心的拓扑方案和以服务器为核心的拓扑方案。其中,在以交换机为核心的拓扑中,网络连接和路由功能主要由交换机完成。这类新型拓扑结构要么采用更多数量的交换机互联,要么融合光交换机进行网络互联,因此要求升级交换机软件或硬件,但不用升级服务器软硬件。在以服务器为核心的拓扑中,主要的互联和路由功能放在服务器上,交换机只提供简单的纵横式(Crossbar)交换功能。在此类方案中,服务器往往通过多个接口接入网络,为更好地支持各种流量模式提供了物理条件,因此需要对服务器进行硬件和软件升级,但不必升级交换机。

1. 以交换机为核心的拓扑方案

　　Fat-tree[73]是一种典型的基于树状拓扑的解决方案,仍然采用三层拓扑结构进行交换机级联,构造数据中心网络,如图 7-8 所示,其中每台交换机配备 4 个端口($K=4$)。但与传统树型结构不同的是,接入交换机和汇聚交换机被划分为不同的网络基本单元块(Pod)。在每个块的内部,每个汇聚层的交换机都与边缘层的交换机进行连接,构成一个完全二分图,形成一个高度连通的结构;而块与块之间通过核心层的交换机相连,互通流量。每个汇聚交换机与某一部分核心交换机连接,使得每个集群与任何一个核心层交换机都相连。Fat-tree 结构提供足够多的核心交换机,保证 1:1 的网络超额订购率(Oversubscription Ratio),提供服务器之间的无阻塞通信。这种结构的一个显著优点是块结构带来的局部高连通度,在服务器发送的上行流量经过块下层的边缘层交换机时,它可以通过任意一个与之相连的汇聚层交换机进行转发,从而通往核心层。这样一来,通过块内的交换机之间分摊负载的方法,尽可能地避免出现负载过重被迫丢包的交换机。

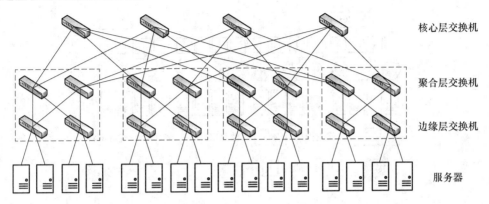

核心层交换机

聚合层交换机

边缘层交换机

服务器

图 7-8　Fat-tree 拓扑结构

VL2[74]是另一个具有代表性的树状拓扑,与 Fat-tree 一样,VL2 也通过三层级联的交换机拓扑结构为服务器之间的通信提供无阻塞网络交换。VL2 拓扑结构的特点是在汇聚层和核心层的交换机之间应用 Clos 网络结构改善网络连通性,在任意两个汇聚层交换机之间提供大量非耦合的传输路径以提高网络容量。除此之外,它还利用了当前数据中心以太网的性质:交换机之间的链路带宽(通常为 10Gbit/s)要高于交换机与服务器之间的链路带宽(通常为1Gbit/s)。基于这个特性,传输下层服务器所产生的流量所需要的上层交换机的链路数量就会大大减少,因此上层的 Clos 网络结构也可以简化,相应的负载均衡任务也更简便。在 VL2方案中,若干台(通常是 20 台)服务器连接到一个接入交换机,每台接入交换机与两台汇聚交换机相连。每台汇聚交换机与所有核心交换机相连,构成一个完全二分图,保证足够高的网络容量。

Helios[75]是一个两层的多根树结构,主要应用于集装箱规模的数据中心网络,其拓扑结构如图 7-9 所示。Helios 将所有服务器划分为若干集群,每个集群中的服务器连接到接入交换机。接入交换机同时还与顶层的分组交换机和光交换机同时相连。该拓扑保证了服务器之间的通信可使用分组链路,也可使用光纤链路。一个集中式的拓扑管理程序实时地对网络中各个服务器之间的流量进行监测,并对未来流量需求进行估算。拓扑管理程序会根据估算结果对网络资源进行动态配置,使流量大的数据流使用光纤链路进行传输,流量小的数据流仍然使用分组链路传输,从而实现网络资源的最佳利用。

这些基于树状拓扑的解决方案的基本特征为通过层级的交换机汇聚连接海量的服务器,因此,也称为以交换机为中心的结构。这类方案的优势在于依托现有数据中心结构,便于部署,并且所涉及的技术大多数都通过实际部署进行过验证,具有较好的可行性。但它们的缺点还是植根于树状拓扑的局限性,作为汇聚者的交换机,尤其是汇聚层和核心层的交换机,很可能会成为性能的瓶颈。

2. 以服务器为核心的拓扑方案

基于树形拓扑的局限性,微软亚洲研究院的研究者们提出了一种全新的拓扑结构DCell[76]。DCell 是一个基于递归思想构建的拓扑,最基础的单元 DCell0 由一个交换机连接

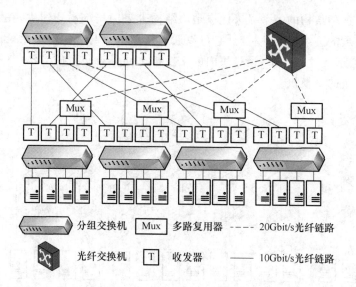

图 7-9　Helios 拓扑结构

若干服务器构成;在构造上一层结构时,会利用多个下层单元按照完全图的方式进行连接,而不同下层单元之间的连接是通过服务器之间的直连链路实现的;随着递归级数的不断增长,网络规模(服务器数量)呈指数级扩张,如图 7-10 所示。通过利用服务器之间的直接链路,网络的连通度得到了极大的改善,任意两个节点之间都有多条非耦合的传输路径,因而,能够有效地缓解端到端的突发高流量带来的拥塞问题。

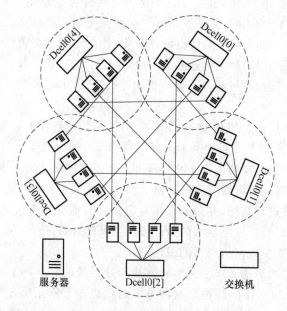

图 7-10　DCell 拓扑结构

基于 DCell 的设计,Li 等人[77]又提出了一种更具可部署性的结构 FiConn。DCell 的网络规模每次扩张都需要为端服务器增加接口,但 FiConn 是一种完全基于现有的具备 2 个接口(主接口与备用接口)的服务器可扩展的结构。它的基础构造方式类似于 DCell,不同之处在于构造高一级的 FiConn 结构时,低一级 FiConn 单元之间并不是利用所有剩余空闲接口构成一个完全图,而是只利用其中的一半接口进行连接。高层次的 FiConn 网络是由若干低层次的 FiConn 网络构成的一个完全图。该拓扑方案的优点是不需要对服务器和交换机的硬件做任何修改。以损失连通度的代价,FiConn 实现了能够基于 2 接口服务器无限扩张网络规模的特性。

BCube[78] 是另一种基于递归思想逐级构建的拓扑结构,如图 7-11 所示。它的基本构造方法类似于 DCell:以一个交换机与若干服务器连接构成基础单元 BCube0;通过多个低级单元相互链接构造高级单元。不同之处在于,在构造高级单元的过程中,它并不是利用不同低级单元的服务器之间的直连链路,而是通过额外的交换机汇聚多个低级单元的服务器。因此,低级单元之间的连通度更大,也能够避免 DCell 中不同级别链路的流量不均衡的问题。BCube 的最大优势是链路资源非常丰富,同时采用集装箱构造有利于解决布线问题。

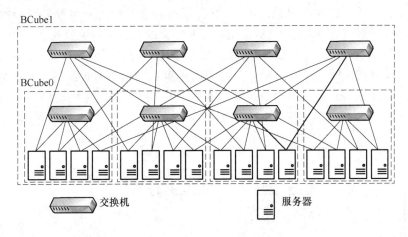

图 7-11　BCube 拓扑结构

上述新型拓扑与树状结构的一个最大的区别,就在于服务器之间不再只是端节点,而是也会扮演数据转发的角色,因此,也称为以服务器为中心(Server-centric)的结构。这类方案很好地避免了树状级联的瓶颈问题。但这类方案也有潜在的问题,首先是可部署性,由于它完全打破了传统数据中心级联构建的方法,因此需要完全重新部署,而且也需要对服务器进行升级,尤其是需要配备新的接口以支持更大规模的网络;此外,由于服务器也作为传输路径的中间节点,它的软件转发(相对于交换机的硬件转发)效率能否支持数据中心网络所需要的高吞吐量也是一个疑问。

7.3.3　无线数据中心网络架构

近年来,无线通信技术取得长足发展,很多新型无线技术具备良好的通信特性。数据中心架构设计和新型无线技术,为数据中心的发展提供了新的机会。数据中心网络可以通过增加无线链路进行增强。为了将无线技术应用到数据中心网络,无线技术应该支持 Gbit 级别的数据中心网络的吞吐量。一个重要的技术就是极高频(EHF)频段的使用。极高频通常指 30～300 GHz 范围内的频段和 60 GHz 左右(57～64 GHz)的频段。因为 60 GHz 频段的信号具有很短的波长和很高的频率重用,所以可以支持 Gbit 级别的传输需要的高带宽频道,并且有固有的方向性特征。由于氧气的吸收,60 GHz 信号在空气中衰减得很快,并且它的有效信号范围不超过 10 m。然而 10 m 覆盖范围的无线传输技术可以胜任作为短距离室内无线通信的辅助技术。因此,随着方向性的定向组织的以高带宽(4～15 Gbit/s)和短距离为特征的 60GHz 射频通信信道的出现,人们建立了新的数据中心网络的结构。

基于标准的 90 nm CMOS 技术的 60 GHz 信号收发器实现了低成本和高能量效率的信道。这些射频设备应用了定向的短距离波束来支持大量的发送器同时和多个接收器在狭窄的空间内通信。无线网络自身很难满足所有的要求。例如,无线链路的容量经常受限于干扰和高传输负载。因此无线网络不能完全取代以太网。

Cui 等人[79]提出了一个使用无线通信作为辅助技术的混合结构。在数据中心网络中使用无线通信的前提之一是在服务器上配备射频设备。一个直接的做法是在每个服务器上安装射频设备。然而这样会导致射频设备的数量巨大、成本高昂和无线设备的浪费,因为无线信道限制了只能部分的无线设备同时通信。因此,更合理的做法是给每一组服务器分配无线设备。在下文中,将采用无线传输单元来表示被相同的射频设备支持的一组服务器。

事实上,数据中心主要由用以太网连接的服务器机架构成。因此可以合理地将每个机架考虑成一个无线数据单元,如图 7-12 所示。需要注意的是,由于射频设备被安在机架顶端,机架不能封锁视距(Line of Sight,LOS)传输。所以在不同拓扑的数据中心网络中,可以在不重新布置服务器的情况下增加或补充无线设备。

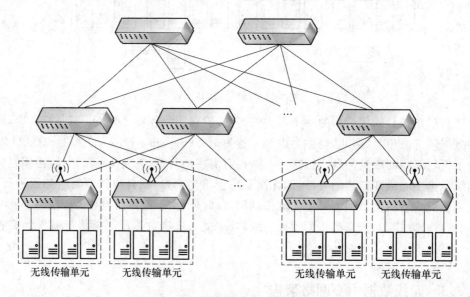

图 7-12　混合数据中心网络结构

1. 有线/无线混合数据中心网络

60GHz 无线链路受制于短距离传输,甚至会被小障碍物封锁。此外,基于波束的链路也会发生信号泄露,造成的干扰严重地限制了密集数据中心中的数据同时传输。为了解决该问题,Zhou 等人[80]提出 3D 波束成形结构。结合无线信号的反射特性,在该架构中,60 GHz 信号在数据中心的天花板上反弹以联通不同的机架。在 2D 波束成形中发送者和接受者只能在视距范围内直接传输,在 3D 波束成型结构中,一个传输器可以将它的信号在天花板上反弹并用这种方式和接收器通信(如图 7-13 所示),通过避开障碍和减少干扰实现了间接的发送者和接受者之间的视距通路。在对准传输天线时,发送机只需要知道接收机的物理位置并且对准两个机架之间天花板位置即可。

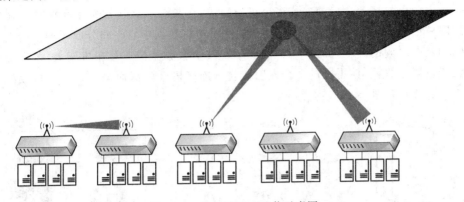

图 7-13　3D 波束成型通信示意图

　　这个新颖的设计使得数据中心当中的任意两个机架可以间接进行视距传输。在 3D 波束成形中，一个机架顶端的天线通过在天花板上反射一个汇聚的波束到接收机来形成一个无线链路，3D 波束成形相对于之前的"2D"方法有一些独特的优势。第一，在天花板上反弹波束避开了障碍物，允许链路扩展射频信号的范围。第二，波束的三维方向极大地减小了干扰范围，允许更多附近的流量同时传输。第三，扩展了每个链路的有效范围，允许数据中心网络中的任意两个机架单跳连接，减少了对多跳连接的需求。3D 波束成型结构解决了信号阻塞和信号泄露导致的信号干扰对 60 GHz 波束成形的限制，极大地扩展了 60 GHz 链路的范围和容量，让它成为有限线缆的一个灵活的、可重构的可行替代手段。

　　Cui 等人[81]提出一种混合数据中心网络结构 Diamond。Diamond 为每台服务器配备无线信号收发装置。在 Diamond 中，所有服务器间的链路均为无线链路，服务器和机架顶端交换机之间用有线链路进行连接。不同于传统数据中心采用行列式的机架摆放，Diamond 采用同心正多边形的方式组织服务器机架，每个正多边形称为环。服务器机架摆放在同心正多边形的顶点，双面反射板置于同心正多边形边的位置，将 60 GHz 无线信号发射器和接收器置于服务器机架顶端，用于服务器之间的无线通信，对数据中心进行行列划分，同行或同列的服务器机架连接到一个交换机上。对于同一个环上的服务器，可借助无线反射实现通信（如图 7-14 所示），对于环间通信，需要借助有线拓扑。

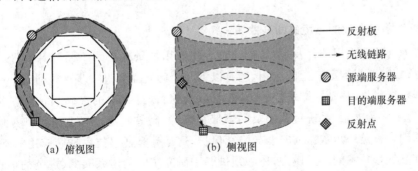

　　　（a）俯视图　　　　　　　（b）侧视图

　　　———　反射板
　　　---→　无线链路
　　　◎　源端服务器
　　　▦　目的端服务器
　　　◆　反射点

图 7-14　Diamond 反射通信

2. 完全无线数据中心网络

　　基于 60 GHz 射频技术，Shin 等人[82]提出一种完全无线的数据中心网络架构——Cayley 数据中心。该架构对机架进行了重新设计，并且构造了基于一种 Cayley 图子图的网络拓扑，以发挥 Cayley 图能提供密集连接的优势。

为了将无线信号在一个机架内或多个机架间进行分离,该架构提出了在棱柱容器中存储服务器的圆柱形机架,如图 7-15 所示。这种棱柱机架将数据中心空间分成了两部分——机架内的空间和机架之间的空间,如图 7-15(a)所示。其中服务器被放置在机架上,每个服务器拥有两个无线发射接收机,使得它的一个发射接收机连接机架内部而另一个发射接收机面向机架之间,如图 7-15(b)所示。

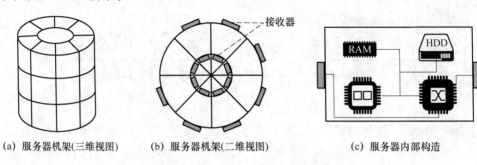

(a) 服务器机架(三维视图)　　(b) 服务器机架(二维视图)　　(c) 服务器内部构造

图 7-15　Cayley 数据中心网络结构

尽管完全使用无线技术来满足数据中心的数据传输需求仍面临着巨大的挑战,但 Cayley 数据中心架构从一个崭新的角度思考了数据中心的设计和实现,并在这个方向迈出了极有建设性的一步。

7.4　移动云计算的发展趋势与展望

当前,移动云计算已经发展成为互联网的重要应用模式之一,并在生产生活方面发挥重要的作用。本节将围绕移动云计算的发展趋势展开介绍,分别从移动云计算的功能增强、移动云计算的服务质量保证等方面进行展望。

7.4.1　移动云计算的功能增强

1. 计算迁移中高效的环境感知与决策

随着移动云计算应用的普及,学者们针对不同应用场景提出了一系列计算迁移方案。然而,计算迁移技术要得到更广泛的应用,还有以下几个问题需要进一步深入研究。一是对本地执行和远程执行代价(移动终端能耗、传输流量以及执行时间等)的准确预估。二是对系统状态和环境信息(终端电量、系统负载以及网络带宽等)的高效收集。以上两点都是做出有效迁移决策的基础。三是用户数据的安全与隐私保护,这是计算迁移技术推广应用的基础。另外,为了实现计算迁移技术的广泛应用,还必须进一步研究统一的体系架构、规范的 API 接口等。

2. 基于精准定位与动作识别的移动云计算服务增强

室内定位技术作为近年学术界的研究热点,其定位精度、系统性能等都有大幅提高。近年来,随着室内定位技术研究的不断深入,学者们已经从追求定位精度的优化,进一步扩展到对目标物体的移动轨迹、动作识别等的研究。如何针对多样的用户需求、复杂多样的室内室外场景,基于用户的位置及行为特征,为用户提供个性化的、高效便捷的云服务将是未来需要进一步重点研究的方向。

3. 基于新型通信技术与网络架构的移动云计算服务增强

最新提出的 5G 通信技术不仅提供了更加高速的网络接入,而且对微基站、终端对终端直连通信(Device to Device,D2D)以及室内定位等提供了更好的支持。如何将 5G 提供的新特性应用于移动云环境,为用户提供更加多样、高效的服务将是学术界未来研究的一个重要方向。如何将软件定义网络(Software Defined Networking,SDN)与 5G 网络相结合,为移动云计算提供智能高效的网络管理、灵活健壮的网络服务也将是未来需要进一步重点研究的方向。

7.4.2　移动云计算的服务质量保障

1. 适应异构无线网络的移动云计算高效持续服务

目前已逐步推广应用的通信技术已经可以为移动用户提供高达百兆的传输速率,为用户享受更丰富的移动云计算服务提供了基础。然而爆炸式增长的移动流量与有限的带宽资源、空口资源之间的矛盾依然突出。认知无线电技术有望成为提高带宽利用率的有效方法。另外,将 Cellular 网络流量有效迁移到 Wi-Fi 网络也是解决空口资源紧张问题的重点研究方向。移动用户的连续移动以及在多种无线网络间的频繁切换,是用户稳定、持续地接入云端数据中心,享受互操作性服务面临的又一阻碍。因此,适应接入网络异构性的自适应协议,尤其是对速率自适应和拥塞控制机制支持,也将是提高移动云计算性能的一个重点研究方向。

2. 高效的云端数据一致性保障

在复杂的无线环境下,保证用户终端与云端数据的一致性,也是保证移动云计算服务质量面临的重要挑战。最近的一些研究成果,多采用多副本发送、冗余备份的方式,实现终端数据的有效发送以及多终端与云端间的数据一致性。然而,这种机制却无形中增加了移动终端的流量和能耗开销。特别是在终端能耗受限的情况下,如何将数据一致性保护机制与能耗优化的传输机制结合,实现更好的传输性能与能耗的协调折中,也是移动云计算应用必须研究的。

本 章 小 结

随着无线数据通信和移动互联网的广泛应用,移动云计算技术得到了迅速发展,受到了学者们的广泛关注。本章对这些成果进行了系统的总结和分析,进一步指出了未来的一些研究发展方向,并在计算迁移、基于移动云的位置服务、终端节能以及数据安全与隐私保护等方面开展了深入的研究,取得了一系列重要研究成果。

作为移动云计算的基础设施平台,数据中心也面临一系列挑战,其中数据中心网络的性能瓶颈主要来源于它固定的结构。幸运的是,无线网络作为以太网的一种补充,能够增强数据中心网络拓扑的灵活性,为解决数据中心的性能瓶颈提供一种可行手段。基于无线技术,研究者们创新地设计了多种无线数据中心网络架构,并在此基础上,对无线数据中心网络的信道分配、链路调度、数据多播和冗余消除等方面进行了探索和优化,大大地提高了无线数据中心网络的性能,从而有力地推动了无线数据中心的发展。

随着虚拟现实、智能家居等新型应用的不断涌现,以及移动应用向医疗、教育、金融等领域的进一步渗透,移动云计算在高效性、可靠性和安全性等方面还面临着许多新的技术挑战,一系列新的研究课题还需要进一步深入探索和研究。

本 章 习 题

7.1 作为云计算在移动互联网中的应用,移动云计算满足移动终端用户随时随地从云端获取资源和计算能力的需求,不受本地物理资源的限制。请举例说明实际生活中哪些场景和移动云计算相关。

7.2 将移动终端的计算、存储等任务迁移到附近资源丰富的服务器上执行,减少移动终端计算、存储和能量等资源的需求,称为计算迁移。请对比分析细粒度计算迁移和粗粒度计算迁移的优劣。

7.3 受限于移动智能终端的电池电量,通过优化数据传输改善手机电池的续航能力显得十分必要。对移动终端而言,通过哪些方法可以实现数据传输节能?

7.4 Cellular 和 Wi-Fi 是主要的数据传输载体,请简述两者在终端节能方面的区别和联系,以及各自的优势和劣势。

7.5 定位服务的节能是移动终端节能研究的一个重要方向。定位服务节能包括基于终端的节能优化和基于云端的节能优化,它们分别通过哪些方式实现节能效果?

7.6 作为云计算和移动云计算的核心基础设施,数据中心在近年来得到了学术界和工业界的关注,请举例说明数据中心网络当前面临的挑战有哪些。

7.7 对比传统树形架构和 Fat-tree 架构,说明 Fat-tree 架构的优势。

7.8 近年来,无线数据中心成为数据中心发展的新方向,请简述无线数据中心的优势和待解决的问题。

7.9 基于代理服务器的冗余消除机制为什么无法应用到数据中心网络? TREDaCeN 有哪些优势和劣势?

第8章　移动互联网安全

8.1　移动互联网安全概述

互联网最初应用于科研领域,因此对安全性和资源的审计不太重视。现今,互联网广泛应用于商业、金融、交通等领域,成千上万的普通民众使用计算机网络进行网上购物、银行事务处理和网上聊天等活动,这就要求计算机网络提供一个安全、可靠的信息基础设施,这给互联网技术的发展带来了很大的挑战,互联网的安全问题成为重要的研究领域。

移动互联网之所以能够得到广泛的应用,是因为移动互联网不像传统有线互联网那样受到地理位置的限制,移动互联网的用户也不像有线互联网的用户那样受到通信电缆的限制,可以在移动的环境下进行通信。移动互联网的上述优势构建在无线接入技术的基础上,而无线信道具有开放性,其在保障用户通信自由的同时,也给移动互联网带来了一些不安全因素。例如,通信内容容易被窃听,通信对方的身份容易被假冒等。可以说,无线连接使得偷窥者的梦想成为现实:无须做任何工作就可以免费获得数据,因此安全性对于无线系统比有线系统更加重要。

另外,移动互联网广泛应用于金融、工业和军事领域,这些应用需要建立安全机制。因此,移动互联网面临更为严峻的安全威胁,并且移动互联网的应用具有强烈的安全需求,移动互联网的安全问题成为学术界和工业界重点研究的领域之一。

8.1.1　网络安全基本概念

广义的计算机安全是指主体的行为完全符合系统的期望,系统的期望可表达成安全规则,也就是说主体的行为必须符合安全规则对它的要求。国际标准化组织(ISO)给出的狭义的系统与数据安全的定义则包括机密性、完整性、可确认性和可用性。其中:机密性是指使信息不泄露给未获得授权的个人、实体或者进程,不为未获得授权的个人、实体或者进程使用;完整性是指数据不会遭受非授权方式的篡改或者破坏;可确认性是指确保一个实体的行为可以被独一无二地跟踪,能够根据行为确定该行为的实体;可用性是指根据授权实体的请求被访问以及被使用。

计算机网络安全属于计算机安全的一种,是指计算机网络上的信息安全,主要涉及计算机网络上信息的机密性、完整性、可确认性和可用性,并且还涉及网络的可控性。也就是说,计算机网络系统中的硬件、软件中的数据受到保护,不因偶然的或者恶意的原因而遭到破坏、更改或者泄露,计算机网络系统得以持续、稳定、正常地运行。

8.1.2　网络安全的目标、服务与机制

网络安全体系由安全目标、安全服务、安全机制以及安全算法和算法的实现组成。安全目标借助多个安全服务实现,安全服务由多个安全机制组成,不同的安全服务可能具有相同的安全机制,安全机制则需要算法及其实现予以完成。

1. 安全目标

网络安全的目标主要包括保密性、完整性、可用性和可确认性。保密性是指,保护信息内容不会被泄露给未授权的实体,网络中的业务数据、网络拓扑、流量都可能有保密性要求,以防止被动攻击。这是学者考虑网络安全时首先想到的内容。完整性是指,保证信息不被未授权地修改,或者如果被修改可以检测出来,主要指防止主动攻击,如篡改、插入、重放。可用性是指,保证授权用户能够访问到应得的资源或服务,要求路由交换设备具备一定的处理能力,具有适宜的缓冲区和链路带宽,主要防止对计算机系统可用性的攻击,如拒绝服务攻击等。可确认性是指,保证能够证明消息曾经被传送,能够证明用户对计算机网络的访问。

2. 安全服务

为了实现上述安全目标,需要具备相应的安全服务,该安全服务主要包括认证服务、保密服务和数据完整性保护。

认证服务是指当进入商务交易或者显示重要信息之前,需要确定自己在跟谁进行通话。其主要包括两种形式:对等实体认证和数据源发认证。对等实体认证针对面向连接的应用,确保参与通信的实体的身份是真的;数据源发认证针对无连接的应用,确保收到的信息的确来自它所宣称的来源。保密服务是指确保信息不会被未授权的用户访问,主要包括连接保密服务与无连接保密服务。数据完整性保护是指确保消息的完整性,确保信息不会受到篡改。

3. 安全机制

上述安全目标有赖于一定的安全机制加以实现,安全机制的实现需要协议栈各层的配合。物理层对通信频道加密以防止搭线窃听。在数据链路层上,对点到点线路上的分组进行加密,也就是链路加密机制。网络层通过安装防火墙等方式区分恶意分组和普通分组,对普通分组加以转发,禁止恶意分组进入。传输层采用从进程到进程的加密方式实现端对端的安全。应用层主要处理用户认证和服务的不可否认性等问题。

8.1.3　移动互联网安全

移动互联网的一个重要方面就是各式各样的移动应用,而这些移动应用多数都需要云计算的支持。因此,移动互联网安全除了包括移动终端安全、无线接入安全和网络传输安全外,还涉及云计算安全,如图 8-1 所示。

1. 移动终端安全

近年来移动互联网发展迅速,性能不断提升,用户数量激增。与此同时,移动终端面临着严重的安全问题。虽然终端操作系统设置了安全机制并对安全漏洞进行更新,但出于获利动机,依然有恶意攻击者利用木马、间谍软件等恶意软件威胁终端的安全。同时,终端"越狱"带来的安全威胁也不容忽视。如何从硬件、系统层级加强终端安全,如何识别恶意软件并采取有

效应对措施,都是摆在终端厂商、学者面前的难题。

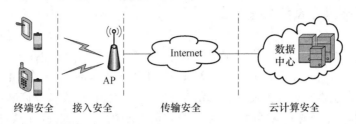

图 8-1　移动互联网安全涉及内容

2. 无线接入安全

移动互联网接入阶段指终端连接 802.11 无线局域网路由器以及终端与路由器进行数据交互的整个过程,移动互联网接入安全则针对这一阶段。随着 802.11 无线局域网技术的不断成熟与无线路由器硬件价格的不断降低,Wi-Fi 成为移动终端接入互联网的主要方式之一。与传统有线网络相比,无线网络开放的特点大大降低了攻击者的难度。在学术界和工业界的共同努力下,一系列安全机制得以研发并使用。WPA2 作为主流安全机制,利用加密算法、四次握手、基于端口的访问控制等方式确保无线接入安全。

3. 网络传输安全

互联网的诞生让人们生活在了一个相互连接的世界。随着移动互联网的发展,人们能够在手机上浏览网页、购买商品、支付账单,而这些服务都可以归纳为 Web 服务,因此保证 Web 安全至关重要。网络数据在传输的过程中面临着被窃听、篡改、冒充的威胁,通信双方也面临着如何有效认证对方身份的问题。SSL/TLS 协议是保证互联网安全传输的措施之一,应用广泛的 HTTPS 即利用 TLS 建立安全连接,为用户提供安全 Web 服务。

4. 云计算安全

云计算为移动应用提供服务,然而云计算是一个虚拟化的多租户环境,面临来自云外部和内部的各种攻击。一方面,恶意攻击者可以通过网络接入云端,对云数据中心发起各种网络攻击,从而窃取或篡改用户数据;另一方面,非法的云用户可能在未授权的情况下访问其他用户的敏感信息,或破坏其存储在云端的数据。此外,云服务商也存在偷窥用户数据的可能性。面临种种安全威胁,如何保证云计算环境中用户数据的机密性、防止被非法访问,以及如何确保用户数据的完整性,同时确保用户无用数据的可信删除,都是具有挑战性的研究课题。

8.2　移动终端安全

2007 年苹果公司发布了第一代 iPhone 智能手机,开启了移动智能终端时代。谷歌公司推出的安卓(Android)智能操作系统让移动智能终端在全球范围内大规模推广,据《移动智能终端暨智能硬件白皮书》(2016 年)统计,2016 年全球手机用户数已经超过 71 亿。根据诺基亚公司旗下的威胁情报实验室(The Nokia Threat Intelligence Lab)发布的报告显示,2016 年上半年智能手机恶意软件月平均感染率为 0.49%,较 2015 年下半年增长 96%,由于恶意软件 Kasandra、SMSTracker 和 UaPush 的出现,2016 年 4 月的感染率更是达到了 1% 以上,可见智能终端安全问题形势不容乐观。

8.2.1　终端操作系统安全机制

目前,市场上主流的智能终端操作系统为 Android 和 iOS,分析机构 Strategy Analytics 的统计数据显示,2016 年第三季度二者占全球智能手机出货量的 99.5%。由于设计兼顾了系统性能、可用性、安全性和开发方便性,Android 受到了广大用户、设备厂商和应用开发者的喜欢,近年来市场占有率一直在 80%左右,苹果公司的 iOS 则凭借 iPhone 受到消费者的青睐而拥有一定的市场占比。与之对应的是,在所有的智能终端操作系统中,Android 遭受恶意软件感染的情况最为严重。在所有感染了恶意软件的智能终端中,74%为安装了 Android 操作系统的终端设备,而安装了 iOS 操作系统的终端设备只有不到 4%。

1. Android 系统简介

如图 8-2 所示,Android 系统分为 4 个层次,分别是 Linux 内核层、系统库层、应用框架层和应用层。各层功能和关键技术介绍如下。

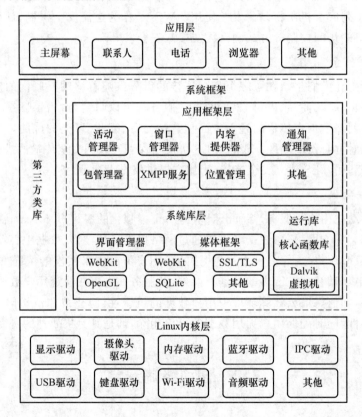

图 8-2　Android 系统框架图

- Linux 内核层。Android 是基于 Linux 内核开发出来的,Linux 内核层包括系统层安全机制、内存管理、进程管理、网络堆栈及一系列驱动模块,位于硬件与其他的软件层之间,为上层提供与硬件的交互。
- 系统库层。系统库层包括 Android 系统库和运行环境。系统库是为应用程序 (APPlication,APP)运行提供服务的 C/C++库。运行环境包括核心函数库和 Dalvik 虚拟机,其中核心库既包含了 Java 核心类库的大部分内容,又包含了利用 Java 本地调

用等方式封装的 C/C＋＋库,用以向应用框架层提供调用底层程序库的接口;Dalvik
虚拟机负责解释运行 Java 代码。

- 应用框架层。应用框架层为应用开发者提供了用以访问核心功能的 API 框架,并提供
了各种服务和管理工具,包括界面管理、数据访问、应用层消息传递电话管理、定位管
理以及 Google Talk 服务等功能。

- 应用层。Android 自带的应用有主桌面、邮件、短信/彩信(SMS/MMS)、日历、地图、浏
览器、联系人管理等,这些程序通常用 Java 语言编写,通过调用应用框架层所提供的
API 完成。在个人开发过程中,也可以使用 Java 通过 JNI 的方式,配合 Android NDK
(Native Development Kit,原生开发工具包)来开发原生程序。

- 第三方类库。第三方类库是指来自第三方平台的 API 接口集合,开发者可以在自己的
应用中使用这些接口来方便地实现官方 API 未实现的功能。

2. Android 系统安全机制

Android 的安全模型由 3 个部分组成:Linux 安全机制、Android 本地库及运行环境安全
和 Android 特有的安全机制。

(1) Linux 安全机制。Android 继承了 Linux 的安全机制,主要有 POSIX(Portable
Operating System Interface of UNIX,可移植的 UNIX 操作系统接口)用户和文件访问控制,
说明如下。

- POSIX 用户。在每个 APK 格式文件安装时,Android 会赋予该文件唯一 Linux 用户
ID,以避免不同代码运行于同一进程。

- 文件访问控制。Android 系统中每个文件都绑定 UID、GID 和 rwx 权限,用于进行自
主访问控制,且所有用户和程序数据存储在数据分区,与系统分区隔离。

(2) Android 本地库及运行环境安全。这部分安全机制由 Android 本地库及运行环境提
供,主要包括以下方面。

- 内存管理单元。系统通过为各个进程分配不同的地址空间达到隔离进程的目的,各进
程只能访问自己的内存页,而不能访问其他进程的内存空间。

- 强制类型安全。Android 使用属于强类型的 Java 编程语言,强制变量在赋值时必须符
合其声明的类型,通过编译时的类型检查、自动地存储管理和数组边界检查保证类型
安全,避免出现缓冲区溢出。

- 移动设备安全。电话系统的基本属性集来自识别用户、监督使用和收费的需求。
Android 借鉴智能手机设计的这些典型安全特征,认证和授权通过 SIM 卡及其协议完
成,SIM 卡中保存使用者的密钥。

(3) Android 特有的安全机制。这些安全机制由 4 部分组成,分别是权限机制、组件封装、
签名机制和 Dalvik 虚拟机。

- 权限机制。Android 的权限管理遵循"最小特权原则",即所有的 Android 应用程序都
被赋予了最小权限。一个 Android 应用程序如果想访问其他文件、数据和资源就必须
进行声明,以所声明的权限去访问这些资源,否则将无法访问。但是,安卓的权限机制
存在安全缺陷,主要包括粗粒度的授权机制、粗粒度权限、不充分的权限文档、溢权问
题等。

- 组件封装。通过组件封装可以保证应用程序的安全运行。若组件中的 exPorted 属性
设置为 false,则组件只能被应用程序本身或拥有同一 UID 的应用程序访问,此时,该

组件称为私有组件;若 exported 属性设置为 true,则组件可被其他应用程序调用或访问,此时该组件称为公开组件。Android 系统共有 4 类组件,分别是用户界面(Activity)、后台进程(Service)、内容提供器(Content Provider)和广播接收器(Broadcast Receiver)。

- 签名机制。为便于安装,Android 将应用程序打包成 apk 格式文件。一个 apk 文件不仅包含应用程序的所有代码(dex 文件),也包含应用所有的非代码资源,如图片、声音等。Android 要求所有的应用程序(代码和非代码资源)都进行数字签名,从而使应用程序的作者对该应用负责。若证书有效,且公钥可以正确地验证签名,则签名后的 apk 文件就是有效的。

- Dalvik 虚拟机。Dalvik 虚拟机是 Android 系统的核心组成部分之一,它与 JaVa 虚拟机(JVM)不同,是专门为资源有限的移动终端设计的,可使智能手机同时有效地运行多个虚拟机。每个应用程序都作为一个 Dalvik 虚拟机实例,在自己的进程中运行。Dalvik 虚拟机与 POSIX 用户安全机制一起构成了 Android 沙盒机制。

3. iOS 系统简介及安全机制

(1) iOS 系统的框架

iOS 是苹果公司所开发的基于 UNIX 内核的智能终端操作系统,能够运行在 iPhone、iPad 和 iPod touch 等设备上。iOS 共分为 4 层,自下而上分别是核心操作系统层(Core OS Layer)、核心服务层(Core Services Layer)、媒体层(Media Layer)和可触摸层(Cocoa Touch Layer)。

- 核心操作系统层。核心操作系统层为上层服务提供底层支持,而这些支持往往不被开发者和使用者所察觉。

- 核心服务层。核心服务层为应用程序提供基本的系统服务,这些服务定义了所有应用程序使用的基本类型。

- 媒体层。媒体层为应用程序提供图像、音频和视频的技术支持。

- 可触摸层。可触摸层包含构建 iOS 应用程序的主要框架。这些框架定义了应用程序的外观,并为其提供多任务、触摸输入、通知推送等关键技术的支持。

(2) iOS 系统的安全机制

- 地址空间配置随机加载(ALSR)。ALSR 是一种针对缓冲区溢出的安全保护技术,通过对堆、栈、共享库映射等线性区实现随机化布局,增加目的地址预测的难度,防止代码位置的定位攻击,阻止缓冲区溢出。

- 代码签名。为了确保所有系统中可执行代码的真实性,iOS 强制所有的本地代码(命令行可执行文件和图形应用程序)必须由受信任的证书签名。苹果公司规定 App Store 是唯一的 App 下载来源,所有开发者必须在注册后才能提交应用程序,并只有在通过苹果公司的审核后才能被广大用户下载,这样能够有效地避免用户随意安装从网上下载的恶意应用程序。

- 沙箱机制。沙箱机制通过为每个应用程序分配私有的存储空间,为应用程序及其数据提供隔离保护。沙箱机制用于内置应用程序、后台进程和第三方应用程序。

- 数据加密。iOS 通过硬件级加密服务对用户敏感数据进行加密,为系统提供安全保障。

8.2.2　移动终端安全威胁

1. 移动终端特点

近年来,移动终端面临的安全威胁日益严峻,通过移动终端侵害用户利益的事件层出不穷。究其原因,不一而足,但移动终端自身的特点需要在研究安全事件频发原因之前知晓。与传统的 PC 相比,移动终端具有以下特点。

- 移动性强。移动终端的实时位置具有很强的移动性,因此很容易被盗或遭受物理侵害。例如,将终端连入 PC 后窃取数据资料。
- 个性化强。每一个移动终端都代表着一个独特的用户。
- 强连接性。移动终端能够提供短信、彩信、邮件和网络连接等服务,这使得移动终端具备强连接性,恶意软件可以通过不同的渠道感染设备。
- 功能汇聚。移动终端能够提供多样化功能,除了传统的电话、短信外,还包括 GPS 定位、银行交易、社交网络等,这增加了移动终端受到攻击的媒介和场景。
- 设备性能不足。与 PC 端相比,移动终端的性能不足,这使得多数 PC 端成熟的安全防护机制无法直接移植到移动终端上。

2. 安全攻击的目标

移动终端领域出现的安全事件都会使用户蒙受损失,了解攻击目标可以使人们对移动终端安全有更加全面的认识。目前针对移动终端实施攻击的目标有窃取隐私、嗅探、拒绝服务和恶意账单。

- 窃取隐私(Privacy)。鉴于移动终端个性化强的特点,用户的很多隐私信息都留存在终端系统中,这些信息包括 SMS/MMS、GPS 定位、联系人、浏览历史等,由于用户隐私信息价值高,攻击者愿意利用多种攻击手段对用户隐私进行窃取。近年来,以窃取隐私为目的的安全事件层出不穷,苹果公司甚至因涉嫌允许应用程序未经用户允许就将隐私信息发送给广告网络而被起诉。另外,GPS 定位也是多数攻击者伺机窃取的用户隐私种类之一。
- 嗅探(Sniffing)。目前移动终端中安装有多种传感器,如麦克风、摄像头、GPS 模块、陀螺仪等,这些传感器在丰富终端功能为用户提供便利的同时,也成为攻击者的攻击目标。攻击者对终端实施攻击后,利用多种传感器能够对用户实施嗅探,具体嗅探方式包括窃听用户谈话、偷拍用户等。
- 拒绝服务(Denial of Service)。攻击者发起攻击致使设备失去服务能力,鉴于移动终端强连接性与设备能力不足的特点,攻击者往往只需要付出较小的代价就能完成攻击。使设备丧失服务能力的方法有两种,一种是执行耗电量大的程序,另一种是一段时间之内持续拨打其电话或发送短信使设备无法正常工作。
- 恶意账单(Overbilling)。在以恶意账单为目的的攻击中,攻击者往往向用户强加收费账单或窃取用户账户余额。一种典型的恶意账单攻击类型为:攻击者在终端执行下载命令,用户在不知情的情况下消耗巨额流量,从而不得不向运营商支付流量费用。

3. 安全攻击的动机

在介绍了移动终端领域安全事件实施的目标后,下面介绍安全事件实施的动机。动机与目标的不同之处在于二者侧重点不同。动机侧重激励性和起因,目标则更加强调结果,二者互有交叉。按照攻击实施后的获利方式不同,移动终端领域安全事件的实施动机有以下几类。

- 售卖用户私密信息。对于一些公司(如恶意广告推送),用户信息隐藏的价值很大,也催生了为了窃取用户信息而获利的安全事件。
- 售卖用户认证信息。在处理银行交易的过程中,需要用户的支付密码等认证信息,同时随着二次认证模式的不断推广,用户的短信、邮件甚至是保存了用户身份验证信息的文档都成为窃取的目标,而售卖这些用户认证信息将获取巨大利润。
- 收费电话和短信。收费电话和短信是一种用户获取收费服务(如彩铃下载、电视点播)的方式,在用户未察觉的情况下拨打收费电话或发送收费短信而获益,也是制造安全事件的动机。
- 垃圾短信。垃圾短信往往被用来分发商业广告、传播钓鱼链接和诈骗,而发送垃圾短信的非法性使得恶意软件成为其实施的重要途径。
- 搜索引擎结果优化。链接在搜索引擎结果中的次序排名与用户点击数量成正比,因此有的恶意软件通过改变该设备搜索结构的顺序,引导用户点击某链接而使得该网站搜索排名上升,从而达到获益的目的。2011 年曝光的 ADRD/HongTouTou 就是该类型恶意软件。
- 勒索。某些恶意软件窃取用户隐私信息(图片、浏览记录等)后,将其主动公布在网上,以不撤回这些信息要挟用户并进行勒索。近年来,市面上还出现了将用户手机锁定致使无法使用的案例,相关人员以解锁手机为由向用户进行勒索。
- 广告点击欺诈。目前很多广告服务商(如谷歌、百度等搜索引擎)会将广告投放在网页中,广告客户按照用户点击广告次数向网站(广告服务商)支付费用。攻击者控制移动终端之后,在用户不知情的情况下自动点击目标网页中的广告,通过增加点击次数而增加网站拥有者的广告点击收入。
- 垃圾广告。目前很多应用程序免费让用户使用,而通过推送广告来维持自身正常运营。此时用户收到广告是合情合理的。但攻击者会为了投放非法行业广告(如赌博、毒品等)或为了增加收入而非法投放垃圾广告。垃圾广告往往会影响到用户使用其他应用程序时的体验,同时也不符合网络服务的相关规定。
- 应用内收费欺诈。无论是 Android 还是 iOS,都支持应用程序在内部就某些功能或物品(如游戏中的道具)收取费用。攻击者会通过程序漏洞非法扣取用户余额,或利用钓鱼、伪装等社会工程方式骗取用户进行消费。

4. 恶意软件

恶意软件,是一种能够在目标终端用户不知情的前提下使用手机资源的应用软件或程序。恶意软件通常具有敌对性、侵入性。随着移动终端在功能、性能上的不断提高,移动终端安全领域也不断向前发展。近年来,恶意软件的种类越来越多,根据其目的、载体、方式的不同有多种分类方法,传统的分类如下。

(1) 木马(Trojan)。木马取名自"特洛伊木马"(Trojan wooden-horse),木马将恶意代码或功能隐藏,通过将自己伪装成其他程序或文件(如游戏、系统文件等)来骗取用户点击,进而运行恶意代码。比较知名的木马如下。

- Kasandra.B 是一款 Android 平台的高危远程控制木马,其伪装为卡巴斯基手机安全 App 骗取用户下载安装。Kasandra.B 将 SMS、联系人、通话记录、上网记录、GPS 定位等用户敏感信息保存在 SD 卡中,并在后台自动上传至远程控制服务器。

- Trojan-SMS. androidOS. FakePlayer. b 是一款 Android 木马程序,它通过受感染的网页下载并伪装成一个媒体播放器,需要用户手动安装。该木马在安装的过程中要求用户提供发送短信的权限,一旦得到权限并安装完成后就发送收费短信到指定号码,从而使得用户遭受经济损失。

- Rootkit 就像是潜伏的间谍,它能够持续隐藏自身很久,并不被觉察地驻留在目标设备中秘密搜集数据,或对设备实施木马蠕虫安装、攻击防火墙等破坏行为。Mindtrick 是一种 Android 内核级 Rootkit,其本质是一种可加载的内核模块。当接收到触发号码打来的电话时,攻击者使用 3G 或 Wi-Fi 网络发起 TCP 连接。Mindtrick 能够提供根权限,因此攻击者能够读取 SMS、GPS 定位等信息,也能通过拨打长途电话使用户遭受损失。Bickford 等人[83]提出了 3 种 Rootkit 以展示智能手机面对 Rootkit 时的脆弱性。第一种 Rootkit 允许攻击者远程窃听并记录用户 GSM 通话,第二种 Rootkit 能够使用户手机自动向攻击者发送包含用户当前 GPS 位置详细信息的短信,而第三种 Rootkit 则通过频繁使用 GPS 和蓝牙等耗电高的服务使得用户手机电量在短时间内耗光。

(2) 僵尸网络(Botnet)。僵尸网络利用被远程操控的病毒来感染设备,攻击者往往能够利用僵尸网络完成服务攻击(Denial of Service Attack)或发送垃圾邮件。Geinimi、Anserverbot、Beanbot 等是 Android 平台著名的僵尸网络恶意软件。iSAM 是 iOS 平台的一款恶意软件,其能够使受感染的终端组成僵尸网络,并发起分布式的同步攻击。感染 iSAM 的终端能够反向联系主服务器,升级内在程序逻辑并执行命令。iSAM 还能够窃取用户敏感信息、发送 SMS、对应用程序和网络发起拒绝服务攻击。

(3) 后门(Backdoor)。后门是一种绕过安全控制而获取对程序或系统访问权限的方法。后门能够被特定输入、特定用户 ID 或特定事件激活。KMin、Basebridge、RATC 等是著名的后门类恶意软件。

(4) 病毒(Virus)。病毒是一段可自我复制的代码,能够感染其他程序、引导扇区,或直接插入文件中以达到感染传播的目的。典型的病毒生命周期分为 4 个阶段,分别是休眠阶段、传播阶段、触发阶段和执行阶段。

(5) 蠕虫(Worm)。蠕虫是一种能够通过不同网络进行自我传播的恶意软件,其可以主动寻找目标设备进行感染,感染后的设备又能继续感染其他设备。Android. Obad. OS 是一款知名的蓝牙蠕虫软件。

(6) 间谍软件(Spyware)。间谍软件通常用来收集用户信息并发送给特定远程服务器,其一般将自身伪装成正常的系统工具。间谍软件搜集的数据包括(但不局限于)用户短信、定位、联系人、PIN 码、电子邮件地址、浏览历史等,这些数据的泄露对用户有着显著的危害性。SMSTracker、GPSSpy 和 Nickspy 是知名的间谍软件。SMSTracker 是安卓平台下的一款木马软件,其提供手机远程追踪和监控功能,允许攻击者远程追踪监控感染设备上的所有短信、彩信、语音通话、GPS 定位和浏览历史等隐私信息。

(7) 恶意广告(Adware)。恶意广告指植入在软件、工具中的广告插件,通过搜集用户浏览历史、定位信息向用户弹出广告。这些广告不仅影响用户体验,而且部分广告隐藏恶意软件链接,用户点击后恶意软件便自动下载并安装,进一步威胁终端安全和用户隐私。Uapush. A、Plankton 是著名的恶意广告软件。Uapush. A 是 2016 年上半年感染率最高的恶意软件,它的爆发也是 2016 年 4 月份智能手机感染率突然提高的原因之一。Uapush. A 在受感染的终端上推送恶意广告，并且能够发送 SMS、窃取用户敏感信息。

（8）勒索软件（Ransomware）。勒索软件能够锁定用户设备并要求用户支付"赎金"，其往往伪装为其他软件诱使用户安装。FakeDefender. B 是一款 Android 平台勒索软件，其通过伪装成反恶意软件 avast！诱使用户安装，之后锁定用户设备，在此基础上向用户进行勒索。

5. Root 权限非法获取

Root 权限非法获取是一种通过非法方式获取手机超级用户（Root 用户）权限的行为，该行为在 Android 系统中一般称为"root exploit"，在 iOS 系统中称为"越狱"，以下统称"越狱"。移动智能终端在出厂时并不会将 Root 权限赋予用户，这使得终端存在如下限制。

- 用户只能从官方规定渠道下载应用程序。iOS 用户只能从官方的 App Store 中下载应用程序，很多热门应用程序需要收费，用户无法免费下载这些应用程序。
- 用户无法对系统实现完全备份。
- 用户无法卸载终端出厂时安装的应用程序，这些应用程序往往由厂商或系统提供商安装。
- 用户无法对终端更换操作系统（也称"刷机"），很多用户希望使用不同版本的操作系统。

与恶意软件的安装和运行只由攻击者发起不同，实现越狱的人群由两部分组成。一部分是恶意软件攻击者，因为拥有 Root 权限之后恶意软件在侵害用户权益时受到的限制大大减少，难度也随之降低。另一部分是用户，由于越狱能够获得系统 Root 权限，能够实现对终端系统的"私人定制"，因此有些用户往往在购买设备后或在心仪应用更新后主动对手机进行越狱。

目前，Android 和 iOS 平台均有不少越狱工具。Android 平台最著名的越狱工具为 Zimperlich、Exploid、RATC。许多恶意软件都是在它们的基础上研发的，如 Droid-Dream、Zhash、DroidKungFu 和 Basebridge 等。其中 DroidKungFu 以加密的方式同时包含 RATC 和 Exploid，当 DroidKungFu 运行时，首先解密和发起越狱攻击，如果成功获取 Root 权限，随后就可以为所欲为。iOS 平台著名的越狱工具有 Evasion、Pangu、RedSnow。需要注意的是，越狱给手机带来的危害极大，侵害行为往往在后台运行因而不被用户察觉，强烈建议用户不要对终端进行越狱操作。

8.2.3 移动终端安全防护

互联网的常用安全机制包括入侵检测机制、加密机制、数字签名机制、防火墙机制和认证机制等，这些机制作为组成元素被移动终端安全机制广泛利用。目前，移动终端安全防护机制根据其工作所属层级分为硬件层级、系统层级和应用层级。

1. 硬件层级安全防护

硬件层级安全防护主要是通过对现有硬件进行改造，扩充一系列的安全机制，设计出可信的硬件设备，从系统最底层监测和控制系统的运行行为，从而增强整个系统的安全性。TrustZone 是 ARM 公司针对移动终端提出的一种架构，TrustZone 允许基于硬件形式的系统虚拟化，该架构能够实现处理器模式，在处理器模式下能够建立一个隔离和安全的环境，保护安全内存、加密块、键盘和屏幕等外设,防止移动终端遭受威胁侵害。它提供普通和可信/安全两个区域,用户经常使用的多媒体操作系统运行在普通区中,安全关键软件运行在安全区中。安全区管理软件可以访问普通区的内存,反之则不可能。与 IntelVT 等其他硬件虚拟化技术不同的是,普通区的客户操作系统在使用 TrustZone 时并不会产生额外的执行负载。TrustZone 技术已经基本成熟,大量移动终端使用的 ARM 平台都支持该技术,可以在移动终端平台借助该技术,实现安全支付、安全输入和安全显示。

三星公司为 GALAXY Note 3 推出了称为 Knox 的 Android 安全套件,Knox 包含了底层的可定制安全引导和基于 TrustZone 的完整性测量(TrustZone-based Integrity Measurement Architecture,TIMA)、系统层的 Android 安全增强 SEAndroid 以及应用层的 Knox 容器、加密文件系统和 VPN。

2. 系统层级安全防护

针对目前移动终端安全事件层出不穷的现状,业界从系统层面提出了安全解决方案。这是一种试图改善操作系统自身而确保移动终端安全的研究思路,这些方案或是从系统内核层出发,或是着力于内核以上层次。

这里介绍两种 Android 内核以上层次的安全解决方案。Saint[84] 是一种细粒度的访问控制框架,使应用程序开发者可以定义运行时相关的安全策略,从而保护 App 暴露的应用接口。安全决策基于签名、配置与上下文,可在安装时与运行时实现。应用程序开发者赋予每个接口适当的安全策略,规定调用者访问接口所需权限、配置及签名,从而防止同时为具有不同调用权限程序工作而引发的"困惑代理"攻击。但是,Saint 仍然不能防止"合谋"攻击,即多个应用程序之间相互配合发起对某应用程序的攻击。其他问题还有:如果这些保护被调用者的安全策略与调用程序的性质发生冲突,那么组件间的通信会被拒绝,从而导致调用故障或崩溃等问题。此外,许多应用程序开发者并不是信息安全专业人员,由他们自行定义的安全策略未必考虑到了所有的安全威胁。

Quire 在 Android 中引入了两个新的安全机制:其一,Quire 透明地追踪设备进程间通信(IPC)的调用链,使应用程序可以选择采用调用者的简约权限或全部权限;其二,Quire 建立了一个轻量级的签名机制,使任何应用都可以创建签名语句,并可被相同手机上的任意应用验证。此外,Quire 扩展了 Linux 内核中的网络模块,可以分析远程过程调用(Remote Procedure Calls,RPC)。因为 IPC 接收者知道调用者和完整的调用链,Quire 可以防止来自不可信代理的 IPC 调用和欺骗性的请求。如果发起 IPC 调用的应用没有显式地获得相应的权限,那么 Quire 将拒绝 IPC 请求。Quire 是一个轻量级的解决方案,其对设备性能的影响很小。然而,尽管 Quire 可以防止"困惑代理"攻击,但因为 Quire 本质上是以应用为中心的,所以它仍然无法防止合谋攻击。

SELinux(Security Enhanced Linux)是一种从系统内核层出发的安全方案。SELinux 是美国国家安全局(NSA)设计的一个安全加强版的 Linux 系统,其在 Linux 内核实现了灵活的细粒度强制存取控制,能够灵活地支持多种安全策略。2010 年起就有人建议将 SELinux 引入 Android 中,从而增强 Android 系统的安全性。2013 年谷歌发布了 Android 4.3 版本,宣布引入 SELinux 加强系统的强制访问控制,这种强制访问控制不仅针对普通用户,也对系统根用户适用。在引入 SELinux 后,Android 能够为系统服务提供更加强大的保护,对应用程序数据和系统日志的控制也随之增强。

可信计算(Trusted Computing)在计算和通信系统中广泛使用,基于硬件安全模块支持下的可信计算平台,以提高系统整体的安全性。可信计算组织(Trusted Computing Group, TCG)提出了针对移动终端的可信计算标准——终端可信模块(Mobile Trusted Module, MTM)。TCG 建议使用 MTM 来提升移动终端加密相关的基本功能,这些功能包括随机数生成、散列、敏感数据保护、非对称加密等。这些加密相关基本功能的提升,会从设备认证、完整性验证、安全引导、远程认证等方面提升移动终端的安全。与可信平台模块(Trusted Platform Modules,TPM)为 PC 提供安全服务一样,MTM 为移动终端提供可信计算的基本服务。

Vasudevan 等人[85]分析了移动终端的可信运行(Trustworthy Execution)问题。可信运行的移动设备应具有下述基本安全特征:

- 隔离的运行(Isolated Execution);
- 安全存储(Secure Storage);
- 远程认证(Remote Attestation);
- 安全供给(Secure Provisioning);
- 可信路径(Trusted Path)。

其中,安全供给指的是一种机制,当发送数据到某个软件模块或运行某个设备时,能够保障数据的机密性与完整性。鉴于当前大多数移动设备是基于 ARM 体系结构的,他们详尽地分析 ARM 平台的硬件与安全架构,讨论平台硬件组件能否有效地实现上述安全特征。例如,关于隔离运行,文献[85]分析了 TrustZone 扩展如何实现安全域与一般域的隔离运行;如何通过将 CPU 状态分为两个不同的域,并与可感知内存管理单元(TrustZone-aware Memory Management Units,MMU)等模块相结合实现内存隔离;如何通过安全域和一般域实现外部设备的隔离以及如何实现 DMA 保护、硬件中断隔离和基于虚拟化的隔离运行等。Vasudevan 等人指出,尽管 ARM 平台与安全体系结构提供了一系列硬件安全特征,但由于该体系结构只是规范,因此生产厂商实现时仍然存在重大挑战,填平设计与实现之间的鸿沟绝非易事。

Zhang X 等人[86]对移动终端完整性测量进行了研究,并提出了一种通过安全引导认证机制。这种机制利用流完整性模型确保移动终端系统能够在启动之后进入安全状态,并获得系统的高完整性。D. Muthukumaran 等人[87]在 PRIMA 框架和 SElinux 的基础上提出了安全策略,该策略能够保护系统关键程序完整性。实验证明,该安全策略能够有效保护关键应用免受不信任代码的攻击,并且比 SELinux 提供的安全策略更加小巧。J. Grossschadl 等人[88]指出了 MTM 中存在的 3 个问题,并提出了对应的解决方案。MTM 的第一个问题是需要做到系统性能和功耗的平衡,建议改变 MTM 通过独立硬件模块实现的形式,而将 MTM 硬件模块与处理器进行融合。MTM 的第二个问题是目前 MTM 支持的 RSA 和 SHA-1 算法在性能或安全性上存在不足,建议将椭圆曲线算法加入 MTM 必须支持的算法集中。MTM 的第三个问题是目前 MTM 的硬件实现方式灵活性差,作者提出了一种硬件软件兼容的实现方式以提高灵活性。

3. 应用层级安全防护

移动终端应用层级安全防护的主要手段是采用入侵检测系统(Intrusion Detection System,IDS)。在互联网安全范畴内,入侵检测系统是对恶意使用计算机和网络资源的行为进行识别的系统,其目的是监测和发现可能存在的攻击行为,包括系统外部的入侵行为和系统内部用户的非授权行为,并采取相应的防护手段。入侵检测系统的基本结构如图 8-3 所示。其中,事件发生器用于产生经过协议解析的数据包;事件分析器用于根据事件数据库中的入侵检测特征的描述、用户历史行为、行为模型等解析事件发生器产生的事件;事件数据库存放攻击类型和检测规则;响应单元对事件分析器的分析结果做出反应。

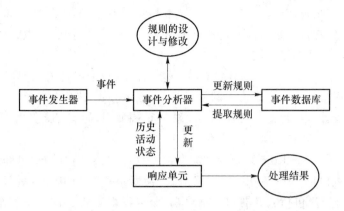

图 8-3　入侵检测系统的基本结构

IDS 的分类方法有很多,其中一种是将 IDS 分为基于检测和基于防御两种。基于检测的 IDS 可以视为防护系统所提供的第一道屏障,IDS 对输入的事件(应用程序、系统行为等)根据自身规则进行分析并得出处理结果。基于防御的 IDS 则利用加密算法、数字签名、散列函数等确保系统的安全。除上述分类方法外,移动终端 IDS 的分类方法还包括基于移动终端系统的分类、基于部署架构的分类、基于反应类型的分类、基于搜集数据种类的分类、基于检测模式的分类。

(1)基于移动端系统的分类。根据所运行的终端操作系统分类是较简单的分类方式。目前,Android、iOS 等主流的操作系统均有各自平台的 IDS 供用户使用。

(2)基于部署架构的分类。在此分类方法中,IDS 按照部署架构的不同被分为本地 IDS 和分布式 IDS。本地 IDS 监控数据的获取和分析都在移动终端上完成,无须远程服务器的部署。而分布式 IDS 则将数据获取和分析两个功能部署在不同的地方,即运行在设备上的监控程序负责搜集终端运行数据,分析监控数据的功能则由部署在远程服务器的分析程序完成。本地 IDS 往往受限于手机屏幕过小、计算存储资源不够强大而效率不高,同时也会加速手机电量消耗,而分布式 IDS 则没有这些问题。

(3)基于反应类型的分类。在此分类方法中,IDS 根据检测出恶意软件后的不同反应可以分为主动型 IDS 和被动型 IDS。主动型 IDS 在检测出恶意软件后,会采取行为遏制恶意软件的运行,最大限度地保护移动设备和用户数据的安全。PGBC 就是一种主动型 IDS,系统事先设置两个阈值,在运行过程中当终端行为触发第一个阈值后,系统会限制终端短信发送速率,当终端行为继续触发第二个阈值后,系统会自动禁止终端的短信功能。需要注意的是,主动性 IDS 虽然能够第一时间对终端采取保护措施,但如果出现误报并在此基础上采取行为则会大大影响用户的正常使用,如何降低误报率是主动型 IDS 一直面临的难题。

(4)基于搜集数据种类的分类。在此分类方法中,IDS 按照监控过程中搜集数据种类的不同来进行分类。目前,IDS 搜集数据可以分为操作系统事件、设备性能指标、键盘输入、传输数据等,其中操作系统事件包括系统调用、函数调用等数据;设备性能指标包括 CPU 利用率、内存使用率、文件读写情况等数据;键盘输入则指用户在使用终端过程中对终端进行的操作和利用键盘(包括虚拟键盘)输入的数据;传输数据指设备发出或接收的短信、彩信、文件等。

(5)基于检测模式的分类。基于检测模式的分类是一种常见的分类方式,其将 IDS 分为异常检测(Anomaly Detection)和特征检测(Signature-based Detection)两种。

① 异常检测 IDS 假设攻击者行为与用户正常行为相比是"异常"行为,当检测出系统出现异常行为时意味着系统正在遭受入侵。对于异常检测 IDS 来说,关键在于如何构建正确的用户正常行为库并对异常行为进行有效检测。通常来说,异常检测 IDS 识别异常行为的方法有两种,分别是机器学习和电量监测。

a. 机器学习是一种很好的识别异常行为的办法。机器学习是人工智能领域的一门交叉学科,通过研究计算机模拟或实现人类的学习行为,获取新的知识或技能,重新组织已有的知识结构,使之不断改善自身性能。机器学习方法的正确使用,能够提高异常行为检测的效率和成功率。

Andromaly 是一款 Android 系统异常动态检测软件,其采用机器学习的方式实时地监控终端性能参数,参数包括 CPU 使用率、网络流量、活跃进程数和电池电量等。Andromaly 是分布式 IDS,其运行环境包括服务器和移动终端,服务器端主要进行计算工作,移动终端则进行系统参数采集工作。Andromaly 由 4 个模块构成,分别如下。

- 参数采集器(Feature Extractors)。参数采集器通过与 Android 内核和应用程序框架通信,定期地对性能参数进行采集并记录。
- 处理器(Processor)。处理器是一个分析和监测单元,它接收主服务的参数向量,进行分析后进行威胁评估。处理器支持多种模式,包括基于规则、基于知识分类、基于机器学习等。报警管理模块属于处理器,它实现针对异常的报警。
- 主服务(Main Service)。主服务为参数采集、异常检测和报警提供协调服务,它负责请求新的参数采集、向处理器发送新的参数向量并从报警管理模块接收最终的报警信息。主服务提供日志记录功能,日志记录器可以记录日志以进行调试、校准和试验。配置管理器管理应用程序的相关配置,包括报警阈值、采样间隔等。
- 图形用户接口(Graphical User Interface)。图形用户接口为用户提供操作界面,允许用户进行应用程序参数配置、激活或关闭应用程序等操作,并向用户发出威胁报警。

PGBC(Proactive Group Behavior Containment)是一种利用短信或彩信传播来遏制恶意软件的 IDS。PGBC 的运行核心是服务行为图(Service-Behavior Graph)和行为分类群(Behavior Clusters),其中服务行为图由客户端消息传递模式生成,而行为分类群则通过对用户行为图的划分而得来。PGBC 能够自动根据终端相互关系识别出最脆弱的设备,在遭受疑似蠕虫或病毒攻击时,通过速率限制和隔离免疫的方式实时构建脆弱终端节点列表,及时制止蠕虫或病毒的传播。

b. 电量监测是对异常行为进行识别的另外一种办法。运行在移动终端上的所有程序均需要消耗电池电量,针对移动终端的攻击行为通常会给电池电量带来异常消耗,对异常电量消耗的检测能够实现异常行为检测。B-BID(Battery-based Intrusion Detection)是基于电量监测的异常检测 IDS,由 HIDE(Host Intrusion Detection Engine)和 HASTE(Host Analyzed Signature Trace Engine)两个模块构成。HIDE 模块安装在用户移动终端上,负责对终端电量进行周期性监测,并与 HASTE 模块实现数据交互;HASTE 模块运行于远程服务器,负责对监测数据进行分析,并对终端是否遭受攻击进行判断。

② 与异常检测 IDS 不同,特征检测 IDS 主要通过特征比对实现对攻击行为的检测。特征检测 IDS 将攻击者行为用一种特征模式来表达,系统检测到行为特征后,与恶意特征数据库进行比对,从而实现对系统入侵行为的检测。与异常检测 IDS 相比,特征检测 IDS 成功率高且误报率低,但对变形攻击的检测往往漏报率较高,因此特征检测 IDS 的设计难点在于在确

保高成功率的情况下降低漏报率。特征检测 IDS 维护特征数据库的方式有自动维护和手动维护两种,这里重点介绍采用自动维护模式的特征检测 IDS。

Zyba 等人[89]提出了一种使用自动维护模式的特征检测 IDS,该平台针对利用抵近网络传播的恶意软件,能够根据终端用户行为动态生成特征库。抵近网络指蓝牙、Wi-Fi 等限定在一定物理范围的网络,利用该网络进行传播的恶意软件给防御带来了很大的压力,因为设备在网络中往往是配对出现的,无法使用传统观察聚合网络行为的方法来进行恶意软件检测。对此,Zyba 等人提出了 3 种检测抵近网络恶意软件的防御策略,分别是本地检测(Local Detection)、抵近特征传播(Proximity Signature Dissemination)和广播特征传播(Broadcast Signature Dissemination)。当移动终端感染恶意软件后,设备进行本地检测;在抵近特征传播模式下,设备能够为恶意软件创建基于内容的特征并利用抵近网络传播给其他设备;在广播特征传播模式下,服务器将对各个独立设备监测数据汇总后进行恶意软件检测,得出特征后利用广播的形式发送给各终端。这 3 个策略实现了从简单的小规模本地检测到大规模协调防御,并做到了不依赖电信运营商网络基础设施。除此之外,还有 Venugopal、Alpcan 等人提出的基于特征检测 IDS 也采用了自动方式维护特征数据库。

4. 典型防护平台介绍

目前市场上有很多防护平台软件,这些软件或是在开源代码的基础上开发而来,或是零基础研发而来;或是由学者在论文中提出作为研究成果,或是由商业公司开发作为商品向公众发售。典型的防护平台有 Androguard、AndroSimilar 和 PiOS。

Androguard 是一款开源的 Android 静态分析软件,它能够为系统方法(Method)生成控制流图,提供基于 Python 的命令行和图形处理界面。静态分析是指在安装前检测 Android 应用程序中的安全漏洞,动态分析则在程序运行中完成检测。Androguard 利用标准化压缩距离(Normalized Compression Distance,NCD)框架探测两个克隆文件的异同,以此判断应用程序 apk 文件是否被修改。Androguard 提供 Python API,方便用户对系统资源、静态分析模块进行访问调用,这些模块包括基本块(Basic Blocks)、流控制(Control Flow)等。在 Androguard 的基础上,用户可以使用 Python API 开发属于个人的静态分析软件。

Androguard 通过应用代码相似度来对两个应用程序进行相似区分比较。Androguard 使用 NCD 对两个应用程序进行分析并得到二者之间的相似度(相似度取值范围为 0～100,数值越大说明二者越相似)。Androguard 对应用程序进行模糊风险测评并得出该应用程序风险指标(风险指标取值范围:0～100,值越大说明风险越高),风险评测的标准为代码类型、可执行或共享库文件数量、与隐私或金钱相关的权限请求及其他高危系统权限请求。Androguard 内有恶意应用程序特征数据库,支持用户对该数据库进行增加和删除操作,特征描述为 JSON 格式,包括名称、子特征和用于混淆不同子特征的布尔表达式。

Androsimilar 是 Android 系统恶意软件静态检测软件。字符串加密、方法重命名、垃圾方法插入、控制流修改等技术能够对特征产生混淆的效果,因此被恶意软件广泛使用以逃避软件的检测。针对这些逃避技术,Androsimilar 能够对其进行深度检测,从而可以检测存在变种的恶意软件。Androsimilar 的运行可以分为应用程序提交、标记、特征选定、特征存储、特征比对和恶意软件判定等阶段。在应用程序标记阶段,Androsimilar 为应用程序中固定长度的字节序列生成熵值,熵值取值范围为 0～1 000。在特征比对阶段,Androsimilar 将应用程序特征与数据库中的恶意软件特征进行比对,如果相似度超过阈值,那么判定该应用程序为恶意软件。

PiOS 是 iOS 系统用户敏感数据泄露分析软件,其能够对应用程序进行敏感数据泄露检测。PiOS 构建二进制文件的综合控制流图(Control Flow Graphs,CFG),通过对二进制代码进行分析,检测应用程序导致的用户敏感信息泄露情况。Objective-C 是面向对象的编程语言,其以 C 语言为基础,是 iOS 系统默认支持的开发语言。iOS 系统中应用程序通常构建大量对象,而且函数的调用其实是对象的方法调用,这使得绘制控制流图的难度较大。对此 PiOS 能够对 Objective-C 语言的二进制文件绘制综合控制流图,实现敏感数据泄露的高效检测。

8.3　无线接入安全

和传统有线网络相比,移动互联网也带来了新的安全威胁。例如,由于数据传输处在开放的环境下,遭受拦截的风险远大于有线网络。如果数据没有进行加密,或使用弱加密算法,那么攻击者可以轻易读取数据,从而影响保密性。本节将介绍移动互联网接入安全,其中重点介绍 IEEE 802.11i 安全协议、IEEE 802.1X 基于端口的网络访问控制和 IEEE 802.11i 网络安全接入过程。

8.3.1　无线接入安全威胁

移动互联网无线接入过程定义为终端使用 IEEE 802.11 协议通过访问接入点(AP)使用网络服务的整个过程。接入安全范围限定在终端与访问接入点之间。一个典型的 IEEE 802.11 无线局域网(WLAN)组成如下所示。

- 访问接入点(AP):任何具有站点功能并且通过无线介质为相关联的站点提供分配系统的接口实体,如无线路由器。
- 站点(STA):任何包含 IEEE 802.11 MAC 和物理层的设备,如移动终端。
- 基本服务单元(BSS):由单一的协调职能控制的一系列站点。

大多数无线局域网的威胁场景通常包括站点、访问接入点、无线连接和攻击者。有线局域网和无线局域网安全防护的区别在于,无线局域网攻击者更容易实现对现有网络的接入。在有线局域网中,攻击者通过物理端口接入互联网。在无线局域网中,攻击者只需要在无线网络覆盖范围内即可,对其所在的物理位置没有其他要求,这大大降低了攻击者接入无线局域网的难度。

无线局域网面临的主要安全威胁如下。

- 意外连接:未授权的用户连接网络后访问资源,即使无线网络开启了认证服务,意外连接也会为嗅探攻击提供便利。
- 恶意连接:控制合法站点后使其提供访问接入点(AP)服务,非法获取无线局域网密码,继而使用密码侵入无线局域网。恶意连接的前提是先控制该无线局域网内部的合法站点(如笔记本计算机),并使其提供访问接入点(AP)服务。
- MAC 欺骗:通过嗅探等方式获取合法站点的 MAC 地址,并将其伪装为自身的 MAC 地址。这种攻击一般发生在访问接入点开启了 MAC 地址过滤功能的无线局域网。
- 中间人攻击:攻击者通过中间人攻击,能够在不被通信双方察觉的情况下,完全掌握双方的通信内容。无线网络非常容易遭受这种攻击。
- 注入攻击:注入攻击目标一般是暴露在未过滤流量中的访问接入点(AP),未过滤流量包括路由协议流量和网络管理流量。攻击者通过注入网络配置命令,致使路由器、交换机等网络设备无法正常工作,从而达到攻击的目的。

8.3.2　无线接入安全发展

无线接入安全目标为访问控制、数据机密性和数据完整性。在移动互联网面临多重安全威胁的背景下,如何保证移动互联网的接入安全成为急需解决的问题。1999 年公布的 IEEE 802.11b 协议中,定义了 WEP(有线等效保密)安全模式。WEP 使用基于 RC4 的加密算法保护数据机密性,使用 CRC32 检验实现数据完整性保护。在网络访问控制方面,WEP 支持开放系统认证和共享密钥认证两种认证方式。但 WEP 具有明显的安全漏洞,攻击者往往能够轻易攻破网络。本书在实验章节设置了破解 WEP 密码的实验,建议读者通过动手实验了解 WEP 的脆弱性。

由于 WEP 具有明显的漏洞,制定新的安全机制势在必行。2003 年,由多家厂商组成的 Wi-Fi 联盟发布了 WPA(Wi-Fi 网络安全接入),其以 IEEE 802.11i 标准部分内容为基础(当时 IEEE 802.11i 标准还未正式颁布),通过 IEEE 802.1X 实现网络访问控制,并在 WEP 加密机制基础上制定了 TKIP(临时密钥完整性协议),这在一定程度上增强了安全保护。但由于加密机制依然基于 RC4 算法,因此 WPA 依然存在安全隐患。

2004 年 6 月,完整的 IEEE 802.11i 标准正式发布,Wi-Fi 联盟根据 IEEE 802.11i 标准制定了 WPA2。WPA2 是 WPA 的增强版本,除了与 WPA 一样采用 IEEE 802.1X 实现网络访问控制、支持 TKIP 加密机制,还制定了以 AES(高级加密标准)为基础的 CCMP(计数器模式密码块链消息完整码协议)来确保传输数据的安全。

8.3.3　IEEE 802.11i 安全标准

1. IEEE 802.11i 安全标准

1) IEEE 802.11i 服务

IEEE 802.11i 标准定义了强健安全网络(Robust Security Network,RSN)的概念,RSN 通过建立 RSN 协商(RSNA)为无线局域网提供如下安全服务:

- 用户身份认证;
- 密钥管理;
- 数据机密性;
- 数据源认证和完整性;
- 重放保护。

广义来说,RSN 包括 IEEE 802.1X 基于端口的网络访问控制、认证与密钥管理、机密性和完整性数据源认证和重放保护,如图 8-4 所示。

2) IEEE 802.1X 基于端口的网络访问控制

IEEE 802.1X 基于端口的网络访问控制机制,为局域网提供兼容性的身份认证和服务授权功能。一般的 IEEE 802.1X 认证场景包括请求者、认证者和认证系统。在无线局域网中,请求者一般对应终端节点(Mobile Node),认证者对应访问接入点,认证系统对应 RADIUS 服务器。RADIUS 是远程用户拨号认证协议,该服务器能够提供认证、授权和计费功能,一般也称为 AAA 服务器。

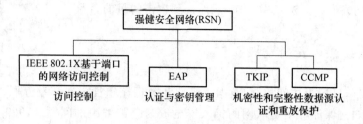

图 8-4　强健安全网络架构

IEEE 802.1X 定义了端口访问实体（PAE），用以控制端口状态。端口共有两种类型，分别是受控端口和非受控端口。在请求者通过认证之前，认证者使用非受控端口与请求者进行数据交互，此时端口会丢弃除 IEEE 802.1X 认证数据以外的数据包。当请求者通过认证后，受控端口状态变为认证成功，请求者通过受控端口使用系统提供的各类服务。

可扩展认证协议（EAP）是一种支持多种认证方法的访问认证框架。EAP 认证方法中定义了具体的加密机制，常用的 EAP 认证方法有 EAP-TLS、EAP-TTLS、EAP-GPSK、EAP-MDS 等。EAP 支持多种认证方法，新的认证方法可以轻易地拓展到 EAP 协议中。

无论使用哪种 EAP 认证方法，认证信息以及认证协议信息都会包含在 EAP 信息中。EAP 信息交换的目标是认证成功。认证成功的标志是认证者获得被认证端的访问权限。一个典型的 EAP 认证场景由 EAP 被认证端、EAP 认证端和 EAP 认证服务器组成，EAP 被认证端向 EAP 认证端发起认证申请，EAP 认证服务器则与被认证端协商 EAP 方法，对被认证端进行认证，并决定是否授权。

IEEE 802.1X 定义了 EAPOL 协议（EAP over LAN，局域网上的可扩展认证协议）来封装请求者和认证者之间的 EAP 报文。EAPOL 协议工作在网络层上，数据包由协议版本、包类型、包主体长度和包主体字段构成。其中包类型字段表明该包的具体类型。EAPOL 包共有 4 种类型，分别是 EAPOL-EAP、EAPOL-Start、EAPOL-Logoff 和 EAPOL-Key，具体定义见表 8-1。

表 8-1　常用 EAPOL 包类型

包类型	定义
EAPOL-EAP	包含封装的 EAP 包
EAPOL-Start	请求者发送该类型包，替代等待从认证者发来的挑战
EAPOL-Logoff	返回未被授权的端口状态
EAPOL-Key	交换密钥

为了进行认证，EAPOL 允许请求者和认证者之间相互通信。一般的 IEEE 802.1X 认证过程如图 8-5 所示。

2. IEEE 802.11i 安全接入过程

接入过程分为 3 个阶段，分别是发现阶段、认证阶段和密钥管理阶段。完成 3 个阶段之后，站点和网络访问接入点做好了数据交互之前的一切准备。在数据传输阶段，站点通过与网络访问接入点的数据交互使用互联网资源。本节将介绍上述 4 个阶段。

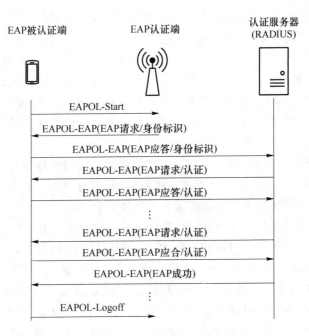

图 8-5　IEEE 802.1X 认证过程

1）发现阶段

发现阶段是安全接入过程的第一阶段。此阶段中，站点首先发现无线网络，并完成与该网络访问接入点之间的身份确认、安全策略协商、建立连接等工作。其中，需要协商的安全策略内容如下。

- 保证单播流量机密性和完整性的协议：将保证流量机密性和完整性的协议内容，与密钥长度一起构成了加密套件。IEEE 802.11i 支持的加密套件有 WEP、TKIP、CCMP和其他特殊方法。保证多播和广播流量机密性和完整性的协议由访问接入点决定，不属于协商内容。

- 认证方法和密钥管理方法：认证方法与密钥管理方法一起构成认证与密钥管理套件。IEEE 802.11i 支持的认证与密钥管理套件有 IEEE 802.1X、预共享密钥（无明确的认证过程发生，如果站点和访问接入点之间单独共享密钥，则认为认证完成）和其他特殊方法。

在发现阶段，访问接入点周期性广播自身安全信息，包括其支持的组密钥套件、成对密钥套件、认证与密钥管理套件等，这些信息被保存在数据帧的 RSNIE（RSN 信息元）字段。同时，访问接入点也能够通过响应站点发出的检测请求使得站点明确自己的存在。相应地，站点可以被动地监听所有信道，从而发现访问接入点，也可以主动地发送监测请求。随后，站点和访问接入点之间完成两次交互。至此，发现阶段结束。需要注意的是，此时的 IEEE 802.1X受控端口依然处于非认证（阻塞）状态。

2）认证阶段

在认证阶段，站点和访问接入点之间完成身份认证。这里的认证不仅包括访问接入点认证站点，确定站点是合法的用户，还包括站点认证访问接入点，确定该访问接入点是合法的而不是伪造的。IEEE 802.11i 推荐使用 IEEE 802.1X 进行访问控制，IEEE802.1X 通过受控端口和非受控端口对网络的访问进行控制。

认证阶段的执行过程与图 8-5 相似。在这个阶段中,站点和认证服务器使用相同的认证方法(如 EAP-TLS)进行认证,数据传输采用透传模式,即访问接入点只做转发而不参与具体认证。当认证建立之后,认证服务器会生成认证、授权和计费(AAA)密钥,也就是会话主密钥(MSK),并将该密钥发送给站点。在正常使用过程中,站点和访问接入点之间传输数据机密性和完整性需要加密机制来保护,而这些加密机制的密钥由会话主密钥产生,具体产生过程将在下一阶段介绍。认证阶段完成后,IEEE 802.1X 受控端口依然处于阻塞状态。

3) 密钥管理阶段

顺利完成认证阶段工作后,整个安全接入过程就进入密钥管理阶段。此阶段会产生一系列密钥分发到站点和访问接入点中。密钥有两种类型,成对密钥和群组密钥。成对密钥用于确保单播数据安全,群组密钥用于确保组播和广播数据安全。

根密钥(Root Keys)是产生各种保护机密性和完整性所需密钥(成对密钥)的基础。根密钥有两种来源,分别是预共享密钥(PSK)和主会话密钥(MSK),其中预共享密钥形式经常用在简单部署的无线网络环境中。主会话密钥也称为 AAA 密钥,在认证阶段产生,用在较为复杂的无线网络环境中。成对主密钥(PMK)由根密钥生成,并随后生成成对临时密钥(PTK)。成对临时密钥由 EAPOL 密钥确认密钥(EAPOL-KCK)、EAPOL 密钥加密密钥(EAPOL-KEK)和临时密钥(TK)组成。群组临时密钥(GTK)由群组主密钥(GMK)产生,与成对主密钥需要站点和访问接入点参与才能产生不同,群组临时密钥由访问接入点产生并传递给站点。

成对密钥发布(四次握手)。在成对密钥发布过程中,站点和访问接入点之间进行了四次数据帧传递,因此称为四次握手(如图 8-6 所示)。四次握手结束后,站点和访问接入点完成对对方的认证,此时 IEEE 802.1X 受控端口状态由阻塞变为畅通并允许数据通过端口。四次握手过程如下,如图 8-6 所示。

图 8-6　四次握手和群组密钥分发

- 访问接入点→站点(1):消息包括访问接入点生成的随机数 Anonce 和 MAC 地址。
- 站点→访问接入点(2):消息包括随机数 Snonce 和 MIC 数据。站点收到 Anonce 后产生随机数 Snonce,加上双方的 MAC 地址和成对主密钥(PMK)生成成对临时密钥(PTK),随后用 PTK 中的 KCK 对消息 2 进行 HMAC 加密生成信息完整性字段(MIC),用于对消息进行完整性验证。
- 访问接入点→站点(3):消息包括 PTK 确认和 MIC 数据。访问接入点收到 Snonce 后生成 PTK,并用 PTK 中的 KCK 对 MIC 进行验证,如果与消息 2 中的 MIC 相同,则认为 PTK 生成成功(此时双方的 PTK 相同)。

- 站点→访问接入点(4):对消息 3 进行确认。

群组密钥发布。在成对密钥发布后,访问接入点生成群组密钥并进行发布,如图 8-6 所示,具体过程如下。

- 访问接入点→站点(5):消息中包括加密后的 GTK 和 MIC 数据。其中,GTK 使用 RC4 或 AES 算法加密,密钥为 PTK 中的 KEK。
- 站点→访问接入点(6):对消息 1 进行确认,消息同样包括 MIC 数据。

4)数据传输阶段

进入数据传输阶段,就意味着访问接入点和站点已经完成了发现阶段、认证阶段和密钥管理阶段的相关工作,IEEE 802.1X 受控端口保持开放状态,站点也能够使用网络上层的各项服务。IEEE 802.11i 定义了两种机制来保护访问接入点和站点之间的数据传输,它们分别是临时密钥完整性协议(TKIP)和计数器模式密码块链消息完整码协议(CCMP)。

① 临时密钥完整性协议(TKIP)。TKIP 是在 WEP 基础上改进而来的,密钥长度 256 bit,早期支持 WEP 的网络设备只需要通过软件升级就能支持 TKIP。TKIP 从以下两个方面保护传输数据安全。

- 数据完整性:通过增加信息完整性字段(MIC)实现完整性保护。MIC 由 Michael 算法生成,输入信息包括数据域、源 MAC 地址、目标 MAC 地址和优先位等。
- 数据机密性:TKIP 使用基于 RC4 的加密算法实现机密性保护。

② 计数器模式密码块链消息完整码协议(CCMP)。为了确保传输数据安全,IEEE 802.11i 默认使用 CCMP。CCMP 在设计时没有受到兼容问题的限制,因此其在安全性上要比 TKIP 更进一步。CCMP 从以下两个方面保护传输数据安全。

- 数据完整性:CCMP 使用 CBC-MAC 保证数据的完整性。
- 数据机密性:CCMP 使用基于计数器模式(CTR)的高级加密标准(AES)算法保护数据机密性,AES 是一种主流的对称密钥加密算法,密钥长度为 128 bit。

8.4　网络传输安全

互联网使人们生活在一个相互连接的世界。随着移动互联网的发展,人们能够在手机上浏览网页、购买商品、支付账单,而这些服务都可以归纳为 Web 服务,因此保证 Web 安全至关重要。传输层安全(Transport Layer Security,TLS)协议和在 TLS 基础上实现的 HTTPS 协议是目前保证移动互联网传输安全的主流解决方案。

8.4.1　TLS

目前,互联网的安全传输建立在 SSL/TLS 之上。TLS 由安全套接字层(SSL)协议发展而来。1999 年 1 月,IETF 颁布了以 SSL V3.0 为基础的 TLS V1.0。随后 TLS 进行了两次更新,TLS V1.2 在 2008 年 8 月公布的 RFC 5246 中制定。目前,最新的 TLS V1.3 标准仍在讨论中,还没有正式形成标准,本节介绍 TLS V1.2。

1. TLS 简介

TLS 能够为通信双方的网络数据提供隐私和完整性保护。如图 8-7 所示，TLS 协议由 TLS 记录协议(TLS Record Protocol)、TLS 握手协议(TLS Handshake Protocol)、TLS 修改密码规格协议(TLS Change Cipher Spec Protocol)、TLS 警报协议(TLS Alert Protocol)组成，各协议所属层次不同。应用数据来自使用 TLS 的上层协议，如 HTTP 协议。在典型的 TCP/IP 分层中，TLS 记录协议在传输层以上，TLS 握手协议等在应用层以下。

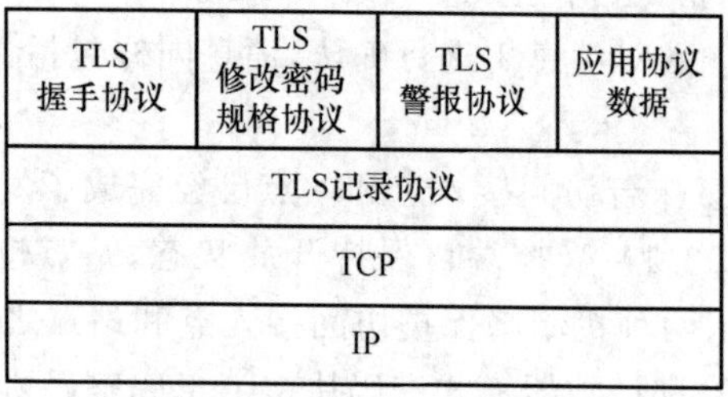

TLS 握手协议	TLS 修改密码规格协议	TLS 警报协议	应用协议数据
TLS记录协议			
TCP			
IP			

图 8-7　TLS 协议结构

TLS 安全目标如下。

- 加密安全：使用 TLS 建立安全连接，保证双方所传输数据的安全可靠。
- 协同性：针对独立开发人员，即便不清楚对方的开发方式，开发人员也能够使用 TLS 实现相关加密参数的交换。
- 可扩展性：TLS 旨在提供一个框架，支持最新的公钥加密和批量加密算法加入 TLS 中，同时还要避免新加密算法的引入导致 TLS 协议自身的重新设计。
- 相对高效：加解密操作往往需要占用大量的 CPU 资源，尤其是公钥算法。TLS 引入了可选的会话缓存机制以减少会话重建带来的开销。此外，TLS 采取了能够降低网络传输的机制。

2. TLS 记录协议

TLS 记录协议用于封装上层协议，从两个方面提供安全保护。

- 机密性。TLS 记录协议提供私密的安全连接，允许使用对称加密算法对流量数据进行加密，同时每个连接的加密密钥不同。记录协议也允许不对流量数据进行加密。
- 完整性。TLS 记录协议提供可靠的安全连接，使用 MAC 保证消息的完整性，MAC 由 HMAC 算法生成。

TLS 记录协议位于 TLS 整体框架的下层，位于 TCP/IP 传输层之上。数据发送端的记录协议接收上层协议非空的、任意大小的碎片数据，然后对其进行分块、压缩、生成 MAC、加密等操作，最终传递给传输层后进行传输。对端的记录协议对收到的数据进行解密、验证数据完整性、解压缩等工作，最后将数据重新组装，交给上层协议。记录协议报文由内容类型、版本号、报文长度、分块数据、MAC 等字段组成。

在分段阶段，记录协议需要将上层交付的数据进行分块操作，分块之后一个数据块最大为 2^{14} 字节。随后是压缩阶段。在该阶段中，数据通过当前会话状态中定义的压缩算法进行压缩。数据压缩后进入加密阶段。在此阶段中，记录协议首先对压缩后的数据计算 MAC，然后将 MAC 附在数据的尾部，以保证数据的完整性。记录协议使用 HMAC 算法进行 MAC 计算，同时也支持会话双方协商使用其他的 MAC 计算算法。记录协议随后会对数据进行加密，其支持的加密算法包括流加密、分组加密、认证加密（ADAE，使用相关数据的身份验证加密）。

3. TLS 握手协议

TLS 握手协议（TLS Handshake Protocol）在服务器端和客户端之间传输数据之前实现双方的身份认证、加密算法和密钥协商，TLS 握手协议提供的安全传输服务有如下 3 个特点。

- 传输双方的身份认证可以使用不对称、公钥算法实现。身份认证不是必需的，但一般会要求至少对一方的身份进行认证。
- 协商的内容是安全的。TLS 协商的内容是无法窃听的，即使攻击者使用中间人攻击也无法获知经过身份认证连接的传输内容。
- 协商是可靠的。攻击者如果对协商过程进行篡改，连接双方一定会发觉。

握手协议是 TLS 最复杂的部分，是 TLS 能够实现数据传输安全的保证。服务器端和客户端通过执行握手过程，建立起会话连接。握手过程分为两种：全握手过程和简短握手过程。若服务器端和客户端之前没有建立会话，则需要执行全握手过程；若服务器端和客户端希望恢复或复制之前的会话，则会选择执行简短握手过程以节省开销。TLS 全握手过程如图 8-8 所示，一共有 13 个步骤，具体如下。

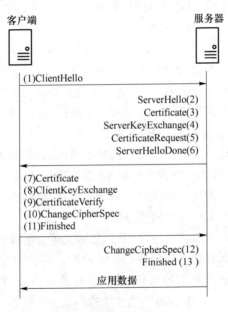

图 8-8　TLS 全握手过程

步骤 1：客户端发送 ClientHello 消息。客户端发送 ClientHello 消息以开始一个新的握手过程，ClientHello 消息主要包含下列信息：TLS 版本号、随机数、会话 ID、密码套件、压缩方法、扩展信息。其中，随机数用于防止重放攻击和生成主密钥。

步骤 2：服务器端发送 ServerHello 消息。服务器端接收到客户端发送的 ClientHello 消息后，回复 ServerHello 消息。ServerHello 消息所包含字段与 ClientHello 消息一致，其中密码套件字段为服务器选定的某一密码套件，压缩方法字段为服务器选定的某一压缩方法，扩展信息字段同样为服务器选定的对应扩展信息，随机数字段为服务器端产生的随机数。

步骤 3：服务器端发送 Certificate 消息。该消息用于封装服务器 X.509 格式的证书，证书用于服务器自证身份，由专门的证书管理机构（CA）颁发。由于某些加密算法的实现依赖于证书中的相关信息，因此服务器发送的证书必须与之前步骤中选择的密码套件相符。

步骤 4：服务器端发送 ServerKeyExchange 消息。如果 Certificate 消息中没有包含足够的密钥交换信息，那么服务器发送 SeverKeyExchange 消息。该消息包含密钥交换需要的额外数据，根据所选密码套件的不同消息包含不同的数据（这条消息不是必须发送的消息）。

步骤 5：服务器发送 CertificateRequest 消息。非匿名服务器可以选择发送该消息以对客户端发起认证。例如，银行要求访问者必须自证身份（通常使用 Ukey 或密保卡），否则不提供服务。该消息必须在 ServerKeyExchange 消息之后（如果没有 ServerKeyExchange 消息，那么在 Certificate 消息之后）立即发出。

步骤 6：服务器发送 ServerHelloDone 消息。该消息的发送意味着服务器端握手所需发送的所有消息已发送完毕。接下来，服务器端将等待客户端发来的消息。

步骤 7：客户端发送 Certificate 消息。当服务器端发送 CertificateRequest 消息时，客户端发送该消息。如果客户端不能提供合法证书，那么服务器端可以自行选择继续或终止握手过程。该消息的内容规格与服务器端发送的 Certificate 消息一致。

步骤 8：客户端发送 ClientKeyExchange 消息。该消息的内容取决于所选的密码套件，使用不同的密钥交换类型时本消息内容不同。主要的密钥交换类型如下。

- RSA。此时客户端生成 48 字节数据（其中，46 字节为随机数，2 字节为版本号），使用服务器公钥（在服务器证书中保存）进行加密后封装形成 Pre_master_secret。
- 暂态 Diffie-Hellman。消息包含客户端的 Diffie-Hellman 公钥参数。
- 固定 Diffie-Hellman。消息为空，但消息必须被发送。

步骤 9：客户端发送 CertificateVerify 消息。此消息提供客户端显式认证功能，只有当客户端证书有签名功能时（含有固定 Diffie-Hellman 参数外的所有证书）此消息才被发送。

步骤 10：客户端发送 ChangeCipherSpec 消息。修改密码规格协议指明当前双方会话密码状态，客户端和服务器端均可发送修改密码规格消息，以告知对方接下来的记录消息将使用最新的密码规格进行加解密操作。在握手过程中，双方完成安全参数协商之后才能发送修改密码规格的消息，但该消息的发送要保证在结束消息发送之前完成。步骤 12 中服务器端发送的 ChangeCipherSpec 消息与本步骤中的消息格式一致。

步骤 11：客户端发送 Finished 消息。这条消息的发送表明握手过程中的密钥交换和身份认证工作已经完成，接下来即将进入应用数据发送阶段。本消息是整个会话中第一条使用已经协商好的密码算法、密钥进行加密的信息，接收端收到后需要对本消息进行解密。步骤 13 中服务器端发送 Finished 消息与本步骤中消息格式一致。

步骤 12：服务器发送 ChangeCipherSpec 消息。服务器接收到客户端传来的加密数据之后，使用私钥对这段加密数据进行解密，并对数据进行验证，也会使用跟客户端同样的方式生成密钥，一切准备好之后，会给客户端发送一个 ChangeCipherSpec，告知客户端已经切换到协商过的密码套件状态，准备使用密码套件和密钥加密数据了。

步骤 13：服务器发送 Finished 消息。服务端也会使用密钥加密一段 Finished 消息发送给客户端，以验证之前通过握手建立起来的加解密通道是否成功。

在完成了全部 13 个步骤之后，客户端和服务器端建立起了安全连接，之后双方可以开始应用数据的交互。由于服务器对客户端的认证并不是必需的，因此在某些应用场景中，服务器端不对客户端进行身份验证，此时握手过程没有步骤 5、步骤 7 和步骤 9。

可以看出，全握手过程需要步骤较多，且其中与密码相关的操作需要占用大量的 CPU 资源，由于会话断开后双方依然会在一段时间内保留相关的协商数据，此时双方若希望恢复会话的话再执行全握手机制会相对低效,因此 TLS 建立了会话恢复机制以节省开销。会话恢复握手中客户端首先发送 ClientHello 消息,随后服务器端发送 ServerHello、ChangeCipherSpec 和 Finished 消息,客户端发送 ChangeCipherSpec 和 Finished 消息后握手完成,之前的会话恢复。

4. TLS 警报与修改密码规格协议

警报协议位于记录协议上层,警报消息传递警报的详细描述和严重性。警报消息能够被记录协议层加密或压缩,但是否执行由当前连接双方协商而定。TLS V1.2 定义了多种警报消息,包括关闭通知、非预期消息、MAC 错误等。

警报消息根据严重程度可以分为告警(Warning)警报和致命(Fatal)警报。当一方发现连接存在致命错误时,会发出致命警报。当致命警报出现时,通信双方必须立刻终止连接,同时双方必须丢弃当前会话的会话标志、密钥等信息。告警警报没有致命警报等级高,往往不会影响连接状态,但是如果一方接收到告警警报后决定终止连接,其会立刻发送关闭通知以终止连接。常见的告警警报包括用户取消连接警报和未重协商警报等。

关闭通知是一种致命警报消息。关闭通知使得客户端和服务器迅速了解连接是否结束,这样可以有效避免截断攻击。连接中的双方都可以发送 close_notify 警报以结束连接,连接结束后再接收的任何数据都会被丢弃,当一方收到对方发来的 close_notify 警报后需要回复对方 close_notify 警报。使用 TLS 的上层应用协议在 TLS 连接关闭后,需要使用底层协议进行数据传输,必须在接收到对方 close_notify 警报后才能通知上层应用协议连接已中断。如果上层应用协议没有额外的数据进行传输,该端可以选择立刻关闭 TLS 连接。除关闭通知外,常见的致命警报还有以下几种。

- 非预期消息。接收到的消息含有非预期内容。
- MAC 错误。接收到的 MAC 码存在错误。
- 消息长度过长。接收到的密文长度或压缩信息长度超过理论长度。
- 解压缩失败。解压缩函数接收非法输入导致解压缩失败。
- 握手失败。发送方无法与对方协商出合理的安全参数以建立握手,这是致命警报。
- 未知 CA。证书接收方会查询签发证书的 CA 是否合法,当无法查询到 CA 有效信息时发送未知 CA 警报。
- 解码错误。当消息某部分因出现错误或长度不对而无法解码时,消息接收方发出解码错误警报。

TLS 修改密码规格协议比较简单,其负责在会话过程中指明当前双方会话密码状态,如果通信一方希望改变密码规格,可以发送修改密码规格消息,对方在收到消息之后会使用新的密码套件。

5. 密码计算

TLS 记录协议通过密码算法、主密钥(Master Secret)、客户端和服务器端随机值实现对传输数据的安全保护。压缩算法和规定了认证、加解密和 MAC 算法的加密套件在握手过程的 ServerHello 消息中确定,随机值也在 Hello 消息中进行了交换。接下来,介绍主密钥及其生成步骤。

主密钥长 48 字节,由预备主密钥(pre_master_secret)生成,不同的密码算法对应不同长度的预备主密钥。在主密钥生成后,预备主密钥必须立刻丢弃。主密钥生成过程可以分为两步:生成预备主密钥和生成主密钥。各个密码算法生成预备主密钥的方法如下。

- RSA。在握手过程步骤 8 中,客户端生成 48 字节的预备主密钥,通过公钥加密后构成 pre_master_secret 消息发给服务器端,服务器端利用私钥进行解密获得预备主密钥。
- Diffie-Hellman。预备主密钥由服务器端和客户端各自产生一个 Diffie-Hellman 参数,交换之后双方再分别做 Diffie-Hellman 计算,得出预备主密钥。

在得到预备主密钥后,不同的密码算法使用相同的算法生成主密钥。预备主密钥、客户端随机数、服务器端随机数作为输入,经过主密钥生成算法运算生成主密钥。需要注意的是,生成主密钥的 3 个输入项服务器和客户端均已获得,双方使用相同的算法得到的主密钥相同。

8.4.2 HTTPS

HTTPS(HTTP Over SSL/TLS)协议是安全版的 HTTP 协议,其将 HTTP 运行在 SSL/TLS 上层来提供安全的 HTTP 通信。随着 TLS 取代 SSL,目前讨论的 HTTPS 多是建立在 TLS 基础上的。随着越来越多的应用场景需要对通信双方进行身份验证,HTTPS 的应用部署渐渐成为标准配置。2014 年 HTTP V2.0 成为标准以来,所有的 HTTP 通信都应采用 HTTPS 实现的讨论就已经出现。HTTPS 的实现需要浏览器的支持,目前绝大多数浏览器都已支持 HTTPS。

在 TCP/IP 架构中,HTTPS 的端口号为 443,而 HTTP 的端口号为 80。HTTPS 与 HTTP 的显式区别主要是浏览器中 URL 起始于"https"而不是"http",URL 的旁边往往还有锁图案显示证书状态。HTTPS 的标准文档为 RFC 2818(HTTP Over TLS)。当使用 HTTPS 时,以下通信元素被加密:

- URL;
- 数据内容;
- 浏览器表单内容;
- 浏览器和服务器双方发送的 Cookie;
- HTTPS 报头内容。

1. HTTPS 连接的建立与关闭

HTTPS 中的通信双方也被视为 TLS 中的通信双方。当一方希望建立 HTTPS 连接时,首先与对方服务器建立 TCP 连接,随后发送 TLS ClientHello 消息开始进行 TLS 握手。在 TLS 握手完成建立安全会话后,客户端才可以进行 HTTP 数据的发送。所有 HTTP 数据均应作为 TLS 应用数据被封装发送。

连接中的一方如果希望关闭连接,那么必须首先构造关闭通知警报(Close Notify Alert)。一方如果收到合法的关闭警报,随后将不会再收到任何数据。在关闭警报发出后,发出方可以不等对方发送关闭警报就单方面关闭连接,这称为"不完全关闭"。在上层的应用确定已经接收所有希望数据后,执行不完全关闭的用户(服务器端或用户端)接下来可能会重新使用这个会话。

2. HTTPS 面临新的安全威胁

近年来,针对 HTTPS 的研究有很多,有的从 HTTPS 部署后对网络开销的影响入手,有的则从 HTTPS 自身面临的安全威胁入手。证书管理机构(Certificate Authority,CA)作为证书签发机构,是 TLS 会话双方均充分信任的对象。如果 CA 签发的证书存在问题,那么会对 HTTPS 通信安全产生严重影响。Zakir Durumeric 等人[90]调查了 1 832 个合法的 CA 证书,发现仅有 7 个证书使用名称限制,40% 的证书没有路径长度限制。他们发现,超过半数的证书中包含不够安全的 RSA1024 比特密钥。

2009 年 TLS 被曝存在重协商漏洞外。漏洞存在的原因是不同数据流之间没有延续性及应用程序与 TLS 信息交互不够及时,攻击者利用中间人模式完成攻击后,能够实现执行任意的 HTTP GET 请求、跨站脚本(XSS)等进一步攻击。目前,重协商漏洞已经基本得到了修复。除了重协商漏洞外,侧信道劫持(Sidejacking)、Cookie 窃取(Cookie Stealing)、Cookie 伪造(Cookie Manipulation)等安全漏洞都对 HTTPS 的安全构成严重威胁,这些漏洞容易被攻击者利用,从而给 HTTPS 连接带来安全隐患。

Somorovsky 等人[91]提出了 TLS-Attacker 开源框架,对 TLS 库的安全性进行评估。TLS-Attacker 使用双阶段模糊测试方法(Two-stage Fuzzing Approach),支持定制 TLS 消息流并允许任意修改消息中的内容。TLS-Attacker 能够自动搜索密码失效(Cryptographic Failure)和边界溢出(Boundary Violation)漏洞、缓冲区溢出/越界(Overflow/Overread)漏洞,从而对 TLS 库行为进行测试。TLS-Attacker 支持 3 种攻击方法,分别是密码攻击(Cryptographic Attack)、状态机攻击(State Machine Attack)和缓冲区溢出/越界(Overflow/Overread)攻击。

8.5　移动云计算安全

作为移动互联网和云计算结合的产物,移动云计算具有无线移动互联、灵活终端应用和便捷数据存取等特点,但同时也面临着巨大的安全威胁。一方面,移动云计算通过各种无线或移动网络接入和访问云端,网络连接环境变得十分复杂,任何漏洞都有可能被恶意用户和黑客用来进行攻击。另一方面,云端为多租户提供服务,很可能存在一些恶意的租户,他们利用共享的云端环境来窃取其他合法租户的数据。此外,从移动用户角度来看,提供公共服务的云端也是不可信的,云服务提供商(Cloud Service Provider,CSP)可能会因一些不可告人的目的而访问甚至有意泄露用户的数据。据 Verizon 公司统计,2015 年全球 61 个国家出现了 79 790 起云数据泄露事件,如此频频发生的云数据安全事件使用户对移动云计算的安全性十分担忧,也削弱了移动用户使用云服务的信心。

为解决移动云计算的安全问题,近年来学术界和产业界开展了大量深入的研究,取得了一系列研究成果,特别是针对云数据的安全问题,提出了许多新的密码技术和安全解决方案。考虑到移动云计算中涉及的其他安全问题在前面几小节中已进行了介绍,本节将重点针对云数据安全问题及相应安全技术进行分析。

8.5.1　云计算数据安全

在移动云计算环境中,用户的数据和计算任务通过移动互联网迁移到云端数据中心,并由云端进行计算、存储和处理。在这些操作过程中,用户数据不仅面临着来自传统网络的攻击,而且还面临着来自 CSP 内部的攻击,从而使得移动云计算用户的数据面临巨大的安全挑战。

1. 云计算数据安全威胁

云端是一个资源虚拟化和多租户的环境,移动用户在将数据外包给云端的同时,其数据也面临着巨大的安全威胁,包括数据泄露、非法访问以及用户数据破坏或丢失等。

- 数据泄露。在开放网络环境下,移动云计算既面临着各种传统网络安全的威胁(如网络窃听、非法入侵和非授权访问等),又面临着云环境下的共享虚拟机漏洞、侧信道攻击和云端内部攻击等威胁,这些威胁都很容易造成存储于云服务器上的数据泄露。另外,当用户需要删除云端数据时,云服务器可能并不真正删除用户数据,而只是逻辑上将其标记为不可用,这种用户数据留下的"印迹"很容易被其他用户恢复,从而造成数据泄露。

- 非法访问。数据外包给云服务器,用户就失去了对数据的物理控制权,云服务器对数据进行何种操作用户将不得而知,云服务提供商可能会因某种商业目的而蓄意窥探用户数据,甚至将用户数据提供给第三方使用。存储于云端的用户数据还有可能在用户不知情的情况下,被第三方监听访问。此外,恶意黑客的攻击也可能获取系统访问权限,进一步非法读取和使用用户数据。

- 数据破坏或丢失。存储于云中的数据可能会因管理误操作、物理硬件失效(如磁盘损坏)以及电力故障、自然灾害等情况而丢失或损坏,造成数据服务不可用。另外,CSP 还可能会为了节省存储空间、降低运营成本而移除用户极少使用的数据,致使用户数据丢失。

2. 云计算数据安全需求

面对来自云服务系统外部和内部的各种攻击与安全威胁,有必要采取措施保护用户的数据安全,即保护数据的机密性,防止数据被非法访问,确保数据的完整性和数据被可信删除。

- 数据机密性。数据机密性是云数据服务最基本的安全需求,它要求只有数据拥有者和授权用户才能够访问数据内容,其他任何用户(包括 CSP 在内)都不能获得任何数据内容。

- 访问可控性。访问可控性意味着数据拥有者能够对外包给云端的数据进行访问控制,通过对用户授权,允许其他用户访问部分数据。不同用户可以授予不同的数据访问权限,以实现细粒度的数据访问控制。

- 数据完整性。数据完整性要求用户数据必须正确、可靠地存储于云服务器中,不允许被非法篡改、故意删除或恶意伪造。如果数据被非法篡改、故意删除或恶意伪造,那么数据拥有者应该能够检测出数据遭受了破坏。

- 数据可信删除。数据可信删除是指当用户要求 CSP 删除其数据时,CSP 应彻底删除或"破坏"用户数据,使任何其他用户(包括 CSP)均不能再获得数据内容。

3. 云计算数据安全方案

根据云计算数据安全需求,各种数据安全解决方案相继提出,如表 8-2 所示。

表 8-2　云数据安全威胁、安全需求与安全方案

安全威胁		安全需求	安全技术方案
数据泄露	网络窃听、非授权访问、云端内部攻击、虚拟机侧信道攻击等	数据机密性	• 代理重加密 • 查询加密 • 同态加密
非法访问		数据访问控制	• 基于选择加密的访问控制 • 基于属性加密的访问控制
数据破坏或丢失	恶意篡改、有意丢弃、操作配置错误、存储硬件失效、电力故障、自然灾害等	数据完整性	• 数据持有性证明 • 数据可恢复证明
数据泄露 （数据残留）	数据仅逻辑上删除、数据备份未删除、数据迁移留下数据"印迹"	数据可信删除	• 集中式密钥管理的可信删除 • 分散式密钥管理的可信删除 • 层次化密钥管理的可信删除 • 属性策略密钥管理的可信删除

8.5.2　云数据机密性保护

加密技术是保护云数据机密性的一种常用方法。然而，简单地使用传统加密技术将使得外包给云端的数据无法有效地在云端进行查询、计算和共享等操作与服务。比如，当用户要查询在云端的某一数据时，由于数据被加密，云服务器无法为用户提供查询，用户只能将所有密文数据下载到本地解密后才能进行相应查询。同样，对数据进行其他操作也将如此。显然这种方式将带来巨大的通信开销，也违背了用户将数据外包给云端存储或处理的初衷。为了解决这些问题，确保用户数据机密性的同时保证云服务器提供正常的应用服务，需要采用代理重加密、查询加密和同态加密等新型加密技术。

1. 混合加密机制

密码算法包括对称密码算法和非对称密码算法（公钥密码算法）两种。其中，对称密码算法加解密运算复杂度低，运行速度快，而非对称密码算法通常依赖于某个数学难题（如大数分解问题、离散对称问题等），加解密运算复杂度高，运行速度慢。但与对称密码相比，非对称密码的密钥管理相对简单灵活，应用范围和场景也更加广泛。

在云计算环境中，为了保证系统的运行效率和各种应用的灵活性，通常使用混合加密机制来保证云数据的安全，如图 8-9 所示。首先，使用对称密码算法加密数据量较大的数据文件，以保证加解密运算具有高速度和低复杂性；然后，用公钥密码算法封装用户加密数据文件的对称密钥，以方便实现多种灵活的云数据访问控制方式。尽管公钥密码算法速度较

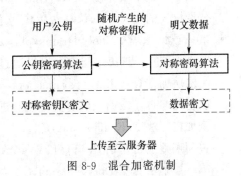

图 8-9　混合加密机制

慢,但由于对称密钥数量非常少,因此整个系统的运行速度是非常快的。

数据拥有者使用混合加密机制将加密的文件上传到云服务器中,而数据使用者通过解封装获得对称加密密钥 K,然后对数据文件进行解密,最终得到明文数据。混合加密机制充分利用了对称和公钥密码各自的优点,在对数据文件进行加密时,可以使用随机的对称密钥,有效提高了数据的安全性。由于随机的对称密钥以密文的形式保存在云端,而本地只需保存公钥算法的公/私钥对,从而大大降低了用户端密钥的管理复杂性。

2. 代理重加密

在云环境下加密会给不同用户间的灵活数据共享带来一定的困难。一方面,共享策略的任何改变都需要对数据重加密,若让云端来完成重加密,则云端需要首先解密数据,这使得明文数据暴露给了不信任的云端,而让数据拥有者来重加密,又会给数据拥有者带来巨大的计算和通信开销。另一方面,大规模用户数据共享涉及大量密钥的生成、分发和管理,也会带来巨大的计算、通信和存储开销。代理重加密(Proxy Re-Encryption,PRE)技术为解决上述云数据共享提供了一种较好的解决方案。

1) 代理重加密基本概念

代理重加密是密文间的一种密钥转换机制,在代理重加密系统中,代理者(Proxy)在获得由授权人产生的针对被授权人的转换密文(代理重加密密钥)后,能够将原本加密给授权人的密文转换为针对被授权人的密文,然后被授权人只需利用自己的私钥就可以解密该转换后的密文。在代理重加密过程中,虽然代理者拥有转换密钥,但无法获取密文中对应明文的任何信息。

根据代理转换密钥的性质,代理重加密分为双向代理重加密和单向代理重加密两种。在前者中,代理者利用代理钥既能将 Alice 的密文转换成针对 Bob 的密文,又能将 Bob 的密文转换成针对 Alice 的密文;在后者中,代理者利用代理钥只能将 Alice 的密文转换成 Bob 的密文,而无法进行另一方向的转换。根据密文能否被多次转换这一性质,代理重加密又可分为多跳代理重加密和单跳代理重加密两种;前者允许密文被多次转换,而后者只允许密文被转换一次。

2) 代理重加密主要算法

以单向代理重加密为例,一个代理重加密方案 PRE 一般由如下 8 个算法(Setup, KeyGen,RekeyGen,Enc_1,Enc_2,ReEnc,Dec_1,Dec_2)构成。

- 系统建立算法 Setup(K):给定安全参数 K,该算法生成全局参数 params。
- 密钥生成算法 KeyGen(params):该算法负责生成少私钥对(pk_i,sk_i)、(pk_j,sk_j)。
- 重加密密钥生成算法 ReKeyGen(params,sk_i,w,pk_j):给定授权人的私钥 sk_i 和以及被授权人的公钥 pk_j,该算法生成一个重加密密钥 $rk_{i\to j}$。
- 第一层加密算法 Enc_1(params,pk_i,m):给定公钥 pk_i 和明文 m,该算法生成一个第一层密文 CT_i。该第一层密文可以通过重加密算法 ReEnc 进一步转换为第二层密文。
- 第二层加密算法 Enc_2(params,pk_j,m):给定公钥 pk_j 和明文 m,该算法生成一个第二层密文 CT_j。该第二层密文不能被进一步转换。
- 重加密算法 ReEnc(params,CT_i,$rk_{i\to j}$):给定针对公钥 pk_i 和第一层密文 CT_i,该算法利用重加密密钥 $rk_{i\to j}$ 生成一个针对公钥 pk_j 的第一层密文 CT_j。
- 第一层解密算法 Dnc_1(params,CT_i,sk_i):给定针对公钥 pk_i 的第一层密文 CT_i,该算

法利用相应的私钥 sk_i 进行解密从而得到明文 m。

- 第二层解密算法 $\mathrm{Dnc}_2(\mathrm{params},\mathrm{CT}_j,\mathrm{sk}_j)$：给定针对公钥 pk_j 的第二层密文 CT_j，该算法利用相应的私钥 sk_j 进行解密从而得到明文 m。

若 PRE 方案正确，则以下等式成立：

$$\mathrm{Dec}_1(\mathrm{Enc}_1(\mathrm{pk}_i,m),\mathrm{sk}_i)=m,\mathrm{Dec}_2(\mathrm{Enc}_2(\mathrm{pk}_j,m),\mathrm{sk}_j)=m,\mathrm{Dec}_2(\mathrm{ReEnc}(\mathrm{CT}_i,\mathrm{rk}_{i\to j}),\mathrm{sk}_j)=m。$$

3）几种代理重加密方案

基于身份的代理重加密（Identity-Based Proxy Re-Encryption，IB-PRE）方案。将代理重加密引入基于身份的环境中，以用户身份作为公钥进行数据加密，而用户私钥则根据用户身份来产生。该方案最大的问题是需要一个可信的第三方来生成用户私密并进行管理。无证书代理重加密（Certificateless Proxy Re-Encryption，CL-PRE）方案。该方案利用身份作为公钥的一部分，具有基于身份和无证书公钥密码体制的优点，解决了传统 PKI 中的证书管理问题和基于身份公钥系统中的密钥托管问题。

基于时间的代理重加密方案的基本思想是将时间概念引入 PRE 中，当用户访问权限在访问时间内有效时，可以解密相应数据；而当其预定义的时间期满后将自动终止，即撤销用户。该方案解决了共享用户撤销时，需数据拥有者在线给第三方发送代理重加密密钥的问题。

4）基于代理重加密的云数据共享

在云存储环境下，当用户需要将某些数据与指定用户进行共享时，可以使用代理重加密机制。例如，如果用户使用上一节的混合加密机制来保护数据，那么可以委托 CSP 将自己公钥封装的对称密钥 K 密文转换为某一数据使用者公钥封装的对称密钥 K 密文，而 CSP 不能解密获知相应的对称密钥 K。重加密操作由 CSP 完成，以节省用户的计算开销。

代理重加密的实现需要一个代理重加密密钥 rk。首先，当需要数据共享时，由数据拥有者生成 rk 转换密钥，并发送给云服务器；然后，云服务器利用 rk 转换密钥将加密数据转换为针对指定共享用户的密文；最后，指定用户利用其自身的私钥解密转换后的密文，从而实现数据的安全共享。密文转换过程中（如图 8-10 所示），代理者虽然拥有转换密钥，但无法获取明文的任何信息。

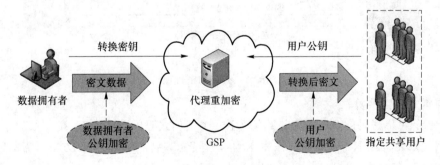

图 8-10　基于代理重加密的云数据共享

3. 查询加密

出于数据机密性的考虑，用户会将数据以密文的形式外包存储在云服务器中。但当用户需要提取包含某些关键字的数据时，会遇到如何在云端服务器进行密文搜索的难题。一种简单的方法是将所有密文数据下载到本地进行解密，再进行关键字查询，但这种方法将浪费巨大的网络带宽,为用户带来大量不必要的存储和计算开销。另一种方法是将密钥和需查询的关键字发给云服务器,由云服务器解密数据后进行查询,显然这种方法泄露了用户数据,不能满足数据机密性要求。为此,支持密文搜索的查询加密(Searchable Encryption,SE)技术应运而生。

1) 查询加密基本概念

查询加密的基本思想是通过构造安全索引、利用查询陷门来高效地支持密文搜索,其一般过程如图 8-11 所示。首先数据拥有者加密本地数据,同时生成查询安全索引(step1),安全索引与密文数据一起上传至服务器阶段(step2)。当用户需要查询数据时,向数据拥有者发送查询请求(step3),数据拥有者根据查询请求生成查询陷门(step4),并返回给用户生成的陷门,同时给用户一个解密密钥(step5)。用户提交查询陷门给云端服务器(step6),服务器执行查询(step7),将查询结果返回给用户(step8)。最后,用户利用数据拥有者发给的密钥解决查询结果,获得需要的数据(step9)。

根据采用密码体制的不同,可将 SE 方案分为基于对称密码的 SE 方案和基于公钥密码的 SE 方案两类。基于对称密码的 SE 方案的构造通常基于伪随机函数,具有计算开销小、算法简单、速度快的特点,除了加解密过程采用相同的密钥外,其陷门生成也需密钥的参与。此外,还需要专门的安全信道来传输密钥。基于公钥密码的 SE 方案使用两种密钥,公钥用于明文信息的加密和目标密文的检索,私钥用于解密密文信息和生成关键词查询陷门,公钥查询加密算法通常涉及复杂的公钥计算,加解密速度较慢,但由于公私钥相互分离,非常适用于多用户体制下查询加密环境,而且其支持的查询功能更加灵活(如范围查询、子集查询等)。

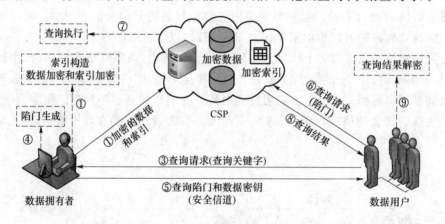

图 8-11　查询加密过程

2) 查询加密主要算法

一个基于对称密码的 SE 方案主要有以下 6 个多项式时间算法。

- 密钥产生算法 Keygen:该算法根据输入的安全参数 λ 来产生 SE 方案所需的密钥 k,即 Keygen(λ)→k。
- 加密算法 Enc:该算法以密钥 k 和明文集合 D 为输入,输出密文集合 C,即 Enc(k,D)→C。
- 索引生成算法 BuildIndex:该算法以密钥 k 和明文集合 D 为输入,从明文中提取关键字并加密,输出索引集合 I,BuildIndex(k,D)→I。
- 查询陷门生成算法 Trapdoor:该算法以密钥 k 和查询关键字 w 为输入,输出查询陷门 t,即 Trapdoor(k,w)→t。

- 查询算法 Search：该算法以由明文集合 D 生成的索引集合 I 和查询关键字 w 对应的陷门 t 为输入，输出包含关键字 w 的密文集合 C_w，即 $\mathrm{Search}(I,t) \to C_w$。
- 解密算法 Dec：该算法用于对查询后的结果进行解密，获得所需的明文数据，它以密文 $c_i(c_i \in C)$ 和密钥 k 为输入，输出对应的明文 $d_i(d_i \in D)$，即 $\mathrm{Dec}(d_i,k) \to d_i$。

基于公钥密码的 SE 方案一般也由以上 6 个算法构成，不同之处在于 Keygen 算法产生公钥 pk 和私钥 sk，Enc 和 BuildIndex 算法采用公钥 pk，Dec 和 Trapdoor 算法采用私钥 sk。

3）安全查询索引

为了保护查询隐私和提高密文查询效率，SE 方案一般都是通过构造关键字的安全索引来实现查询功能的。有两种基本的安全索引类型。

① 以关键字组织的索引，也称倒排索引（Inverted Index），即每个关键字对应一个由包含该关键字的所有文件构成的文件列表，其优点在于查询速度快。但当添加一个新文件时，需更新所有对应的关键字文件列表，且仅支持单关键字查询。

② 基于文档构造的索引，即为每个文档构造一个由该文档中的所有关键字构成的关键字列表，此类索引结构在文档更新时，不会影响其他文档对应的索引，但在进行关键字查询时，需搜索所有索引。

此外，还采用一些树结构来构造关键字索引，如 B 树、B+ 树等。与采用链表的索引结构相比，这种基于树的索引结构具有更高的查询效率。

4）安全查询功能

在保护数据和关键字隐私的前提下，如何在加密数据上获得与明文一样的查询体验是一个具有挑战性的问题。目前，提出的 SE 方案支持的查询条件越来越灵活，支持的查询功能也越来越丰富，不但实现了单关键字查询和多关键字查询，而且能够提供模糊查询、范围查询等功能，有的 SE 方案还能够同时支持多关键字和模糊查询。

动态数据查询支持。在 SE 方案中，当添加、修改或删除数据时，意味着需要动态地改变查询索引，才能支持原有的查询功能，否则查询的结果将不准确，甚至出现错误的查询结果。因此，如何构造支持动态操作的查询索引结构是实现动态数据查询的关键。一些方案采用矩阵分块的思想来支持关键字索引字典的动态更新。

查询结果排序。用户在进行数据查询时，云服务器可能会搜索出大量的数据。而用户总是期望服务器能够返回与查询关键字最相关的数据，一方面可使用户快速找到目标数据，另一方面可减少不必要的带宽消耗，这就要求云服务器对查询到的结果进行排序。为了实现查询结果排序，需要一个排序标准，如关键字频次与文档频次（TF×IDF）、坐标匹配内积相似度和余弦相似性等。

4. 同态加密

在解决一些大规模最优化、大数据分析、生物特征匹配等问题时，会涉及大量的数据计算。对于资源有限的移动用户来说，承担如此巨大的计算是不可行的。一种有效的解决方案是借助云端的强大计算能力为移动用户提供计算服务，但这会使用户的敏感数据暴露给云服务器。这个问题可以通过加密数据，并让云服务器在密文数据上进行计算来解决，这就需要用到同态加密（Homomorphic Encryption，HE）技术。

1）同态加密基本概念

同态加密是一种支持直接在密文上进行计算的特殊加密体系，它使得对密文进行代数运算得到的结果与对明文进行等价运算后再加密所得结果一致,而且整个过程中无须对数据进行解密,即对于函数 f 及明文 m,有 $f(\mathrm{Enc}(m)) = \mathrm{Enc}(f(m))$。若函数 f 是某种特定的类型计算(如加法、税法运算)或有限次特定类型计算的复合,则称该类方案为部分同态加密(Somewhat Homomorphic Encryption,SwHE)方案;反之,若函数 f 可以是任意有效函数且支持无限次运算,则称该类方案为全同态加密(Fully Homomorphic Encryption,FHE)方案。

2)同态加密主要算法

同态加密方案有 4 基本算法:密钥生成算法 KeyGen、加密算法 Enc、解密算法 Dec 和密文计算 Evaluate。其中,Evaluate 算法是同态加密 4 个算法中的核心,这个算法的功能是对输入的密文进行计算,且具有同态性。

3)全同态加密构造

从密文计算次数的角度,可将 FHE 方案分为纯(Pure)FHE 和层次(Leveled)FHE,前者可以对任意深度的电路进行计算,即对密文进行无限次的计算,而后者只能对任意多项式深度的电路计算,即进行有限次密文计算。从构造 FHE 采用的数学基础来看,现有的 FHE 方案可分为基于理想格的方案、基于整数的方案和基于 LWE(Learning With Errors)的方案 3 种。

基于理想格和基于整数的 FHE 方案构造方法主要是遵循 Gentry 提出的构造框架,其构造思想是非常"规则"的。首先构造一个部分同态加密方案,然后"压缩"解密电路,进行同态解密,最后在循环安全的假设下,通过递归来实现 FHE 方案。在该 FHE 构造框架中,采用同态解密技术的前提条件是解密电路的深度要小于 SwHE 方案所能计算的深度,若满足该条件,则称 SwHE 方案是可自举启动的(Bootstrappable)。该 FHE 构造框架的同态解密非常关键,其目的是控制密文噪声的增长,以保证递归运算后密文能够被解密。

基于 LWE 的 FHE 方案都是以 LWE 或 R-LWE 为安全假设条件,其构造过程如下:首先构造一个 SwHE 方案;然后采用密钥交换技术和模交换技术,来分别控制密文计算后新密文向量维数的膨胀和噪声的增长;最后通过迭代获得 FHE 方案,通常仅能实现层次 FHE。

这种构造方法无须效率低下的同态解密技术,极大地提高了 FHE 的效率。然而,密钥交换技术引入了许多密钥交换矩阵,每次密钥交换都要乘以一个密钥交换矩阵,这直接影响了 FHE 的效率,因此如何改进密钥交换技术就成了此类 FHE 方案构造的关键问题。

FHE 方案通常都非常复杂,运行效率十分低下,但也可进行一些优化,如控制密文的大小、提高密钥产生效率和减少计算维数等。采用 SIMD(Single Instruction Multiple Data)技术来实现 FHE 是提高全同态效率的一种有效方法。可采用 SIMD 来提高自举启动的性能,使重加密能够并行运行。

8.5.3 云数据访问控制

传统的访问控制方法需要依赖一个可信的服务器,其控制策略通常由信任的服务器来实施,而在移动云环境下,用户并不信任远程的云服务器,因此传统的访问控制方法无法直接应用于云环境中。针对这一问题,研究人员提出了针对不可信云环境的基于加密的访问控制技术。该技术通过数据加密并转换成相应授权策略的方式来完成访问控制的"自实施",在保护数据机密性的同时有效地实施数据授权访问控制策略。

然而,简单选择传统的加密方法会给加密数据的访问控制带来一定的困难:一是大规模用户的数据共享需要大量密钥,生成、分发和保管这些密钥比较困难;二是如果需要制定灵活可控的访问策略,实施细粒度的访问控制,会成倍地增加密钥数量;三是当用户访问权限更新或撤销时,需要重新生成新的密钥,势必引入巨大的计算量。本节将针对这些问题介绍两种基于加密的访问控制技术,即基于选择加密(Selective Encryntion)的访问控制和基于属性加密(Attribute-based Encryption,ABE)的访问控制。

1. 基于选择加密的访问控制

基于选择加密的访问控制思想是将加密机制与访问控制策略相结合,通过密钥的分发管理来控制数据的授权访问,其核心是如何有效地将访问控制策略转换为等效的加密策略,以及如何安全、高效地产生和分发密钥。其中,密钥产生和分发通常采用密钥派生技术。

1) 密钥派生原理

密钥派生是指一个密钥可通过另一个密钥和一些公开的信息来计算产生。这种方法首先需要定义和计算公开的令牌。设 K 是对称密码系统中的密钥集,给定 K 中的两个密钥 k_i 和 $k_j(k_i,k_j \in K)$,以及一个令牌 t_{ij},这里 $t_{ij}=k_j \oplus h(k_i,l_j)$,其中 l_j 是一个与 k_j 相关的公开可获得的标签信息,$\oplus$ 是位异操作,h 是一个确定性密码函数。若用户知道密钥 k_i 和公开的令牌 t_{ij} 和标签信息 l_j,则可计算出另一密钥 k_j。在已知一系列公开的令牌时,可通过上述方法计算出一系列密钥。由于令牌和标签信息可公开获得,因此这种派生方法大大简化了用户密钥的管理。

密钥派生可通过密钥派生图来定义实现。密钥派生图是一个有向无环图,顶点表示密钥,边表示令牌。密钥派生图可有效实施访问控制策略,但图中的令牌和 key 数量比需要的多,而令牌数量将直接影响系统的访问时间。因此需要移除一些不必要的令牌,即图中的边。最小化密钥派生图中的边是一个 NP 难问题,Vimercati 等人设计了相应的启发式算法,有效地实现了密文数据的控制。

2) 高效访问控制

当用户群能够建模为一个偏序集(一个有向图)时,就需要进行分层访问控制处理。一个拥有某类访问权限的用户能够访问该类资源及其所有子类资源。这种层次结构的密钥管理问题实际就是给一层中每类资源分配一个密钥,满足子类资源的密钥能够通过高效的密钥派生来获得。针对这种访问层次的密钥管理和密钥派生问题,Atallah 等人提出了一个满足如下特性的访问控制方案:

① 公共信息的空间复杂度与存储的密钥层次结构相同;

② 每一类的秘密信息由一个与该类相关的密钥组成;

③ 更新(撤销和添加)在每层的局部处理;

④ 方案在防共谋方面证明是安全的;

⑤ 每一个节点都能够在有限路径长度内,通过一定数量的对称密钥操作,派生计算出其任何一个子孙节点;

⑥ 方案的安全是基于伪随机函数的,而不是依赖于随机预言模型(Random Oracle Model)。方案还通过适当地增加与层次结构相关的公开信息量,来减少密钥的派生时间。

3) 访问策略更新与管理

访问策略可能会经常发生变化,相应也需要重新生成加密策略。通常涉及的更新操作包括用户的插入/删除、资源的插入/删除和权限的允许/撤销等。当用户访问权限改变时,需要对数据进行重加密计算,从而使得数据拥有者承担大量的加密计算和通信开销。一种较好的解决方案是将访问控制策略的实施,代理给云服务器来执行(但同时要保证服务器不能获知数据内容信息),从而最小化数据拥有者的开销。

Vimercati 等人给出了由数据拥有者来管理授权策略的策略更新过程。为减少策略更新给数据拥有者带来的开销,他们采用了更新操作外包的思想,提出了基于两层加密的授权策略更新方案:基本加密层(Base Encryption Layer,BEL)执行初始访问控制策略,而表面加密层(Surface Encryption Layer,SEL)执行访问控制策略更新。

针对数据拥有者实施访问控制策略带来的大量加密计算和通信开销问题,Nabeel 等人提出了一个基于两层加密的访问控制方法。其基本思想是将访问控制策略(Access Control Policies,ACP)进行分解,一部分用于数据拥有者实施粗粒度加密,以保证数据的机密性,另一部分用于云服务器实施细粒度加密,以实施细粒度的数据访问控制。问题的关键在于如何将访问控制策略 ACP 分解到两层加密上,以保证授权访问(同时保护数据的机密性和用户的隐私性),这个问题是 NP 难问题,可采用设计相应的启发式算法进行求解。

2. 基于属性加密的访问控制

属性加密(Attribute-Based Encryption,ABE)以用户属性为公钥,通过引入访问结构将密文或用户私钥与属性关联,能够灵活地表示访问控制策略,对数据进行细粒度访问授权,且具有良好的系统扩展性,是实现云数据访问控制的理想方案。

典型的基于 ABE 的访问控制系统一般包括一个可信机构(Attribute Authority,AA)、一个数据发布者(加密者)和多个数据使用者(解密者)。可信机构审核用户属性并为用户生成属性对应的私钥。系统在生成密钥或者产生密文时可以根据一个访问结构来产生,使得只有满足指定属性条件的用户才可以解密密文,从而实现数据的授权访问。

1) 两种基本 ABE

ABE 可分为密钥策略 ABE(Key-Policy ABE,KP-ABE)和密文策略 ABE(Cipheriext-Policy ABE,CP-ABE)两种类型,分别如图 8-12 和图 8-13 所示。在 KP-ABE 方案中,用户的私钥对应一个访问结构,密文对应一个属性集合,而在 CP-ABE 方案中,密文对应一个访问结构,用户的私钥对应一个属性集合,两种方案中都只有用户属性集合中的属性满足访问结构时才能成功解密。ABE 机制本质是属性集合与访问结构的匹配,KP-ABE 是一个属性集合和多个访问结构进行匹配,而 CP-ABE 是一个访问结构和多个属性集合进行匹配。

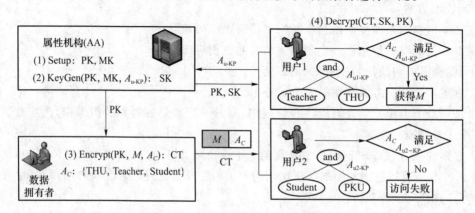

图 8-12　KP-ABE 原理

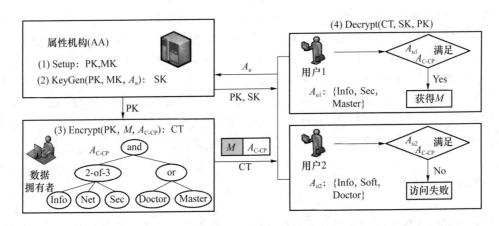

图 8-13 CP-ABE 原理

一个 ABE 方案通常有 4 个核心算法，即 Setup、KeyGen、Encrypt 和 Decrypt。AA 用 Setup 算法为系统产生公共参数 PK 和主密钥 MK（Step1），用 KeyGen 算法为用户生成私钥 SK（Step2）；数据拥有者用 Encrypt 算法加密产生密文数据 CT（Step3）；用户用 Decrypt 算法和自己的私钥 SK 解密 CT 获得明文数据（Step4）。

2）访问策略表达

访问控制策略一般采用访问结构（Access Structure）来表达。访问结构是描述访问控制策略的逻辑结构，其中定义了授权访问集合和非授权访问集合。访问结构的概念最初来源于门限秘密共享方案。在秘密共享方案的访问结构中，将参与者分成了两个部分，一部分是可以重构秘密的授权集合，另一部分是不能重构秘密的非授权集合。因此可以说秘密共享相当于一类简单的访问结构。

设 n 个参与者的集合 Γ 是由参与者子集构成的集合。如果 Γ 是单调的访问结构，那么应该满足：对于所有的 B、C，如果 $B \in \Gamma$ 且 $B \subseteq C$，那么 $C \in \Gamma$，其中 B、C 表示由参与者构成的集合。因此，一个访问结构 Γ 是由一个非空的参与者构成的集合，也可以说 Γ 中的元素是参与者的集合。在 ABE 方案中，通常以用户身份属性集合来代替上述访问结构中的参与者集合，其中的授权集合实质就是满足密钥策略或密文策略的属性集合（合法的身份）。

访问结构直接决定了基于 ABE 的访问控制策略的表达能力。最基本的访问结构目前主要有门限访问结构、基于树的访问结构和基于 LSSS（Linear Secret Sharing Scheme）矩阵的访问结构。门限访问结构是最简单、最基础的访问结构，如 (t,n) 门限结构表示授权集合为 t 个或者多于 t 个参与者构成的集合，而非授权集合为少于 t 个参与者构成的集合。基于树的访问结构可以支持属性的"与""或""门限"和"非"等操作，能够实现复杂逻辑表达式描述的访问策略。树访问结构可以看作是在门限结构基础上的扩展，其中"与"门可表示为 (n,n) 门限，"或"门可表示为 $(1,n)$ 门限。基于 LSSS 矩阵的访问结构与基于树的访问结构具有相同的策略表达能力，且描述更加简洁。基于树的访问结构可以通过相应算法转换为 LSSS 矩阵结构。

3）访问权限撤销与访问控制效率

实际的数据共享系统通常会动态地撤销用户访问权限。在基于 ABE 的访问控制系统中，用户访问权限撤销有 3 种：用户撤销、用户部分属性撤销和系统属性撤销。其中，用户撤销将撤销其所有属性，用户部分属性撤销只撤销用户的某些属性，撤销的用户属性不影响其他具有这些属性的用户权限，而系统属性撤销则会影响具有该属性的所有用户。属性撤销的难点在于：当某一属性被撤销时，如何更新与该属性相关的密文数据和如何高效地分发属性更新密钥。现有方案一般利用双重加密、代理重加密等技术实现了上述 3 种访问权限的撤销。

ABE 实质是一种公钥密码，其构造主要以各种数学难题（如判定 BDH 问题）为基础，方案大都涉及复杂的双线性对运算，计算量非常大，且密文大小和加/解密时间还会随访问结构复杂性的增长而增长。为了减少用户端的计算量，充分利用云服务器的计算能力，现有很多方案都采用外包计算的思想，将涉及大量计算的加密、解密、密钥产生以及属性撤销带来的密文更新等操作都外包给云服务器，从而提高云数据访问控制系统的实用性。

8.5.4 云数据完整性保证

传统数据完整性验证方案主要采用消息认证码和数字签名相结合的技术，由用户直接对数据进行验证，但在云存储环境下，由于带宽和资源条件的限制，用户不可能将数据全部取回进行验证。针对此问题，研究者们提出了支持远程无块验证（Blockless Verifiability）的技术，即在不下载用户数据的前提下，仅仅依据数据标识和简单的挑战一应答方式来完成完整性验证，典型的技术有数据持有性证明（Provable Data Possession，PDP）和数据可恢复证明（Proof of Retrievability，POR）。

1. 数据持有性证明

PDP 是一种基于挑战一应答协议的概率性远程完整性验证方案，其基本思想是，用户在上传存储到云服务器前为数据块生成验证标签，用户通过一个挑战-应答协议，根据云服务器生成的验证证据和存储于本地的验证标签来检验数据是否被修改。

1）PDP 主要算法

一个 PDP 方案主要由 4 个多项式时间算法构成，分别如下。

- 密钥生成算法 KeyGen：该算法运行于用户端，以安全参数为 k 输入，产生一对公/私钥 (pk,sk)，即 $KeyGen(1^k) \to (pk,sk)$。
- 验证标签生成算法 TagBlock：该算法运行于用户端，以公/私钥对 (pk,sk) 和一个文件块 m 为输入，输出相应验证标签 T_m，即 $TagBlock(pk,sk,m) \to T_m$。
- 验证证据生成算法 GenProof：该算法运行于服务器端，以公钥 PK、文件块集合 F、用户挑战 chal 和相应文件块的验证标签集合 Σ 为输入，生成验证证据 v，即 $GenProof(pk,F,chal,\Sigma) \to v$。
- 证据验证算法 CheckProof：该算法运行于用户端，以公/私钥对 (pk,sk)、用户挑战 chal 和相应验证证据 v 为输出，输出验证结果，即 $CheckProof(pk,sk,chal,v) \to$ {"success", "failure"}。

2）PDP 协议过程

PDP 协议基本过程如图 8-14 所示，大致分为 3 个阶段：初始化阶段、验证信息生成与数据存储阶段、数据验证阶段。

- 初始化阶段：用户运行 KeyGen 算法，产生所需的密钥 (pk,sk)。
- 验证信息生成与数据存储阶段：首先，用户对文件数据进行分块，得到文件块集合 F，运行 TagBlock 算法，为每个数据块计算标签值 T_m，并生成一个描述文件数据块信息的元数据（metadata）文件；然后，用户发送公钥、数据块和相应标签值（即 pk、F 和 Σ）到远程云服务器存储，而元数据文件存储于本地。

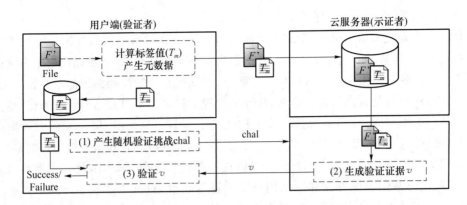

图 8-14　PDP 协议

- 数据验证阶段：当用户需要验证数据时，随机生成一个用户挑战 chal（对应于一个任意选择的需验证的数据块集合），并发送给云服务器；云服务根据收到用户挑战，查询相应的数据块和数据标签，运行 GenProof 算法，并生成对应的验证证据，返回给用户；之后，用户运行验证算法 CheckProof 验证从服务器返回的证据，得到数据是否存储在云端的结论。

在上述数据验证过程中，用户端只需要存储常量级的验证元数据，服务器端只需要按照用户的挑战抽样访问小部分文件块来生成验证证据，挑战/应答协议也只需传输少量的数据，大大减少了用户端的存储开销、服务器的 I/O 和计算开销、验证通信开销。

3）支持动态数据操作

在许多云存储应用场景中，数据可能会被频繁地修改、删除和插入，如何支持这种动态变化数据的完整性验证，是构造 PDP 方案面临的一个挑战性问题。原因在于，当数据动态变化时，为了能够进行完整性验证，需要全部重新计算数据标签，显然对资源受限的用户来说，这是不可接受的。Erway 等人则采用公钥密码技术提出了两种动态数据 PDP 方案，一种使用基于等级的认证跳跃表，另一种基于 RSA 树结构，实现了数据的插入操作，但方案是基于 RSA 的模指运算，计算开销较大。此外，还可采用 Merkle 散列树结构来支持动态数据的验证。针对云存储中的另一种数据更新模式，即动态地删除、添加整个文件，而文件内容本身是静态的，Xiao 等人[92]分别采用带虚拟块索引的同态认证符和纠错编码技术，提出了两种多文件远程验证方案 MF-RDC，能够支持用户对由不断添加的文件而构成的一组动态文件组的完整性进行验证，方案还利用聚合验证技术，大大减少了一组文件的验证开销。

4）支持公开可验证

当需要确保大量外包存储于云端数据的完整性时，若仍由用户自己来验证，则会引入巨大的存储和计算开销，显然这对资源受限的用户来说是不可行的。因此，有必要引入拥有更多资源和专业验证能力的第三方审计者（Third Party Auditor，TPA），设计支持公开可验证的方案，使得用户可借助 TPA 来高效地完成数据完整性验证，从而减轻用户的验证负担。但引入 TPA 后会面临数据隐私保护问题，即被验证数据的内容可能会泄露给 TPA。Wang 等人[93]采用基于公钥的同态线性认证符（Homomorphic Linear Authenticator，HLA）和随机掩码，提出了一个支持公开验证的安全云存储系统，保证了 TPA 在审计验证过程中不能获知任何用户数据信息，进一步利用 HLA 的聚合性质，构造了基于 TPA 的批验证方案。

5) 支持多用户修改和用户撤销

在有的云计算应用场景中，一个文档可能由多个用户共同来完成和维护。针对这种多用户数据修改的场景，Wang 等人[94]采用散列索引表来组织数据块，每个数据块由一个虚拟索引和一个随机产生的抗碰撞散列值来标识，以保证数据块的正确顺序和标识的唯一性，避免某一块数据动态操作后其他数据块的重签名，从而高效地支持多用户对数据的动态操作，但方案不支持用户动态撤销。Wang 等人又进一步采用代理重签名技术，并扩展了先前设计的数据块标识信息(增加一个签名者 ID 号)，在支持多用户数据动态操作的同时，支持用户的动态撤销，然而该方案的验证计算开销与组用户数和验证任务数量成比例增长，因此其扩展性较差。另外，其用户撤销方案是以服务器和撤销用户不共谋为假设前提，显然这也不符合实际。Xiao 等人采用基于多项式的认证标签和标签更新代理技术，进一步提出了一个新的完整性验证方案，支持多用户数据修改和用户动态撤销，同时用户在完整性验证过程中只有常数级的计算开销，能够抵抗服务器和撤销用户、合法用户与撤销用户的共谋攻击。

2. 数据可恢复证明

PDP 方案能够检测出数据是否正确，但不保证数据是可取回的，即当数据被破坏时，不能恢复出原始的数据，而可恢复性证明(Proof of Retrievability，POR)则是一种在部分数据丢失或破坏的情况下仍然有可能恢复原始数据的一种远程数据完整性验证协议。

与 PDP 协议类似，POR 也是一种基于挑战一应答协议的远程数据完整性验证协议，但与 PDP 不同的是它采用了纠错编码技术，从而保证了被丢失或被破坏数据的可恢复性。

1) POR 主要算法

一个 POR 方案主要由以下 6 个算法构成，其中 π 为系统参数(如安全参数、文件编码长度/格式、挑战/应答大小等)，a 为验证请求状态参数(初始值一般设为空)，F 为文件数据。

- 密钥产生算法 Keygen[π]→k：用于产生密钥 k(为了分离权限，可将 k 分解为多个密钥)，如果采用公钥密码，则 k 为一对公/私密钥。

- 编码算法 encode($F;k,a$)[π]→($\tilde{F}_\eta,\eta$)：用于将文件 F 编码为一个新的文件 $\tilde{F}_\eta$ 和相应的文件句柄。

- 挑战算法 challenge($\eta;k,a$)[π]→c：用于产生验证者 V 向示证者 P 发出的对应于文件句柄 η 的挑战 c。

- 响应算法 respond(c,η)→r：用于示证者 P 产生对应挑战 c 的响应。

- 验证算法 verify((r,η);k,a)→$b\in\{0,1\}$：用于验证者 V 验证对应挑战 c 的响应 r 是否有效，输出为 1 表示有效，验证成功，否则验证失败。需要注意的是，该算法并没有显式地以挑战 c 为输入，而是用相应文件句柄 η 和验证请求状态参数 a 来隐藏地表示挑战 c。

- 文件提取算法 extract($\eta;k,a$)[π]→F：这是一个交互函数，用于验证者 V 从示证者 P 提取原始文件数据 F。在特定情况下，该函数会调用一系列 challenge 函数，并验证其响应结果，若验证成功，则输出 F_η。

2) 基本 POR 协议

基本 POR 协议过程如图 8-15 所示，主要包括以下步骤。

步骤 1：文件被分成多个块，用 encode 算法进行编码，然后用加密算法加密后再随机嵌入一系列"哨兵"(sentinels)，并发送给云服务器(示证者)存储。

步骤 2：当用户（验证者）需要验证数据时，利用 challenge 算法产生一个验证挑战 c（即随机选择一些位置的"哨兵"），并发送给云服务器。

步骤 3：云服务器用 respond 算法产生一个针对挑战 c 的响应 r（即对应"哨兵"位置的信息），并返回给用户。

步骤 4：用户利用 verify 算法验证服务器返回的响应 r，给出数据是否完整地存储云端且可被正确地恢复的结论。

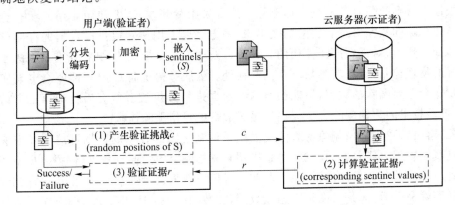

图 8-15　POR 协议

上述 POR 方案的"哨兵"数量是预先定义的，验证过程中使用过的"哨兵"不能再用，因此只能进行有限次的挑战验证。

3）支持动态数据操作和公开可验证

由于 POR 采用冗余纠错编码，使得少量数据的变化将导致大量数据块的修改，进一步地使数据更新操作变得非常困难。为了探索支持动态数据操作的 POR 机制，Wang 等人改进了基本 POR 协议，构造了一个公开可验证的动态完整性验证方案，该方案基于 BLS 签名技术和 Merkle 散列树结构，并在生成签名时移除了文件块索引信息，避免了数据更新时其他数据块的重签名计算。Zheng 等人[95]提出了公平动态 POR 的概念，并采用一个新的认证数据结构（基于距离的 2-3 树）和一种新的增量签名技术（散列压缩签名），构造了相应方案 FDPOR，但方案并不支持公开可验证，不能应用于基于 TPA 的验证环境。

上述方案仅仅是动态 PDP 思想和 POR 技术的简单结合，还不是完全意义上的动态 POR 方案。Stefanov 等人[96]首次构造了动态 POR 方案，该方案提出两层认证设计思想，下层基于消息认证码和版本号，上层采用平衡 Merkle 树认证结构，同时提出一种新的稀疏随机纠删编码技术，并采用缓存机制，设计出一个高效动态的 POR 协议，实现了数据动态更新情况下的数据完整性、新鲜性和可恢复性。Cash 等人[97]提出一个采用 ORAM 的动态 POR 方案 PORAM，允许用户对其存储数据进行任意读、写操作，并通过验证协议确保服务器存储数据的最新版本。方案的主要思想是将数据分为小块，分别对每个小块进行冗余编码，使数据更新仅影响少量的编码符号；而采用 ORAM 技术的目的在于隐藏存储于服务器的各种编码符号的存储位置，即提供访问隐私保护。为进一步提高动态 POR 效率，Shi 等人采用纠删编码技术，提出一个轻量级动态 POR 方案，方案具有常数级客户端存储开销和与采用 Merkle 散列树方案相近的通信带宽开销，并支持公开可验证，在理论上和实用性上都比先前方案好。

为减少公开可验证的通信开销，Yuan 等人提出一个常数级通信开销的公开可验证 POR 方案，方案采用多项式委托和同态线性认证符技术，将验证证据信息聚合在一个多项式里，使通信开销与验证数据块数据无关。

8.5.5　云数据可信删除

用户期望借助云端的存储资源来存储自己的数据,但当用户不需要一些数据的时候,他们希望云端的数据像在本地一样被删除或清理,这些被删除的数据可能包含用户的隐私或用户不希望被他人得到的信息。传统数据删除方法常采用覆盖技术,即使用无用或没有价值的数据覆盖需要删除的数据来达到删除的效果,这种方法要求用户知道自己数据的存储形式和具体物理地址。然而,对现在广泛使用的云计算以及虚拟化模型来说,数据所有者失去了对数据存储位置的物理控制,无法获悉数据存储在何处。云服务提供商 CSP 可能不会老老实实地删除用户发送命令要删除的数据,可能会对这些数据进行分析或者留有后台给第三者访问。因此,基于覆盖技术的数据删除方法无法满足云数据的可信删除需求。

目前,解决云数据可信删除的方法更多是采用基于密码技术的数据可信删除方法。该方法并不是真正物理上删除原始数据,而是采用某种措施"破坏"原有数据,使得数据不能被恢复从而达到删除的效果。具体来说,该方法首先对用户数据进行加密,然后上传存储到云端。在用户发送删除命令后,无论云端是否删除数据,和数据相关的密钥都会被安全销毁。一旦用户可以安全销毁密钥,那么即使不可信的云服务器仍然保留用户本该销毁的密文数据,也不能解密获得数据内容,从而保障了用户删除数据的隐私性。

基于密码技术的数据可信删除的核心是如何有效地删除数据加密密钥,这与密钥的管理方式紧密相关。根据密钥管理方式的不同,可将基于密码技术的数据可信删除分为以下几种:集中式密钥管理的可信删除、分布式密钥管理的可信删除、层次化密钥管理的可信删除以及属性策略密钥管理的可信删除。

1. 集中式密钥管理的可信删除

集中式密钥管理一般需要一台可信的服务器来集中管理密钥。Perlman 等人设计了一种集中式密钥管理的文件可信删除方案,其基本思想是:数据拥有者将文件用数据密钥(Data Key,DK)加密,并设置一个到期时间,DK 再经过可信服务器的公钥加密后外包给可信服务器;当需要解密文件时,授权用户先与可信服务器联系,若当前时间在预设的到期时间之前,则可信服务器使用私钥解密获得 DK 后安全传递给授权用户,用户用 DK 解密原文件密文获得其明文;若预设到期时间已过,则可信服务器将自动删除相应的私钥,从而无法恢复出 DK,最终用户无法解密文件以实现对文件的确定性删除。若数据在有效期后仍需要被访问,则需要更新公私钥对。

上述方案的密钥管理比较简单,缺乏灵活性,不能实现对文件细粒度的访问控制。为此,Tang 等人[99]提出了基于策略的文件确定性删除方案 FADE。该方案描述如下:一个文件与一个访问策略或者多个访问策略的布尔组合相关联,每个访问策略与一个控制密钥(Control Key,CK)相关联,系统中所有的 CK 由一个密钥管理者负责管理和维护;需要保护的文件由 DK 加密,DK 进一步依据访问策略由相应的 CK 加密。如果某个文件需要确定性删除时,只需要撤销相应的文件访问策略,那么与之关联的 CK 将被密钥管理者删除,从而无法恢复出 DK,进而不能恢复和读取原文件以实现对文件的确定性删除。

2. 分布式密钥管理的可信删除

分布式密钥管理的思想是:将数据加密密钥经过秘密分享计算后变成多个密钥分量,然后将这些密钥分量进行分布式管理,常通过 DHT(Distributed Hash Table)网络和 WWW 随机网页等途径进行分布管理。

1) 基于 DHT 网络的可信删除

基于 DHT 网络实现密钥删除主要是利用了 DHT 网络的自动更新机制,其基本过程可描述为:采用 Shamir 的 (k,n) 门限秘密分享方案计算出 n 个密钥分量,然后将密钥分量发布到大规模分布的 DHT 网络中,并删除该密钥的本地备份。在 DHT 网络中,每个节点将自己存储的密钥分量保存一定的时间(如 8 h),当保存时间期限到达后自动清除所存储的密钥分量。随着节点的不断自更新,更多的密钥分量将被消除,当清除的密钥分量达到 $n-k+1$ 个时,原始密钥将无法重构,从而使密文不可恢复,实现数据的可信删除。

基于 DHT 网络实现密钥删除的方案中,数据生命周期将受 DHT 节点更新周期的限制,若要延长数据使用时间且不改变系统的构建,最简单的方法是待密钥快到期时,重新加密数据,然后重新将密钥发布到 DHT 网络节点中,这样就能够延长数据使用的有效时间。然而,该密钥更新方法灵活性非常差,将给用户带来巨大的开销。

2) 基于 WWW 随机网页的可信删除

互联网中有大量的 WWW 网页,统计发现许多网页会随着时间的改变而改变它存储的内容,或者直接将存储的内容全部删除。如果能确定网页内容的改变或删除频率,那么可利用随机网页的这种内容更新方法来保存密钥分量信息。具体过程是:数据拥有者将加密数据的对称密钥经过秘密分享处理后变为 n 个密钥分量,分别存入 n 个随机网页中,而数据密文存储在云端服务器;授权用户只需从随机网页中提取 k 个密钥分量,利用拉格朗日插值多项式重构出原始对称密钥;而经过一段较长的时间之后,随机网页的改变会自动删除密钥分量,数据用户就无法从剩余的随机网页上提取足够多的密钥分量,进而使对称密钥不可恢复,达到删除相应数据的效果。

基于 WWW 随机网页的可信删除完全利用现有网络基础设施,而无须额外的第三方服务,易于实现部署。由于随机网页使用时间通常较长(有的可达数个月),相应地,数据使用时间也得到延长,这种方法也能够弥补使用 DHT 网络时数据生命周期较短的缺陷。

3. 层次化密钥管理的可信删除

实现细粒度的密文数据访问控制需要产生大量的密钥和巨大的密钥管理开销,为了实现有效的密钥管理,Atallah 等人提出了层次密钥管理方法。通常,采用树结构来实现层次化密钥管理。

1) 基于密钥派生树的可信删除

密钥派生树是一种利用密钥派生技术生成的一棵层次化密钥管理树。使用密钥派生树,用户只需保存根节点的主密钥,其下层节点上的密钥由父节点密钥及公开参数通过一次散列函数派生计算出来,最后派生出的各叶子节点密钥用于加密数据块。基于密钥派生树的可信删除的核心是删除密钥派生树中生成的密钥,一种方法是将密钥派生树生成的密钥分发到 DHT 网络中存储,根据 DHT 网络的动态自更新功能确保数据块对应的加密密钥在授权期到达后被自动删除,使密文不可解密与恢复,从而实现云数据的可信删除。

2) 基于红黑密钥树的可信删除

采用红黑树也可以实现层次化密钥管理,如 Mo 等人提出的递归加密的红黑密钥树(Recursively Encrypted Red-black Key Tree,RERK)。该方案的主要思想为:用户将要保护的数据分成 n 份,然后选取一个主密钥,经过伪随机函数产生对应的 n 个数据密钥,再构造一

个 n 个叶子节点的红黑树,每个叶子节点对应一个数据密钥,在红黑树的内部节点中,每层节点对应的密钥均被其父节点对应的密钥加密,根节点被用户随机选取的元密钥加密,从而构造出一棵递归加密的红黑密钥树。红黑树是一种高效的自平衡树,根据红黑树的节点删除操作,可以删除 RERK 树的内部节点对应的密钥,使该节点的子节点密钥无法获取,进而其下叶子节点的密钥也无法恢复,从而实现对数据密钥的删除操作,确保数据不可恢复。

4. 属性策略密钥管理的可信删除

属性策略密钥管理是利用基于属性的访问控制策略来分发管理密钥。一种实现方式是基于策略图的密钥管理,另一种实现方式是基于 ABE 的密钥管理,对应的是基于策略图的可信删除和基于 ABE 的可信删除。

1) 基于策略图的可信删除[98]

该方法利用图论思想将属性组织为一个有向无环的策略图(如图 8-16 所示)。策略图中包含源节点(图中黑色的实心圆)、内部节点(图中空心圆)及由源节点指向内部节点的边。每个内部节点对应一个保护类(与要保护的文件关联)并与一个门限值关联,每个源节点对应一个属性并与一个布尔值关联,而内部节点的布尔值则由其门限值与上一层节点的布尔值决定。删除操作依据删除策略来表达,删除策略通过删除属性与保护类来描述数据销毁。初始化时,所有源节点及其出度边的布尔值均为 False,当将某些属性的子集设置为 True 时触发删除操作,策略图中的相应节点也被设置为 True,与内部节点保护类相关联的所有文件均被安全删除。图 8-16 中,保护类 P3 由 Alice or Exp_2015 表达式决定,当 Alice 的属性值由 False 变为 True 时,或者(门限值 or)当终止时间 Exp_2015 到达时,触发保护类 P3 的布尔值变为 True,P3 对应的数据被安全删除。

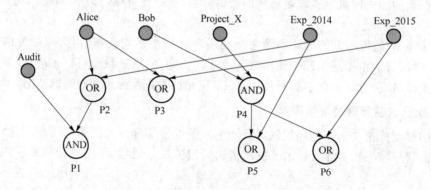

图 8-16　策略图

2) 基于 ABE 的可信删除

该方法采用 ABE 技术,通过对访问策略进行相关设置实现对密钥授权期限的控制,当超过设定的期限时,密钥无效。比如,可将时间作为属性附加到 KP-ABE 方案中,将访问策略中访问树的每个属性都关联一个由用户设定的时间区间。由于 KP-ABE 的密文与属性关联,因此密文将与指定的时间区间关联。私钥获取,与当前时间点相关,当且仅当与密文关联的属性满足密钥的访问策略且当前时间点在指定的时间区间范围内时,密文才能被解密,否则不能解密,从而实现数据的可信删除。

本 章 小 结

随着移动互联网和云计算的蓬勃发展,移动互联网和云计算的安全问题也日益严峻。本章首先介绍了网络安全的基本概念,然后重点对移动互联网的终端安全、接入安全、传输安全和云计算安全等进行了分析和介绍。

移动终端的安全受到的关注越来越多。移动终端自身具有移动性强、个性化强、连接性强、功能汇聚和性能不足的特点,这使得 PC 安全机制无法完全复制到移动终端上。攻击者出于隐私窃取、嗅探、拒绝服务、恶意账单等目的,利用木马、蠕虫、Rootkit、间谍软件等对移动终端发起攻击。在安全防护方面,移动终端从硬件层级、系统层级、应用层级都出现了安全防护机制或方案。相信在未来很长的一段时间,移动终端安全都将会是学者们倾注研究精力的领域。

IEEE 802.11 无线局域网是移动终端接入互联网的重要方式。鉴于 WLAN 开放性的特点,其面临着意外连接、恶意连接、MAC 欺骗、中间人攻击和注入攻击的威胁,近年来针对WLAN 的网络攻击事件层出不穷,软件工具也愈发多样,WLAN 安全机制的发展经历了从WEP、WAP 到 WPA2 的阶段。IEEE 802.11i 通过强健安全网络为用户提供安全的网络服务,利用 IEEE 802.1X、四次握手等机制确保 WLAN 的安全。

TLS 协议的设计目标是确保两个通信实体实现安全的通信传输。TLS 协议可以分为两层,TLS 记录协议位于下层并为上层协议提供服务;TLS 握手协议、TLS 修改密码规格协议、TLS 警报协议位于上层,在记录协议的基础上为通信双方提供安全握手、密码规格修改和TLS 会话告警的功能。近年来基于 TLS 的 HTTPS 协议应用广泛,不仅银行、电商等网站开始使用 HTTPS 协议,搜索引擎、视频平台等访问量大的网站也开始使用 HTTPS 协议。应用增长的同时,TLS 自身存在的漏洞被人们渐渐挖掘,针对 TLS 的改进工作还需要一直持续进行。

云数据安全问题是云计算中较为突出的问题,已得到了工业界和学术界的广泛关注,并成为当前云计算安全的研究热点。本章分析了云计算数据安全威胁和安全需求,介绍了云数据机密性保护、云数据访问控制、云数据完整性保证和云数据可信删除等方面的技术。总体上看,在不可信云环境下,现有的云数据安全技术主要是针对不同云服务应用(如数据共享、数据查询、数据计算等)的各种加密技术,以及在加密技术基础上的相应安全机制(包括访问控制、完整性验证和可信删除等)。从性能角度来看,多数安全方案的计算复杂度偏高,通信带宽和存储空间开销也较大,难以进行实际应用,有待研究者们进一步优化提高。除了本章介绍的一些云数据安全技术外,还有很多其他关于云数据安全方面的研究内容,如存储隔离验证(Proof of Isolation,PoI)、存储位置证明(Proofs of Location,PoL)、数据所有权证明(Proofs of Ownership,PoW)和二次外包验证等。因此,云数据安全仍将是未来需要进一步深入研究的开放问题。

本 章 习 题

8.1 计算机网络安全属于计算机安全的一种,是指计算机网络上的信息安全,主要涉及计算机网络上信息的机密性、完整性、可确认性、可用性以及可控性。请介绍网络安全的基本概念,并介绍安全目标、安全服务和安全机制的概念以及三者的相互关系。

8.2 网络安全的目标主要包括保密性、完整性和可用性。请介绍保密性、完整性和可用性的基本含义,并分别举出破坏计算机网络的保密性、完整性和可用性的攻击示例。

8.3 Wi-Fi 网络的开放性是威胁其自身安全的一个重要方面。请使用无线网络设备对居所周边的无线网络进行搜索,并试着找到没有使用密码保护的无线网络。

8.4 四次握手是 WAP2 保证认证过程安全的重要手段,但针对 WPA2 的攻击手段已经出现,De-Authentication 攻击就是其中一种。请通过资料查阅了解 De-Authentication 攻击的原理和实现过程,编写能够实现 De-Authentication 攻击的测试程序并进行验证。

8.5 使用 Wireshark 软件抓取 TLS 全握手过程中客户端和服务器交互的数据包,参照全握手过程步骤对数据包进行对照分析。

8.6 Andromaly 是一款 Android 系统异常动态检测软件,其采用机器学习的方式实时地监控终端性能参数。请仔细分析 Andromaly 的 4 个主要构成模块的工作原理,并用恶意软件和正常软件对 Andromaly 进行评估实验。

8.7 移动云计算面临诸多的安全威胁,除了传统的网络安全威胁外,还有哪些是移动云计算特有的安全威胁?另请列举近一年来发生的与云计算相关的重大安全事件。

8.8 查询加密是一种支持密文数据查询的加密方法,请描述该加密方法的基本思想、主要算法和主要过程。全同态加密(FHE)是一种支持在密文上进行任意计算的加密方法,请简要说明 Gentry 提出的 FHE 构造思想。

8.9 云数据的访问控制与传统的访问控制有什么本质的不同?两种基本的 ABE(即 KP-ABE 和 CP-ABE)均可以实现灵活的云数据访问控制,它们有何区别?举例描述两种基本的 ABE 实现云数据访问控制的基本过程。

8.10 PDP 和 POR 都是基于"挑战-应答"的完整性验证协议,但也有所不同,请说明它们之间的区别,并给出这两种协议的主要算法及相应作用。

8.11 当用户不需要云端的数据时,希望存储在云端的数据像在本地一样被删除或清理,那么在云计算中,如何实现这种删除?它与传统的本地数据删除有什么不同?

第9章 移动互联网的应用

近些年来,在综合运用移动互联网的基本原理和关键技术的基础上,结合具体的工程设计、实现与组网,移动互联网在很多领域的应用都取得了成功。前面 8 章探讨了移动互联网的接入方式、组网方式、移动 IP 机制、传输机制、移动云计算以及安全机制,本章重点探讨移动互联网的应用与实现。

9.1 节介绍移动互联网应用场景,包含移动云计算、物联网、互联网＋和虚拟现实等应用;9.2 节介绍移动云存储应用,主要介绍同步机制和传输优化;9.3 节阐述移动社交应用,主要介绍系统架构和现有移动社交应用的研究;9.4 节介绍视频直播应用,包含应用概述和流媒体关键技术。

9.1 移动互联网的应用场景

移动互联网应用缤纷多彩,娱乐、商务、信息服务等各种各样的应用开始渗入人们的基本生活。移动云计算应用、物联网应用、互联网＋应用、虚拟现实应用等移动数据业务开始带给用户新的体验。

9.1.1 移动云计算应用

随着移动云计算技术的持续发展,各类新型应用也应运而生,典型的有移动云存储、微云应用、基于群智的应用和移动云游戏等。这些应用对前文所述的计算迁移、基于移动云的位置服务、移动终端节能及安全保护等技术的依赖关系如表 9-1 所示。

表 9-1 典型应用与移动云计算关键技术的关系

技术应用		移动云存储	微云应用	基于群智的应用	移动云游戏
计算迁移	细粒度迁移			√	√
	粗粒度迁移	√		√	√
位置服务	室内轨迹追踪与导航			√	
	室内精确定位与动作识别				√
	海量位置信息管理	√	√	√	√
终端节能	传输节能	√	√	√	√
	定位节能				
安全与 隐私保护	云端安全	√	√	√	√
	隐私保护	√	√	√	√
	终端安全	√	√	√	√

从表 9-1 可以看出,移动云应用一般需要多项移动云计算关键技术的共同支持。一方面为了增强应用功能和优化应用性能,会根据需求选用相应迁移技术、位置服务或节能技术;另一方面也越来越倾向于综合选用多种安全技术来共同保障移动应用的安全性。

1. 移动云存储

移动云存储服务作为新兴的移动云计算应用,得到了学术界和工业界的广泛关注。Drago 等人[100]最先对目前主流的商业云存储服务 Dropbox 进行了研究。Dropbox 在存储文件时将文件控制信息(元数据信息、Hash 值等)和数据信息分开,分别存储在控制服务器和存储服务器。服务器在多个地区分布式部署,就近为用户提供服务,减少用户接入的时延和带宽成本。在后续的工作中,Drago 等人又进一步对 4 个主要商用的云存储服务 Box、Dropbox、Google Drive、oneDrive 进行了比较,研究发现 Dropbox 已经实现增量编码、冗余消除和文件压缩等云存储优化机制。对云端已经存在的数据块,移动终端采用冗余消除技术只上传文件的控制信息。当云端文件发生小部分修改时,移动终端采用增量编码技术,只上传数据块修改的部分。当上传可压缩文件时,移动终端通过压缩技术减少文件本身的冗余信息,节约文件在云端的存储空间。采用这些优化技术不仅节约了数据上传带宽,而且减少了云端的存储资源占用。

2. 微云应用

针对广域网传输延迟过长的问题,研究者提出微云(Cloudlet)的概念,把微云定义为一种或一组可信任的、资源丰富的计算设备向附近的移动终端提供计算资源。Cloudlet 模式克服广域网时延问题,通过局域网提供低延时、高带宽的实时交互式服务。Cloudlet 模式减少了移动终端接入延迟,提高了网络带宽,其应用模式非常多样化。Quwaider 等人[101]就通过个人终端、组网设备等组成通信网络建立了基于 Cloudlet 的数据采集处理系统,分析人体相关信号信息,但仅适用于轻量级的数据采集分析。由于 Cloudlet 服务器的性能决定了移动用户享受的服务效果,一些学者从计算能力、服务延迟对于应用应该迁移至远端 Cloud 还是本地 Cloudlet 做了相关研究。Li 等人[102]认为 Cloudlet 提供的总计算能力取决于 Cloudlet 的计算性能、节点的生存周期和可到达时间,用户根据计算需求选择计算任务迁移方式。Fesehaye 等人[103]根据移动环境下数据传输跳数来动态地选择文件编辑、视频流播放和网络会议等云应用的数据迁移方式。

上述研究都依赖于集中式云架构,Wu 等人[104]提出了一个基于 Cloudlet 的多边资源交换架构,每个移动终端都可以部署一个微云向其他移动终端提供计算资源。该架构提供以市场为导向的移动资源交易方式,设计贸易机制和竞价策略,实现高效的资源交换,增大 Cloudlet 网络覆盖范围。

Cloudlet 管理问题是目前比较大的一个挑战。目前,Cloudlet 架构中主要的解决方案是使用 VM 技术来简化 Cloudlet 管理。用户在使用前预先定制 VM,使用后清除,以此来确保每次使用的微云架构能恢复到原始状态。VM 寄宿在 Cloudlet 架构的永久软件环境中,比进程级迁移更加稳定,而且对编程语言的要求低、限制少。另外,Cloudlet 多基于无线局域网设计实现,而无线局域网的通信距离有限,因此终端的移动性是 Cloudlet 系统有效工作所必需考虑的因素。

3. 基于群智的应用

现在的移动终端除了拥有越来越强大的处理能力外,通常还内置定位、光线和位移等多种传感器,这促使群智应用逐渐从固定电脑转向了移动终端。移动群智服务主要应用在自然环境检测、基础设施监视和移动社交等场景。移动终端可以作为数据提供方向云端提供信息,也可以作为被服务方从云端获取服务。

Yan 等人[105]提出了基于 iPhone 的 mCrowd 平台,利用传感器进行位置感知的图像采集和道路监视,iPhone 用户既是服务提供者,同时也可以享受平台提供的服务。Eagle 等人[106]提出的 txteagle 主要基于群智为用户提供语言翻译、市场调查和语音转录等服务。Mobile Works、mClerk 为发展中国家的用户提供光学字符识别(Optical Character Recognition,OCR)等服务。Mobile Works 平台字符识别速率非常快,精确度非常高(99%)。Jigsaw[107]通过从移动用户收集的位置、空间大小等信息,结合用户的移动轨迹重构建筑物内部结构,为室内定位提供依据。Ou 等人[108]则通过收集到的移动用户在不同位置的手机信号强度来预测未来的信号强度,并以此为基础调度数据传输,达到手机节能的目的。

有些学者尝试在机会型感知网络上实现群智系统。Wang 等人[109]和 Xie 等人[110]的研究侧重于优化消息的传递效率,减少通信的开销和能耗。Tuncay 等人[111]的研究更加侧重于参与式感知框架,包括传感器更新阶段和提前启动数据收集阶段。上述研究[109~111]都基于特定的应用,目标是以最快的方式和最小的开销来传送最大的数据量至数据汇集点,并没有考虑到基于位置相关的数据来提高覆盖范围的问题。Karaliopoulos 等人[112]通过潜在的优化方法为确定性和随机性用户移动场景设计最低成本集覆盖。

激励机制是基于群智服务必须考虑的一个问题。学者们从任务分配、奖励分配以及用户选择角度开展了一系列研究。Gao 等人[113]对每个时隙中如何选取最优用户来最大化总贡献值进行了深入研究。文中提出基于 Lyapunov 算法的在线竞拍策略和考虑到未来信息(完整的或随机的)的离线策略,以提高用户服务率和社会贡献率。Zhang 等人[114]基于用户行为偏好,设计了预算有限情况下的任务分配策略和定价机制,以此提高任务处理效率并节约任务开支。随着移动社交应用的快速发展,移动社交网络与群智服务的结合也越来越受研究者的关注。Xiao 等人[115]提出了基于移动社交网络(Mobile Social Networks,MSNs)的复杂计算和传感任务分配方案,如图 9-1 所示。

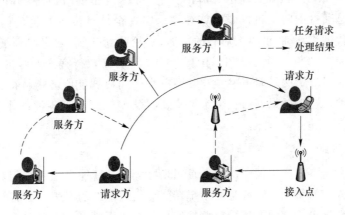

图 9-1 MSNs 群智系统

在移动过程中,每当请求方遇到邻近空闲用户时,给其分配处理任务,直到所有任务都分配完毕。服务方完成任务时将处理结果返回给请求方。请求方还可以通过无线接入点向固定式计算机分配任务。就近任务分配原则有效降低了传输开销。然而,由于用户的移动性,如何保证动态的用户集高效可靠地完成任务是需要进一步研究的问题。

4. 移动云游戏

作为移动云计算的典型应用,移动云游戏将传统游戏的复杂计算迁移到云端,移动终端只需向云端发送游戏指令,云端执行游戏计算、数据存储任务,并将游戏画面编码成实时视频流传输至移动终端。这不仅极大地扩展了移动终端的执行能力,而且提高了游戏的平台兼容性和升级维护的灵活性。

游戏平稳性和实时性是移动云游戏重要的性能指标,尤其是数据传输延时对用户体验影响极大。Huang 等人[116]设计开发了 GamingAnyWhere,旨在从响应时延、网络负载和视频质量等方面对移动云游戏系统进行优化,并与 OnLive、Gaikai、StreamMyGame 等当前主流的移动云游戏服务进行了对比。为了进一步降低延迟,Zhang 等人[117]提出了基于 UDP 的数据传输协议 Pangolin,解决 TCP 传输数据的不可并发性。Pangolin 基于马尔可夫决策理论自适应决策,通过在线查表、发送冗余前向纠错数据包等方式进行优化控制,降低数据包丢失概率,并将传输延迟从 45 s 降低到 1 s。此协议已经纳入 Xbox SDK 中,真正在工业界发挥效用。Outatime 则通过预测未来状态、基于图像的状态近似、快速状态点检测与回滚以及状态压缩传输等方式,最高可以将网络延迟减少 120ms。然而,由于无线接入方式的多样性,无线带宽抖动等特有属性,交互的实时性和游戏画面的流畅性仍是移动云游戏研究领域需要重点解决的问题。

9.1.2　物联网应用

物联网,通俗地说就是"物物相连的网络",是利用传感器、射频识别(Radio Frequency Identification,RFID)、二维码等作为感知元件,需要通过基础网络来实现物与物、人与物的互联。1999 年麻省理工学院的 Kevin Ashion 教授提出了以标示为特征的物联网概念,把 RFID 技术与传感器技术应用于日常物品中形成一个"物联网"。2003 年 *SUN article* 中提出了 toward a global "internet of things"。2005 年 11 月 17 日,在威尼斯举行的信息社会世界峰会 (World Summit of Information Society,WISS)上,ITU 发布的《ITU 互联网报告 2005:物联网》指出:物联网是通过 RFID 和智能计算等技术实现全世界设备互连的网络。无所不在的"物联网"通信时代即将来临,世界上所有的物体,从轮胎到牙刷、从房屋到纸巾都可以通过因特网主动进行交换。2009 年 2 月 24 日,IBM 大中华区首席执行官钱大群在 2009 IBM 论坛上公布了名为"智慧的地球"的最新策略。物联网概念转而以智能服务为特征,IBM 提出把传感器设备安装到电网、铁路、桥梁、隧道、供水系统、大坝、油气管道等各种物体中,并且连接成网络,即"物联网"。

1. 智能交通系统

每年全球因交通事故产生的经济损失是相当巨大的。智能交通系统因其高达 9∶1 的高效费比越来越得到人们的重视。智能交通系统在降低交通事故的发生率、加强交通监管、减少交通堵塞和减少尾气排放等方面发挥着重要的作用。基于无线传感技术进行的交通优化,显著提升了城市道路运行的效率。

2. 智能电网技术

电网中发电量和用电量不匹配的情况导致了电网的利用率相对较低。将物联网技术运用到电网中产生的智能电网系统在发电、输变电和用电的各个环节提高了电力的使用效率。智能电网系统将以前因为发电量不稳定的太阳能和风电等也并入其中作为补助。我国的国家电网目前也制定出了智能电网的发展战略,对于我国的电网改造具有重要的战略意义。

3. 生态环境监测

物联网技术在生态环境监控中也发挥着重要的作用。当前的城市大气监测、饮用水源地的监视和流域管理生态补偿等方面均应用了物联网技术。例如,利用 RFID 技术或者视频感知技术进行感知,通过传输到达处理中心,运用虚拟现实技术、决策支持系统等处理技术达到智能监视的目的。

4. 电子保健

在医疗领域,运用电子病历可以把错误降低 25％,运用医学图像存档和通信系统与计算机化医嘱录入系统分别可以将错误降低 15％和 30％。例如,电子病历指的是医院等医疗机构用电子化的方式创建并且保存使用的针对住院、门诊等信息的数据库系统。居民在每次就诊时都会生成相应的记录。运用电子病历不但可以完成病历的书写,还可以随时查询分析,此外可以有效地规避患者的隐私问题。

5. 智能物流

物联网技术在物流行业中也有着广泛的应用,基于 RFID 技术的产品可追溯系统,基于智能配货的物流网络化的信息平台等技术均利用了物联网技术。运用物联网相关软件可以对产品从原材料阶段到成品的供应网络进行优化,帮助相关企业选择最适合的原材料采购地以及确定库存的分配,提高企业运行的效率和企业效益。例如,中远物流公司是我国目前比较大的物流企业,在应用了信息化管理以后,成功地将分销中心由 100 个减少到 40 个,大大节约了成本和燃料,碳排放也减少了 15％。

6. 物联网技术在其他领域的应用

运用物联网技术可以轻松实现家居的智能化,实现对家庭环境的监视。利用防侵入传感器系统还可以对军事基地、机场等重点区域进行监视。目前广泛应用于城市的电子眼系统在城市的交通、安保等领域发挥着越来越重要的作用。基于物联网的服务业也日益蓬勃地发展起来。

9.1.3　互联网＋应用

1. 电子商务

1995 年,Amazon 和 eBay 的网站相继上线,从而拉开了电子商务的大幕。到 2015 年,电子商务走过 20 周年的发展历程,日益成为经济发展的新动能,呈现出新的发展特征。

2015 年,移动电子商务继续高歌猛进。餐饮外卖、网络约车、在线旅游等细分行业的移动端网络零售占比远高于传统的网络零售,是移动电子商务发展的天然土壤,已率先进入移动时代。网络零售的移动应用也在加速发展。根据 Criteo 数据,2015 年第四季度,移动端交易额已占全球网络零售交易额的 35％。其中,中国、日本、英国、韩国四国的移动端交易额占比为50％左右,成为与 PC 端并驾齐驱的主流渠道,率先全面进入移动电子商务时代。根据艾瑞咨询数据,2015 年中国移动端网购交易额占比首次超越 PC 端,达到 55％。根据 Criteo 数据,2015 年第四季度,日本有一半的交易额来自移动端,英国和韩国也接近一半。

从全球来看,网络零售商一般采用"自建仓储＋第三方配送"的物流解决方式。2007年年底,京东商城在业界率先自建物流体系开创了仓配一体化的电商物流模式。2015年,京东已建成覆盖中国85％区县的物流网络,极大地提升了流通效率和用户体验。自建物流的价值日益凸显,网络零售商开始积极构建自己的物流体系,进一步自行掌握交货服务。

全球最大的网络零售商亚马逊已从多个方面布局自有快递业务,逐步摆脱对UPS、FedEx等第三方快递公司的依赖。在2015年的10-K文件中,亚马逊首次自称是一家"运输服务供应商"(Transportation Service Provider)。亚马逊建起了区域配送和包裹分拣中心,购买了几千辆卡车和拖车,用于美国境内货物的配送;建造了大量的储物柜(Amazon Locker),美国本土就有超过1.2万个,以方便消费者取货;推出了无人机送货计划(Prime Air)和卡车司机按需配送(Amazon Flex)服务。除亚马逊外,Flipkart、唯品会等自营电商都加快了自建物流步伐。

不仅是自营电商,平台电商也在加快物流网络建设。阿里巴巴在2013年发起成立了菜鸟网络,投资第三方快递公司。Google的速递服务Google ExPress发展迅速,从2016年2月开始提供新鲜果蔬送达服务。随着共享经济的发展,众包物流成为重要趋势。2015年,京东和亚马逊分别推出众包快递服务京东众包和Amazon Flex,通过招募兼职快递员,分别为京东到家、亚马逊Prime Now提供包裹快速送达服务,后来又提供了配送普通包裹的服务。网络约车电商Uber于2015年4月在美国正式开展众包快递服务UberRUSH,将用户与快递员连接起来。人人快递、达达等专门的众包快递公司发展迅速。

技术不断推动物流领域的革命。当前,以人工智能技术为代表的高科技正在引领着物流领域的变革。机器人技术正在改变仓储这个劳动密集型行业,亚马逊走在了应用的前列。亚马逊在2012年收购了Kiva Rohotics公司,获得先进的仓库机器人技术。亚马逊将该公司更名为Amazon Robotics,从2014年开始把Kiva机器人部署到物流中心,把Kiva机器人和雇员搭配在一起,完成仓库中的货物搬运工作。未来,亚马逊将在所有新建物流中心里启用这项机器人技术。生鲜电商沃尔玛、京东商城也公布了仓储机器人项目。

在配送环节,无人机是最具应用前景的技术,继亚马逊和谷歌之后,2015年京东、顺丰、新加坡邮政等公司也宣布了无人机计划,以提高配送效率,降低配送成本。在其他技术方面,亚马逊申请了途中进行3D打印服务的送货卡车专利,Google已经获得了一项运送快递的自动驾驶卡车技术专利。

2. 互联网金融

随着电子科技的飞速发展,人们越来越追求金融产品的高效便捷和简单化,致使传统的金融业受到了一定影响。为了适应现代社会发展的需要,互联网金融应运而生。这种将互联网与金融相结合的新型金融模式,丰富和拓展了支付、投资等金融活动的方式和渠道,重新构建了金融市场的格局,在一定程度上影响和推动了金融业的发展,对金融业来说是机遇与挑战并存。

互联网金融是指在云计算、移动技术和社交网络、搜索引擎等互联网工具的支撑下进行资金融通、信息中介和移动支付等活动的新型金融模式。其主要基于互联网平等开放、协作共享的核心理念,深入挖掘有关数据信息,在金融领域拓展自身业务,使金融业在互联网信息技术的支持下开展移动支付等相关金融业务,拓宽了金融活动开展方式和渠道的同时,增加了金融业务的透明度和可操作性,且降低了中间成本,除了众筹、第三方支付、互联网虚拟货币以及网络理财和网络保险等多种模式之外,正逐渐向资金融通、供需信息匹配等传统金融业务核心进击。以下是关于互联网金融的相关研究。

1) P2P 借贷平台的相关研究

P2P 借贷是通过网络信贷公司在个人与个人之间进行的借贷行为,即网络信贷公司提供网络平台,将有多余资金的个人与有资金需求的个人联系到一起,各取所需,然后网络信贷公司从中收取一定的服务费用,其最大的优势就是快捷高效。

2005 年出现的 Zopa 是世界上首个 P2P 网贷平台,高汉针对在 Zopa 上开展的借贷行为进行了相关研究。林章悦等人探讨了小微融资交易成本是否会在 P2P 网贷平台上的互联网技术支持下有所降低,文中所持观点是基于 Web 2.0 的互联网技术平台对降低交易成本并不会起到多大作用,认为 P2P 借贷交易实际上是离不开网络交易平台的提供方——运营商,即中介方的。操胜认为融资项目的特性、群体因素和地理因素是能够影响 P2P 网贷平台能否成功融资的决定性因素。

2) 众筹融资的相关研究

众筹融资机制的分析和研究主要分成以下几种类型:奖励型、借贷型以及捐助型。捐助型众筹融资模式在很长一段时间内被很多非政府组织加以运用,此种模式下的捐助者对资助并没有更大的期望。调查研究发现:一些非营利性的产品项目比较容易获得融资;一些生产性产品的众筹项目相对于社会服务性的众筹融资项目更加容易成功融资;非营利性产品项目能够获得融资,但是对这些项目进行资助的人比较少。在众筹融资项目中回报方式是产品还是分红需要根据投资的具体情况进行分析,若在投资初期,资本需求市场不是特别大,那么投资者一般会选择的回报方式为产品;如果资本需求大,那么投资者选择的回报方式是分红。众筹融资项目也存在一定的风险,那么对于风险的来源可以从发起人以及投资人的角度来分析。项目发起人的投资目的一般归结为融资以及吸引市场公众的注意力,然后从公众的视角中获得关于产品以及相关服务信息的反馈等。在项目投资人方面,他们的目的一般归结为获得投资回报,并且产品生产志趣相投,能够与社会和市场分享自己的专业产品构想。众筹融资广泛应用于新药品研发、书籍出版等领域。

互联网普及和信息技术日臻成熟,使互联网金融技术得到迅猛发展,在创新支付、投资等金融活动方式和渠道的同时,还应该注重互联网金融在风险和监管上的问题。

9.1.4　虚拟现实应用

1. 虚拟现实概述

虚拟现实(VR)是近几年来国内外关注的一个热点,其发展也是日新月异。简单地说,VR技术就是借助于计算机技术及硬件设备,实现一种人们可以通过视、听、触、嗅等手段所感受到的虚拟幻境,故 VR 技术又称幻境或灵境技术。

2014 年,Facebook 以 20 亿美元收购 Oculus,该公司于 2016 年初推出第一代面向大众的商用虚拟现实头戴式眼镜 Oculus Rift;索尼公司也于 2016 年 9 月推出 PlayStation VR;Google 于 10 月发布了 Daydream view VR 头戴显示设备。2016 年 6 月 21 日,移动互联网第三方数据挖掘和分析机构艾媒咨询(iiMedia Research)发布了《2016 上半年中国虚拟现实行业研究报告》,预计 2020 年中国虚拟现实市场规模将达 556.3 亿元。2016 年被业界认为是虚拟现实行业真正的元年,环境、产业链初具雏形。

元宇宙(Metaverse)也称为超感空间、虚空间。钱学森将其命名为灵境。元宇宙是一个在线可与现实世界交互的虚拟空间,其中所有事件都是实时发生的,且具有永久的影响力。对于

"元宇宙"的概念至今没有准确的定论,在维基百科中这样描述"元宇宙":元宇宙是通过虚拟增强的物理现实,呈现收敛性和物理持久性特征的基于未来互联网的具有连接感知和共享特征的 3D 虚拟空间。

随着 VR 技术的兴起,各个领域的 VR 应用也广泛发展起来。"VR+购物"打破物理限制,把店铺带到消费者眼前,但是目前仍处于行业探索阶段。"VR+旅行"可以借助虚拟现实来预览和规划行程计划,以及探索一些无法到达的目的地。"VR+游戏"正在蓬勃发展,然而目前面临的挑战是优质游戏内容缺乏,移动端硬件画质制约,以及制作成本高昂。"VR+电影"虽然呼声不断,但是由于软硬件技术的缺陷,拍摄难度大,拍摄成本高,还有易产生眩晕感的制约,"VR+电影"还有很长的路要走。"VR+房产"给用户提供沉浸式看房体验,节省样板房制作成本,增加看房流量,减小沙盘布置空间,实现异地看房,进一步提升房产行业的交易效率。

"VR+新闻"也给人们带来了很大的想象空间。如何真实生动丰富地传递信息是新闻行业一直以来最关注的问题。新闻行业从最初的口口相传,发展到文字报道,再到 20 世纪的多媒体信息,即图片、音频和视频,未来将发展为"VR+新闻",以 VR 的沉浸感,交互性和想象力带领读者感受新闻现场。2015 年 10 月,纽约时报推出 NYT VR,成为首个试水 VR 报道的世界级权威媒体。之后大量的媒体跟进,BBC、ABC News、美联社、体育画报纷纷推出 VR 内容,AOL(美国在线)还收购了一家全景视频公司 Ryot,将支持赫芬顿邮报的 VR 报道,开启网媒 VR 报道的先河。国内则有人民日报等媒体跟进 VR 报道。同时,随着近年来网络直播兴起,让新闻现场更多地呈现在用户的面前。人人都是主播,人人也都是观众,每个人都可以更直接地到达关注的现场。而未来 VR 和直播的结合,将会把这种实时的现场感做到极致。而现场报道机器人或者无人机可以带来危险现场或是高空视角的现场,未来和 VR 以及直播的结合,更是能让人们看到更丰富、更全面的世界。

VR 报道虽然能够带来强大的现场感,然而 VR 报道的制作和阅读成本高,并不适用于所有的新闻报道。适合做成 VR 新闻的类型主要是视觉奇观类的新闻题材,以及人们无法亲临现场的情况。体育报道、大型演出、活动等这类追求现场感的新闻报告,会率先和 VR 结合。此外,目前已面世的 VR 内容大多停留在全景视频的水平,与真正的 VR 体验还有比较大的差距。因此在内容的制作上还需要进一步发展。

2. 虚拟现实设备现状

VR 设备主要分为输入设备和输出设备两部分。输入设备主要有游戏手柄、手势识别设备、动作捕捉设备、方向盘等。输出设备有外接式 VR 头盔、一体式 VR 头盔、智能手机 VR 眼镜等。目前国内 VR 硬件投资市场以输出设备为主,市场上销售的主要 VR 产品可以分为 PC 端 VR、移动端 VR 和一体机三类。市场上的 PC 端 VR 主要有 Oculus Rift 和 HTC VIVE,如图 9-2 和图 9-3 所示,移动端 VR 主要有 Gear VR 和谷歌 Daydream View,如图 9-4 和图 9-5 所示。

图 9-2　Oculus Rift　　　图 9-3　HTC VIVE　　　图 9-4　Gear VR　　　图 9-5　Daydream View

PC 端 VR 头盔绝佳的体验感让消费者体验到 VR 技术真正的魅力。以 Oculus Rift 为例,相比于移动端 Gear VR,Rift 有定位追踪功能、更深层次的游戏体验和高保真环境。但是 PC 端 VR 头盔相对于移动 VR 存在操作烦琐、价格昂贵、携带不便等问题。

目前 PC 端 VR 还存在许多问题。使用 PC 端 VR 需要一定的空间以及多种设备的连接,包括 PC、传感器,并且 VR 设备对 PC 的硬件要求也很高。例如,HTC VIVE 最低 PC 配置要求是酷睿 i5 + GTX970,Oculus Rift 也类似。但是,目前微软等大公司正在努力优化显卡,VR 对 PC 硬件的要求也会随着技术的提升而降低,并且 VR 目前在努力发展云端技术,未来或许并不需要再连接 PC。

在中国 VR 设备市场,基于智能手机的发展轨迹以及庞大的用户规模,移动 VR 被很多人认为是未来的主流 VR 设备。另外,由于移动 VR 设备相对来说技术含量较低、成本不高,移动 VR 设备推广更为迅速。但就消费者的沉浸感和交互体验而言,移动 VR 比 PC 端 VR 和一体机要差很多。移动 VR 目前还处于发展阶段,VR 内容较少,较差的沉浸感和交互体验会影响消费者对移动 VR 产品的评价。

相较于市场上的手机盒子以及依托计算机输出的 VR 产品,一体机更符合人们对 VR 的认知。VR 一体机是具备独立处理器并且同时支持 HDMI 输入的头戴式显示设备,具备了独立运算、输入和输出的功能。VR 一体机需要具备独立的运算处理核心,因此具有更高的研发难度。目前国内基本没有相关芯片制作厂商,一体机 VR 发展缓慢,短期无法形成较大的市场规模。从图像质量、响应速度、便携性、成本以及能耗 5 个方面来对比 3 类 VR 输出设备,PC 端 VR 头盔在图像质量和响应能力上表现出色,然而便携性不足、成本高昂、能耗大。移动 VR 设备在便携性和价格上占优,然而由于移动终端计算资源和存储资源的限制,响应速度不如 PC 端 VR 头盔,而图像质量和能耗表现更是不理想。因此,理想的 VR 设备是一体机,然而一体机研发难度大,进入市场慢。

3. 虚拟现实面临的挑战

相比于传统的应用,VR 应用主要有以下 3 个性能要求。

(1) 极低的用户感知延迟。对于 VR 应用来说,当用户移动头盔时,应用需要能够在极短的时间内响应用户输入,并且将对应的图像渲染显示在屏幕上。这个延迟要求大约在 50ms 以内。过大的延迟会带来严重的视觉滞留,进而导致用户头晕等不良反应,影响用户体验。

(2) 较高的帧数和图像质量。VR 应用的屏幕距离用户的眼睛非常近,并且通过放大镜将图像放大。所以,如果 VR 应用显示的图像质量不高,那么用户就会有颗粒感严重的视觉感受,这很影响用户体验。同样,显示视频时,帧刷新率要足够高,否则会引起用户在使用过程中的不良反应。

(3) 低功耗。VR 应用在运行过程中需要占用屏幕、GPU,会产生大量的计算开销。为了使移动终端获得更长的续航时间,VR 应用需要降低自身能耗。

以上 3 点是目前 VR 应用所面临的问题与挑战。要想获得良好的 VR 体验,吸引更多的用户,就必须克服上述困难。

9.2 移动云存储应用

近年来,个人云存储服务占有的市场份额越来越大,已成为用户个人信息存储不可分割的一部分。伴随着移动互联网的发展,轻巧便捷的移动设备受到用户的广泛青睐,移动终端的人均持有量快速上升。随之而来,终端应用迅猛增长,促使移动终端逐渐成为新的应用平台。用户对终端的存储空间以及终端资源的在线共享等的要求越来越高,使得移动云存储服务成为移动端信息存储领域的研究热点。与传统的移动硬盘、U 盘等存储设备相比,移动云存储服务提供云端超大容量的数据中心,统一高效地管理用户多个终端上的零散数据。用户不仅可以通过移动互联网跨平台、跨终端将个人数据同步至云端,还可以使用任意终端随时随地存储、同步、获取并分享云端数据。而移动网络下用户比较注重数据同步流量和同步效率,服务商也提供了多种优化技术提升移动端服务性能。

本节介绍了整合移动应用产品线的需求、实现方法和发展现状,引出移动云存储服务主流架构、文件同步协议和优化技术等关键技术的研究,并分析了移动云存储所面临的挑战。

9.2.1 移动云存储概述

1. 移动云存储的发展

在这个信息不断增长的时代,人们的智能终端每天都会产生大量的个人信息。互联网数据中心(Internet Data Center,IDC)的一份数据调查报告表明,在未来,世界上大约 70% 的数据都是来自个人用户。其原因主要在于智能终端的功能日益强大,促使了海量功能丰富应用的诞生。在人们的日常生活中,许多社交应用、流媒体应用、文档编辑、邮件都会产生大量的数据。如何更好地存储、管理、同步多个设备上的个人数据,已经成为信息爆炸时代下至关重要的问题。

云存储(Cloud Storage)服务是在云计算(Cloud Computing)概念上延伸和发展出来的,它为解决数据存储、同步问题提供了良好的技术基础。一般来说,云存储是通过集群应用、网络技术或分布式文件系统等功能,将网络中大量不同类型的存储设备通过软件集合起来进行协同工作,共同对外提供数据存储和业务访问的一个系统。个人云存储(Personal Cloud Storage)是云存储的一部分,它建立在传统的云存储技术之上,重点关注对个人用户在多个智能终端上数据的备份、管理、共享及同步,大大降低了终端的数据存储和管理负担。而随着移动设备的快速发展,人们获取信息的方式也发生了革命性的改变。许多以往需要在 PC 上才能完成的工作现在移动终端上也能够完成。人们更加关注如何在多个移动设备之间进行数据分享和协同工作。

顺应移动互联网及大数据技术的发展,当今涌现出了以 Dropbox 为代表的一系列个人云存储服务。一些互联网巨头,如 Google、Microsoft,也纷纷进入这一市场。移动网络技术(如 3G、LTE)的飞速发展,使得用户能够随时随地通过移动设备获取网络服务。然而,由于移动互联网接入网络相对于传统的有线网络而言,带宽更低,成本更高,同时移动设备计算能力和存储能力相对于 PC 来说较小,因此移动环境下的个人云存储服务(以下简称移动云存储)在终端设备和云之间进行数据上传下载时,对网络带宽和本地硬件设备造成了很大压力。此外,由于移动网络环境下网络延迟(RTT)较高,且信道质量的变化使得网络连接不稳定,丢包率较高,保证移动云存储服务的同步效率,减轻终端设备的计算、存储负担,成为移动云存储领域最重要的问题之一。

然而,现今主流的移动云存储服务都是闭源的,很难了解其同步协议、系统架构。对研究人员来说,发现并改进目前移动云存储服务的同步协议中存在的问题,降低终端设备的计算、存储、传输负担,成为一件意义重大但充满挑战的任务。

2. 整合移动应用产品线的需求

移动应用产品线是由一类功能近似,顾客群与渠道类同的移动应用程序组成,每一个应用程序均可以视为一个产品。本节研究了整合产品线的需求、实现方法和现状。

移动互联网已经渗透到人们社会和生活中的各个领域,基于移动终端的应用程序也越来越多,应用程序产生的数据量正呈现出爆炸式增长。但是各应用间的数据均分布在各个孤立的服务器端,数据间没有互相连通,每个应用均是一个“数据孤岛”。而随着移动应用程序数量的快速增长,用户难以统一管理应用的数据,且现有的数据存储方式难以满足用户的需求。如用户在多个应用上发布相同信息时,需要在每个应用上重复操作,产生不必要的时间浪费。移动云存储服务提供云端超大容量的数据中心,统一高效地管理用户多应用的数据,所有数据都会在云端共享,极大地满足了用户的需求。对于商家,各服务商相互竞争用户资源,且竞争压力越来越大。当各服务商提供的移动云存储服务功能相似时,用户更加注重服务的体验质量(Quality of Experience)。服务商提供的移动云服务功能越丰富,产品线中的产品种类越多,其统一管理的数据量越庞大,越能满足人们日常办公和生活的需求,越能产生更好的用户体验,越容易在竞争中脱颖而出。因此,整合产品线对用户和商家而言是一个双赢的选择。

3. 整合移动应用产品线的方法

百度、谷歌已成为用户搜索入口,安智市场、App Store 已成为用户下载新应用的入口,与它们相似,移动云存储服务正逐渐成为共享移动用户数据的入口。如图 9-6 所示,社交应用数据、文件应用数据、游戏应用数据、其他移动应用数据等通过统一的数据入口接入云端。移动云存储服务作为移动应用程序数据入口平台,提供应用集成服务。应用集成服务的核心是连接“数据孤岛”,共享应用数据。整合产品线不仅方便用户统一管理多应用程序的数据,而且提供多应用数据云端共享,挖掘数据的潜在价值。用户在移动端使用应用程序产生的数据均共享至云端,云端服务器充分利用应用数据,实时分析并决策,智能地实现不同应用间数据的流通。为了更好地吸引移动应用接入云端,移动云存储服务提供商通过开放云存储 API,向开发者提供了面向本地或云端应用数据的集成解决方案,开放应用程序入口,共享应用程序数据。

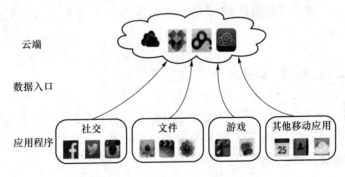

图 9-6　移动云存储聚合平台

4. 整合移动应用产品线的现状

目前,对于不同的服务商,主要存在两种产品线整合模式:单云聚合和多云融合。单云聚合即多个应用程序均接入一个云端,所有数据在云端共享,但单个云端形成了更大的“数据孤岛”。多云融合连接了多个云端,每个云端连接多个应用程序,即使多个应用程序接入不同的云端，其数据也能在云端相互连通，真正实现所有应用的数据融合。

1）单云聚合

单云聚合适用于应用产品丰富的服务提供商。该类服务商有较大的市场规模和一定的用户基础，旗下应用产品比较丰富，涵盖全面。它们更倾向于提供自己的云端，聚合用户使用旗下产品产生的数据。例如，百度厂商提供百度云盘聚合百度地图、百度搜索、百度贴吧、百度百科等应用的数据，腾讯厂商提供腾讯微云聚合 QQ、微信、腾讯微博等应用的数据，Google 厂商提供 Google Drive 聚合谷歌翻译、谷歌照片、谷歌搜索等应用的数据。该类服务商在整合产品线时将所有应用的 API 以统一的格式，整合在一个平台中。用户在使用服务商旗下产品时产生的数据会自动同步至云端，数据在云端共享，也会推送至其他应用。用户使用一个账号便可畅游该类服务商旗下的所有应用。例如，腾讯用户在 QQ 空间发送的状态不仅会同步至云端，还会推送至腾讯、微博等其他应用。

2）多云融合

单云聚合虽然提供云端统一管理用户使用单一服务厂商旗下所有应用的数据，但无法融合用户在使用多个服务商应用时产生的数据，数据在各服务商之间并未真正实现连通，各服务商提供的云端是一个更大的"数据孤岛"。为解决各服务商之间数据不连通的问题，一批集成平台服务公司应运而生，如 IFTTT、CloudWork、MuleSoft CloudHub 和 SnapLogic 等。该类公司提供集成平台服务，主要面向不同类型、不同服务商提供的应用程序，它们通过 API 提供了多个服务商数据联通平台，各服务商之间的应用都可以通过该平台共享数据，真正实现所有应用数据共享。

集成平台服务主要有以下几个特点。

（1）预先集成/连接在线服务供应商：用户通过该服务可以直接访问其他服务商。

（2）任务执行的自动化：用户通过该服务，对应用程序的操作会自动同步至其他应用。

（3）服务供应商选择多样化：用户可以针对性地选择服务供应商，满足用户需求。

（4）无须软件开发：用户只需学会使用该服务，无须任何开发代价。

MuleSoft 推出的 CloudHub 是多云融合的代表，它提供了全球性、多用户、可伸缩的集成云，目标是要像 Facebook 连接全球人群一样，做到所有应用程序数据的融合。CloudHub 提供应用集成和连接，共享所有应用数据，是能让应用进行互动、分享和共同工作的平台，能满足用户各种各样的需求。

9.2.2　移动云存储同步机制

移动云存储服务聚合并统一管理移动端应用程序的数据，让数据在各应用之间的连通成为可能。以下将介绍移动云存储服务同步架构和同步协议。

1. 移动云存储服务同步架构

移动云存储服务同步架构如图 9-7 所示，主要由客户端、控制服务器和存储服务器构成。客户端是指手机、平板计算机或 PC 等设备，控制服务器负责与客户端进行文件夹中数据块信息、文件的数据块列表以及文件夹目录索引等元数据的交互，存储服务器则专门存储数据块。下面介绍各部分的详细功能。

1）存储服务器

存储服务器主要存储文件内容。在服务器中，所有的文件并不以独立单位的形式存在，而是拆分或者聚合成数据块存储。存储服务器只存储文件内容,不包含文件名称、大小、版本号等信息。同时,数据存储服务器在地理上是分布式的,这意味着组成一个文件的分块可能存储在不同的存储节点。

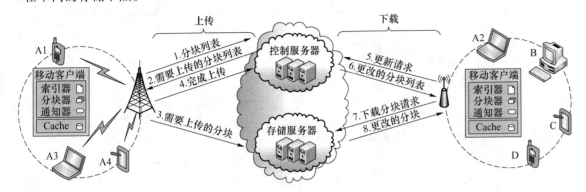

图 9-7　移动云存储服务同步架构

2）控制服务器

控制服务器主要负责与移动端交换控制信息,主要有通知流、元数据流两个部分。

- 通知流:通知流用于保持移动端和云端同步文件的一致性。移动端向控制服务器发送请求,监测其他终端是否修改同步文件。若云端同步文件发生改变,则云端返回"已更新"通知流,移动端同步云端文件最新版本。若云端文件在一定时间内未发生改变,则云端返回"未更新"通知流。当移动端同步完毕或者接收到"未更新"通知时,移动端会再次向控制服务器发送请求,进行新一轮检测。

- 元数据流:元数据管理服务流通常传输文件元数据信息。元数据信息包含散列列表、服务器文件日志等信息。散列列表存放数据块的散列值,散列值是数据块的唯一标识符。服务器文件日志存放文件的 ID、数据块列表等信息。

3）移动客户端

移动客户端是由分块器、索引器、通知器和缓存器 4 个部分组成。分块器将本地的文件切分成固定大小的数据块。索引器存放文件的元数据信息。通知器通常向云端发送请求,检测云端文件是否更新。缓存器是云端文件与本地文件和应用交互的中介。文件传输和本地应用对云端文件的操作都必须先存到缓存器中。

2. 移动云存储服务同步协议

当多个移动终端共同使用单一账户时,在任一终端上传的文件均会同步至其他终端。图 9-8 显示用户在上传大文件时的协议流程,分为文件上传、文件下载两个部分。

1）文件上传

移动客户端 1 上传大文件时,元数据流上传文件元数据信息至云端控制服务器。控制服务器将其与云端元数据对比,并返回所需数据块的散列表。移动客户端 1 上传所需数据块至云端,每个数据块上传成功时都会返回一个确认信息。当所有数据块上传成功时,移动客户端 1 再次发送元数据信息进行核对,确保所有文件上传成功。

2）文件下载

移动客户端 2 下载云端更新文件保持数据一致性。移动端周期性地监视云端元数据信息,当云端文件元数据信息发生改变时即向移动端返回通知流,移动客户端 2 向云端发送元数据信息。云端返回通知列表,移动客户端 2 下载新增数据块。每个数据下载成功时,存储服务器都会返回一个确认信息,直到所有数据块均下载完成。

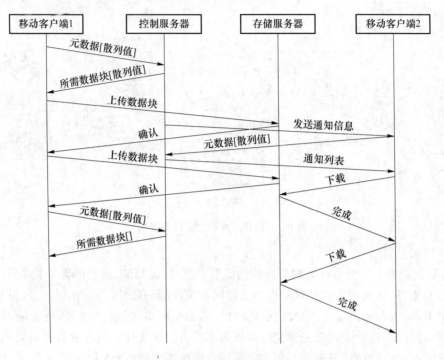

图 9-8 移动云存储服务同步协议

9.2.3 移动云存储传输优化

1. 移动云存储典型传输优化技术

1) 分块

当移动端传输大文件时,文件被切分成多个数据块上传至云端。文件分块可避免移动端上传文件时由于网络中断进行文件的重复传输,降低移动端流量开销。

2) 捆绑

当移动端批量上传小文件时,文件被捆绑成一个数据块传输至云端,云端返回一个确认完成传输操作。文件捆绑传输减少了云端反复确认时延并控制了开销。

3) 冗余消除

冗余消除即客户端冗余消除技术。对于云端已经存在的文件,客户端无须重复上传相同文件,这不仅节约了移动端上传流量,而且减少了运营商的使用带宽。

4) 增量同步

增量同步是一种特殊的压缩技术。当移动客户端修改云端同步文件时,移动端只同步文件修改部分,无须再同步整个文件。当移动端反复修改同步文件时,增量同步大大减少了移动端上行网络流量。增量同步大幅度减少修改云端文件产生的同步数据量,而在计算开销有限的移动端其实施并不简便。对于已压缩文件,修改小部分压缩内容会使整个文件发生变化,增量同步也会失效。

5）数据压缩

数据压缩是一个非常传统的技术。当一个非随机序列文件上传时，数据压缩是以压缩时间为代价，消除文件冗余信息，减少网络流量和存储空间。数据压缩技术也在一定程度上方便了信息的管理。数据压缩能在一定程度上减少移动端上传的数据量，但是它会增加移动端的计算开销。

2. 移动云存储传输优化的最新进展

基于上述研究，Cui 等人[118]从移动终端的角度对上述云存储服务进行相关研究。他们发现，移动终端通过持续的 HTTP(S)连接来保持各终端数据的一致性，同一管理账户的数据一旦通过某一终端更改，就会通过推送机制同步至云端其他移动终端。Cui 等人还从同步开销、同步完成时间和能耗方面对上述服务进行测量对比，发现各个服务都有各自的优缺点，见表 9-2。各服务实现了不同粒度的静态文件分块，Dropbox 还实现了冗余消除。在网络状况不稳定的无线环境下，移动终端存在数据同步延迟过高甚至同步失败，小部分文件修改竟产生上百乃至上千倍的同步数据量，这些都很大程度上降低了移动云存储服务的同步效率。

表 9-2　各移动云服务关键技术实现情况

关键技术	Dropbox	Google Drive	OneDrive	Box
文件分块	4MB	260KB	1MB	×
文件捆绑	×	×	×	×
冗余消除	√	×	×	×
增量编码	×	×	×	×

针对研究中发现的问题，Cui 等人[119]设计了 QuickSync 系统，从同步时延、同步开销等方面进行优化，这很大程度上提高了云存储的同步效率，其架构如图 9-9 所示。

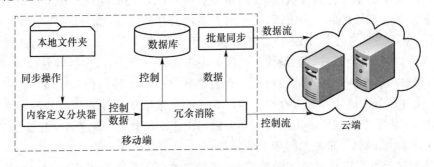

图 9-9　QuickSync 架构图

QuickSync 系统在本地同步文件夹上监听到文件添加或修改操作会触发文件同步。内容定义分块器通过 CDC(Content Defined Chunking)算法将文件切分成多个长度不均等的数据块，再将每个数据块的控制信息和数据信息传输给冗余消除器。冗余消除器通过与本地数据库进行对比，对数据块执行冗余消除和增量编码操作，并将数据信息存放在批量同步器。冗余消除器将控制信息备份至本地，并传输至云端。批量同步器通过延迟确认和批量传输机制将数据流上传至云端。QuickSync 系统实现的 CDC 算法、冗余消除机制和批量同步算法大大减少了同步的数据量和完成时间。移动云存储服务还可以在 TL(Tail Latency)、多云传输等方面进行更深入的研究。随着学术界和工业界越来越重视移动云存储服务，IETF 也着手推动相关领域协议的标准化。

目前的云存储服务已经基本解决了单个应用的跨平台、跨设备的同步问题,但各类服务还基本处于互不相干的独立工作状态,即单个应用只能解决用户的单个问题,用户信息也是碎片化地存储在不同位置。IFTTT 的推出,旨在利用开放的 API,将 Twitter、Dropbox 等各个网站或应用通过工作流串联起来,通过触发器和响应动作的方式,实现多种应用的通信和协同工作,整合、增强云服务的功能,为用户提供智能化的信息服务。例如,将用户保存到印象笔记中的文档自动备份到 Dropbox;将用户收到的特定标签的邮件以短信形式自动转发到用户手机上等。然而,IFTTT 目前只支持特定的应用。如何开放性地支持多种应用,并允许移动用户自定义任务工作流程还需要进一步的研究。

另外,由于存储容量、接入带宽、访问延迟、服务类型以及服务价格等因素限制,70% 以上的移动用户都同时应用多个云服务商提供的服务。UniDrive、Aont-rs、DEPSKY 和 SCC 等系统,旨在通过多云协作的方式增强用户数据的可用性。然而,目前提出的以客户端为中心的多云协作的体系架构,需要客户端维护多份数据副本并分别上传到不同云端,增加了客户端计算、网络传输的开销。另外,这种架构也无法满足多用户数据分享的需求。用户数据在多云端之间安全高效地同步、共享必将成为移动云计算领域新的研究课题。

9.2.4　移动云存储面临的挑战

移动云存储的关键技术实现对各种网络环境中的同步性能有很大的影响,移动云存储服务的改进面临着以下 3 个关键挑战。

(1) 带宽节省和分布式存储之间的冲突:网络带宽效率是移动网络中同步的最重要但极具挑战性的问题。在理想情况下,只有文件的修改部分需要同步到云。然而,大多数移动云存储服务只使用简单的全文件同步机制,在同步小更改时浪费大量流量。在实践中实现增量同步机制是非常具有挑战性的。一方面,当今的大多数云存储服务(如 oneDrive 和 Dropbox)构建在 RESTful 基础架构之上,RESTful 基础架构仅支持全文件(或全块)级别的数据访问操作。另一方面,增量编码算法是增量同步机制的关键技术。然而,大多数增量编码算法在文件粒度工作,这意味着在两端运行的实用程序必须具有对整个文件的访问权限。但对于移动云存储服务,文件被分割成块并分布存储。增量编码的直接适配需要将所有块拼接在一起并重建整个文件,这将浪费数据中心大量的内部流量。由于文件修改频繁发生,未来的改进方向是使用改进的增量编码算法来减少同步业务开销。

(2) 实时一致性和协议开销之间的折中:实时一致性要求多个设备之间的数据应尽快正确同步。为此,像 Dropbox 这样的服务打开一个持久的 TCP 连接,用于轮询和接收通知。然而,这种轮询机制将产生大量的业务和能量消耗,因为轮询涉及额外的消息交换,请求无线网络接口被唤醒并保持在高功率状态。对于移动云存储服务,通知流程应仔细设计,以避免过多的流量和能量浪费。

(3) 移动设备中同步效率和受限能量资源之间的平衡:同步效率,一般定义为本地更新到服务器的速度,是移动云存储服务的重要指标。通常,重复数据删除、增量编码和压缩是提高效率的关键技术。然而,所有这些技术可能导致额外的计算开销和能量成本。因此,更高能效的同步技术的出现将改进移动云存储服务。

9.3　移动社交应用

社交网络已经成为人们互联网生活中不可或缺的一个环节,微信、微博、QQ 空间等应用已经融入人们的生活中。虽然如今市场关于社交领域的细分已经基本完成,每个细分领域的竞争商家都有很多,但是依然还有人投身社交网络,在同质化严重的行业中试图占领制高点。人类的社交本能需求加之互联网所能提供的便利,使得社交网络拥有海量的潜在用户。

9.3.1　移动社交应用概述

移动社交市场已经完成了较为深入的领域细分,大致可分为娱乐、婚恋和商务三大细分领域,每一个细分领域都包含多种形态的产品。

在移动社交的即时通信类别中,微信稳居第一。微信月活跃用户数据显示,微信逐渐实现自己的口号“微信,是一个生活方式”。用户不仅能够用微信发送文本信息,还能发送照片和语音,这大大提升了用户体验。而且,由于微信信息都是通过流量发送,不会产生除流量外的其他费用。因此,微信自 2011 年推出后就大受欢迎,短时间之内用户数量就突破了百万。在微信出现之前,人们通过手机短信进行文字交流,按条收费的短信给电信运营商带来了丰厚的收入。而如今,微信抢占了原本由电信运营商独占的业务,使得电信运营商从服务的提供者变成了单纯的数据传输服务商。看到微信获得巨大成功,行业其他企业也纷纷涉水移动即时通信(IM)市场,目前市场上还有手机 QQ、易信、来往、陌陌、手机 YY 等其他产品。随着用户需求的不断细分,国内移动即时通信市场势必在激烈的行业竞争中不断发展。

目前国内的微博类应用主要有新浪微博和腾讯微博。微博的原型是 2006 年于美国上线的 Twitter,每条消息 140 个字符的限制也是由其首创,目前该网站的流量排名世界前十,日访问量在 9 亿以上。Twitter 的成功启发了国内的互联网从业者,国内的各大公司迅速上线了微博类产品。新浪微博于 2009 年上线,一年后用户数量就突破了 1 亿。2014 年新浪微博成为一家独立的公司并在纳斯达克成功上市,目前市值稳定在 40 亿美元左右。

当然,在其他社交细分领域也存在激烈的竞争。例如,百合网和世纪佳缘网在婚恋社交领域的竞争,楚现网、天极网和 LinkedIn 在商务社交领域的竞争,每个电商都使尽浑身解数试图占领社交这块阵地。但是,在社交领域还没有出现绝对占领社交人口的产品,主要是因为社交覆盖的范围太广,人们在不同领域都存在强烈的社交需求。虽然很多社交领域看上去受众面非常窄,但在长尾效应(一种商业和经济模型,指那些数量巨大、种类繁多的产品或服务,其中很大一部分得不到足够重视,但是这些零零散散的冷门产品或服务,总收益也非常可观)作用下,市场上依然有着对应的社交产品,而且真正的用户量也非常可观。

9.3.2　移动社交应用系统架构

移动社交网络是在社交网络的基础上发展而来的。社交网络是随着 Facebook、BBS、博客、微博等互联网应用而自然发展起来的,反映社会交往群体的一种形态,其本质是提供一个能够分享个人兴趣、爱好、状态和活动等信息的在线平台。移动社交网络(Mobile Social

Networks)就是利用移动终端设备,将社交活动的媒介从传统网页转移到移动 App 中。这种转移使人们逐渐将线下生活中更完整的信息流转移到线上来进行低成本管理,从而发展为大规模的虚拟社交,形成虚拟社会与真实社会的深度交织。

架构设计在移动社交网络系统中起着至关重要的作用,移动社交网络的所有应用程序、服务和平台都需要在架构中协调配合,最终形成一个无缝的移动社交网络系统。可以通过 3 个视图来呈现移动社交网络的架构:物理视图基于移动社交网络的系统工程师的视角;开发视图基于移动社交网络应用开发的视角;逻辑视图基于移动社交网络的最终用户的视角。3 个视图及其关系如图 9-10 所示。本节将介绍移动社交系统的传统架构,它们大多采用客户端-服务器交互,并且被现有移动社交应用广泛使用,如 Facebook、Google+等。

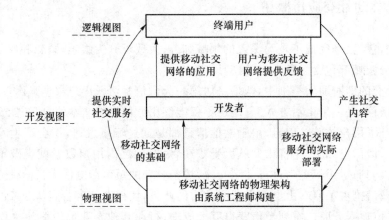

图 9-10　移动社交网络视图关系架构

1) 物理视图——系统工程师

如图 9-11 所示,物理架构的移动社交网络系统是一种客户端-服务器架构,其中客户端通过因特网连接到服务器。最广泛使用的移动社交网络平台(如 Facebook 和 Twitter)都是基于这样的架构,主要包括 3 个部分:服务器端内容/服务提供商;可访问互联网的无线网络;客户端移动设备。

服务器端负责中心协调和多样化移动社交服务。它通常有 3 个基本组件:网络服务器、中央进程和数据库。服务器通过互联网提供大多数移动社交网络服务可以实现服务的简化,减少用户移动设备的硬件要求,并能高效地集中化控制和协调移动通信设备。但这些客户端-服务器架构仍存在常见的缺点,即由于移动社交网络服务高度依赖服务器,因此服务器需要具有高稳定性和可靠性,以及在一些特殊情况下(例如,移动节点的密度在一些特定位置或者时间段中太高,或者许多服务器在灾难情况下已经损坏),操作服务器可能遭受流量过载,导致移动设备应用程序出现相当长的时间延迟。

相比之下,客户端分布在不同的移动设备上。随着移动设备的高速发展,客户端的移动社交网络能够在 3 个方面扮演更重要的角色:无处不在的移动社交网络服务接入,例如,通过 4G 长期演进(LTE)、Wi-Fi 等接入;分布式计算能力,例如,利用智能手机的存储和计算能力来预存储和处理经常使用的社交内容和服务,并在上传前实时压缩手机上的照片,从而减少移动社交网络的延迟和网络开销;多维感知能力,例如,GPS、加速度计、相机使得实时定位和未来上下文感知服务成为可能。

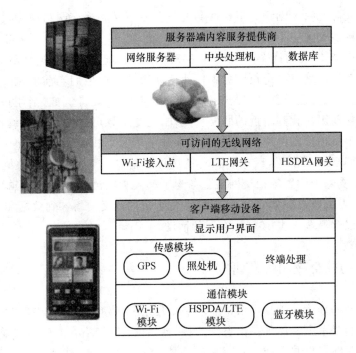

图 9-11　传统移动社交网络的物理视图

2）开发视图——开发人员

在客户端—服务器体系结构中,移动社交网络的开发人员也专注于客户端和服务器端,从而提供有吸引力和个性化的移动社交网络应用和服务给最终用户。对于移动客户端的发展,目前主流的移动操作系统已经充分集成了网络协议和库(如多传感模型),并提供相关 API。另外,基于操作系统,大部分流行移动社交网络平台提供了 SDK 的标准 API 以支持不同移动社交网络应用程序的开发。

随着移动云计算的发展,诸如亚马逊云服务(AWS)也提供了多样的功能,使得不同移动客户端开发人员可以使用 API 的方式开发定制的移动社交网络应用程序。例如,AWS 为不同编程语言的开发人员提供了特定程序语言库,包括 SDK Android、iOS、Java、PHP、Python 和 Ruby 等。AWS API 所提供的功能涵盖了大量基础设施的弹性资源,如计算和数据服务。

3）逻辑视图——终端用户

终端用户只关心移动社交网络的功能。通过移动设备,终端用户可以使用多个由后端 MSN 服务支持的即时移动社交网络应用程序。同时,终端用户可以向移动社交网络应用程序开发者提供反馈,并通过移动设备更新具体社交内容到社交网站。如上所述,由于移动网络和移动设备的特征,移动社交网络客户端-服务器架构具有社交网站所没有的 4 个特色功能。

(1)交互式通信:支持交互的移动社交网络消息与其他移动电话进行通信的功能,如短信和电子邮件。移动社交网络用户能够通过互联网或蜂窝服务向他们的朋友发送社交消息。

(2)更新个人状态:允许移动社交网络用户通过互联网自动或手动上传或共享由传感器产生或从其他移动应用收集的信息。信息包括移动用户的位置、用户当前正在参与的活动(如刚上传的照片)等。用户的朋友可以迅速通过社交网络获取信息。

(3)广告:与传统广告直接展示的方式不同,社交网络的广告通常推送给用户。基于用户的活动,移动社交网络的内容和服务提供商可以分发个性化广告和定制广告给移动社交网络用户。由于大量人群无时无刻无处不在移动设备上使用移动社交网络应用,广告为内容和服务提供商带来了较多收入。

（4）定位服务：与传统的社交网站不同,移动用户可以通过 GPS、网络或蜂窝网络等方式从智能手机中获得位置信息。定位服务不仅使移动用户获取他们当前的位置信息,并通知他们的朋友这个信息,也可以开创许多与其他服务相关的新功能。例如,当用户在逛商场时,位置服务可以帮助移动用户找到附近的朋友。此外,位置服务可以使用标记的社交媒体服务自动标记用户智能手机拍摄的照片中的朋友,并在数字地图中找到他们。用户可以通过在网站上签到来分享他们当前的位置,Foursquare 通过位置信息找到和他拥有共同兴趣的朋友等。此外,研究已经证实基于位置的社交网络服务为了解人类的流动性提供了重要的新维度。例如,通过对不同种类位置数据集的分析（来自智能手机的社交网络签到数据和位置数据）,研究发现社交活动可以解释全人类 10%～30%的活动。

9.3.3　移动社交应用现有研究

移动社交网络的理论基础是马斯洛需求层次理论和米尔格拉姆提出的六度空间理论。移动用户与因特网的联系主要体现在信息查找、网页浏览、移动 App 下载和在线运行、电子书籍阅读、音频/视频在线播放并下载、移动社交应用服务、电子商务、移动电子政务等。移动互联网具有移动性、即时性、上下文识别、终端个性化等特点,与传统网络用户相比,移动用户更容易被识别。例如,移动用户的个人信息通常在注册入网时填写。另外,还可以使用某些方法来获得移动用户的其他信息。移动社交网络可以利用当代移动设备（如智能手机）的功能,如全球定位系统（GPS）接收器、感测模块（照相机、加速度计、重力传感器等）和无线接口（第二/第三/第四/第五代蜂窝、Wi-Fi、蓝牙、Wi-Fi Direct 等）,启用 MSNs 增强传统社交网络特征,如位置感知、交互的能力异步、捕获和标记媒体的能力以及自动处理感测数据的能力。目前关于移动社交网络的研究主要包括以下 5 个方面。

1）移动群组推荐

当前,群组推荐系统以个人或者群组为单位进行,这就需要全面研究群组所有人的喜好来进行推荐,而不是只记住某个人的喜好。群组推荐中需要考虑多个用户的喜好,但群组用户的喜好不完全相同,怎样处理群组用户喜好之间的冲突,以获得准确的群组喜好并成功推荐,是群组推荐系统中需要重点考虑的问题。

2）位置服务

基于位置的服务可以使用户更了解身边的所有事物,享受更为真实的服务信息和全新的交友方式,对于企业则可以更有针对性地宣传,更精确地投放广告,然后更好地回馈忠实的用户。例如,在雾霾严重时,应减少车辆的运行,通过社交网络和位置服务结合,通过拼车和优化乘车路线等方式,可以在一定程度上减少车辆的运行;出租车公司可以根据特定时间、特定环境以及特定路线,使乘车司机和乘客实时交流,不仅可以减少乘客等车的时间,而且大大提高了出租车的载客效率。当汽车成为人们重要的交通工具时,拼车不仅可以节省打车人的费用还可以改善空气质量。

3）移动社交网络推荐

移动社交的特点是在真实世界中交往,移动用户在移动社交网络中的行为能体现出物理社会中真实用户的社交行为,因此可以将移动社交网络中的信息用于移动推荐系统。正确构造的移动社交网络是移动推荐的基础。通过构造的可信网络或关系网络来获得某个移动用户的邻居节点,再使用协作筛选算法进行推荐,是将移动社交网络和移动推荐系统相结合的一种方法。

4）移动推荐系统的评估

移动推荐系统的功能主要由其评估指标来衡量。传统因特网推荐系统中的评估指标,如准确率和召回率,也可以被用来评估移动推荐功能。在运用这些指标时,需要提供对应的数据集,但当前移动推荐领域很少有公开可用的数据集,这给移动推荐系统的评估带来了一定的难度。为了准确评估移动推荐系统的指标,研究人员需要经常号召用户使用移动推荐系统,并以调查问卷的方式了解用户的反馈意见,借此方法评估移动推荐系统的功能。通过这种方式,可以知道移动用户对推荐系统的满意程度、交互体验等参数,但这需要耗费大量的成本,并且样本数量相对较少。能否有效评估推荐系统的功能是需要考虑的问题。

5）利用位置服务进行社交服务

位置服务主要是探测用户的轨迹。对于企业来说,可以通过用户的轨迹来更好地服务客户;对于研究者来说,应研究如何使位置服务和移动社交网络进行结合,开拓一个新的研究领域,一般位置服务的信息都是保密的,从而这也是一个隐私性问题,用户不希望自己的轨迹信息被公开或者被探知,这对移动社交网络的研究造成了很大的障碍。如何利用现有的数据进行实验,给用户更好的服务以及相应的回馈也是正在解决的问题。

9.3.4　移动社交应用前景展望

作为一个新兴的研究领域,移动社交网络还存在以下问题值得进一步研究。

1）移动用户的信息捕获

推荐系统中捕获用户喜好是进行推荐的前提。在移动推荐中,由于移动终端屏幕小,不方便输入,通过直接的用户打分来捕获用户喜好会大大影响用户的体验。因此,移动推荐常用间接方法来捕获用户喜好。如何迅速、准确地捕获移动用户的喜好,是移动推荐系统的难点。移动用户的喜好会随着时间的推移不断发生变化,对上下文用户喜好来说亦是如此。因此,上下文用户喜好变化检查与校正方法,也是值得研究的方向。

2）移动社交的保密问题

移动用户的保密问题制约了移动推荐系统的发展。为了给移动用户提供精确的推荐,移动推荐系统必须记录并分析移动用户的信息、行为、位置等参数,但考虑到个人隐私问题,移动用户不希望提供自己的完整信息,担心自己的隐私得不到保护。移动推荐系统保存的信息有可能被窃取。通过移动用户在不同时间段所处的位置信息可以推断出其移动轨迹,但是移动轨迹包含了用户个人的隐私,因此对移动轨迹的保护也是移动推荐系统需要探讨的问题。另外,为了缓解由于信息集中引起的安全问题,使用分布式移动推荐系统,用户描述的文件在各个移动终端代理之间相互传输并保存,避免了用户信息过于集中的问题。有些攻击者会利用虚假数据来欺骗推荐系统,从而危害系统的推荐信用度。因此,移动推荐系统的用户保密问题是研究的一个难点。

3）服务的普及

如何利用移动社交服务社会和大众?基于移动社交和位置信息的研究,可以应用在出租车的有效载客和乘客的快速乘车上。根据用户的轨迹进行研究,推测用户的地理位置变化走向图,进而可以用在出租车载客上。用户也可以对应地利用社交网络和实时服务,对出租车的轨迹进行查看,优先选择乘车路线。

传统社交网络会在一定程度上向移动社交网络转型,利用移动社交网络的信息进行挖掘、分析和处理,并进行适当的应用,和当今的社交化问题紧密结合在一起,是必然的发展趋势。

9.4　视频直播应用

网络直播是高互动性视频娱乐,直播平台"随走,随看,随播",越来越多的人愿意参与其中,直播并分享自己的生活,全民直播渐成趋势。本节从网络直播在国内的传播现状、传播特征及发展前景三部分展开论述,网络直播与其他的传播方式相比有其独有的传播优势,网络直播以其平台的开放性、传播及互动的实时性、不可篡改的真实性获得了越来越多用户的推崇,网络直播在名人自我包装宣传、企业营销、新闻传播、社交等许多方面有着越来越大的影响力。

9.4.1　视频直播应用概述

近两年来,网络直播迅速发展成为一种新的互联网文化业态,据中国投资咨询网发布的《2016—2020 年中国网络直播行业深度调研及投资前景预测报告》显示:网络直播行业在影响力、经济收入、用户人数等方面都发展较快。2015 年,国内网络直播的市场规模约为 90 亿元,平台数量将近 200 家,直播平台用户数量近 2 亿,大型直播平台每日高峰时段同时在线人数接近 400 万,同时进行直播的房间数量超过 3 000 个。网络直播作为一种新的媒介形态,随着视频直播门槛的降低和交互方式的多元化,越来越多的人接受这种传播形式,直播队伍逐步扩大,也预示着全民直播时代终将到来。

网络直播平台兴起的时间不长,目前并没有官方的定义。从狭义角度来看,网络直播是新兴的高互动性视频娱乐方式,这种直播通常是主播通过视频录制工具,在互联网直播平台上,直播自己唱歌、玩游戏等活动,而受众可以通过弹幕与主播互动,也可以通过虚拟道具进行打赏。当前,网络直播行业正呈现三方分化的形态,包括最为知名的秀场类直播、人气最高的游戏直播,以及新诞生并迅速崛起的泛生活类直播。

随着网络直播内容及形式不断丰富所带来的边际效益不断提高,人们越来越习惯于运用直播跟人聊天、学化妆、与明星互动以及了解产品信息等,直播依靠直观的视频影像进行网络人际交流,这不同于微信、微博等依靠文字、图片进行交流的传播交际系统,人们可以通过直播更直观地接触真实的对方,直播成为网络人际交流的新平台、新空间。

从门户到论坛社区,再到微博、微信,文字直播不断迭代,以 in/nice 为代表的图片社交平台开启了以纯图片直播的热潮,紧接着喜马拉雅等音频直播平台崛起,最终迎来网络视频直播平台。在这一过程中,直播内容的表现形式越来越丰富,网络视频直播改变了原有的媒介生态,可视性、交互性、实时性、沉浸性越来越强。

9.4.2　流媒体技术基础

流媒体(Streaming Media)是指采用流式传输的方式在 Internet 播放的多媒体格式。在流媒体出现之前，人们在互联网上获取音视频信息的唯一方式是将音视频文件下载到本地计算机进行观看。而流媒体技术把连续的影像和声音信息以数据流的方式实时发布，即边下载边播的方式，使得用户无须等待下载或只需少量时间缓冲即可观看，这大大提高了音视频信息的可观赏性，节约了用户的时间及系统资源。

自从 1995 年 Progressive Network 公司（RealNetwork 公司）发布第一个流产品以来，流媒体得到飞速的发展，已经成为目前互联网上呈现音、视频信息的主要方式。

1. 流媒体传输的方法

流媒体传输技术分为两类：顺序流传输（Progressive Streaming）和实时流传输（Realtime Streaming）。

- 顺序流传输：又叫渐进式下载，其传输方式是顺序下载，在下载文件的同时用户可观看在线内容，用户只能观看已下载的部分，而不能跳到还未下载的部分。由于标准的 HTTP 服务器可发送顺序流式传输的文件，也不需要其他特殊协议，所以顺序流式传输经常被称作 HTTP 流式传输。
- 实时流传输：实时流传输使媒体可被实时观看到，并提供 VCR 功能，特别适合现场广播，具备交互性，可以在播放的过程中响应用户的快进或后退等操作。实时流传输必须匹配网络带宽，其出错的部分一般被忽略。实时流传输需要专门的流媒体服务器和流传输协议。

2. 流媒体技术原理

流式传输方式是指通过特定算法将音频和视频等多媒体文件分解成多个小的数据包，由服务器向客户端连续传送，用户可播放已经接收到的数据包，而不需要将整个文件下载到客户端。由于 TCP 协议不太适合传输多媒体数据，故在实时流媒体方案中，一般采用 HTTP/TCP 来传输控制信息，而用 RTP/UDP 来传输实时数据。

3. 流媒体技术的系统结构

目前不同公司的流媒体解决方案各不相同。但就其本质来说，一个完整的流媒体系统至少包括 3 个组件：编码工具、服务器及播放器。这 3 个组件间通过特定的通信协议相互联系，按特定的格式交换数据。

9.4.3 流媒体传输协议

流媒体系统各组件通过传输协议进行通信。对于顺序流传输，可采用 HTTP 协议进行传输。

1. 传统流媒体传输协议

传输协议是流媒体技术的一个重要组成部分，也是基础组成部分。它包括 RSVP（资源预留协议）、RTP（实时传输协议）与 RTCP（实时传输控制协议）、RTSP（实时流传输协议）和 MMS（微软媒体服务器协议），这 4 种协议构成了"Real-Time"服务的基础。

1）资源预留协议（Resource Reserve Protocol，RSVP）

RSVP 是 Internet 上的资源预订协议，使用 RSVP 可以让流数据的接收者主动请求流数据上的路由器，为该数据流预留一份网络资源（带宽），在一定程度上为流媒体的传输提供服务质量。

2）实时传输协议（RTP）与实时传输控制协议（RTCP）

RTP Realtime Transport Protocal 是用于 Interne/Intranet 针对多媒体数据流的一种传输协议。RTP 被定义为在一对一或一对多传输的情况下工作，其目的是提供时间信息和实现流同步。RTP 通常使用 UDP 来传送数据，但它本身并不能为按顺序传送数据包提供可靠的传送机制，也不提供流量控制或拥塞控制，它依靠 RTCP（Realtime Transport Control Protocal）提供这些服务。RTCP 和 RTP 一起提供流量控制和拥塞控制服务。RTP 和 RTCP 配合使用，能以有效的反馈和最小的开销使传输效率最佳化，特别适合传送网上的实时数据。

3）实时流传输协议 RTSP（Realtime Streaming Protocal）

RTSP 是由 Real Networks 和 Netscape 共同提出的，该协议定义了一对多应用程序如何有效地通过 IP 网络传送多媒体数据。RTSP 在体系结构上位于 RTP 和 RTCP 之上，它使用 TCP 或 RTP 完成数据传输。

RTSP 是应用级协议，它以底层的 RTP 和 RSVP 为依托，控制实时数据的发送，它提供了可扩展框架，使实时数据的受控、点播成为可能。在客户端应用程序中对流式多媒体内容的播放、暂停等操作都是通过 RTSP 协议实现的。

4）MMS 协议（Microsoft Media Server Protocol）

与 QuickTime 和 Realsystem 流媒体技术采用 RTSP 协议进行传输不同，微软采用专用协议 MMS 进行流式传输。MMS 协议是用来访问并且流式接收 Windows Media 服务器中流媒体文件（asf 或 wmv）的一种协议，是访问 Windows Media 发布点上的单播内容的默认方法。观众在 Windows Media Player 中必须使用 MMS 协议才能引用该流。

2. 基于 HTTP 的动态自适应流（DASH）技术

近年来，HTTP 协议更多地用在网络流媒体传送中，HTTP 流有以下几点优势：首先，互联网基础设施的演进可以有效实现对 HTTP 协议的支持，如 CDN 网络提供的局部缓存减少了长途流量、防火墙支持 HTTP 协议的出局连接等；其次，使用 HTTP 协议，客户端可以自行实现流管理，而不再依赖于同服务器维持会话状态，这大大减少了网络开销。

在这种情况下，产生了一些基于 HTTP 的流传送解决方案，如苹果公司的 HTTP 实时流方案、微软公司的平滑流方案以及 Adobe 公司的动态流方案等。然而，市场需要一种统一的、支持异构客户端和服务器的 HTTP 多媒体流传送标准，在这样的背景下，产生了基于 HTTP 的动态自适应流（Dynamic Adaptive Streaming over HTTP，DASH）标准。

最初 HTTP 协议被设计用来传送网页内容，但后来也逐渐用其传送多媒体内容。如今，使用 HTTP 作为流媒体传送协议日益成为主流，主要原因有以下几个方面：由于 HTTP 和下层的 TCP/IP 广泛采用，基于 HTTP 的传送协议更可靠和易部署；基于 HTTP 的传送可以使用标准 HTTP 服务器和 HTTP 缓存，即可以在 CDN 或其他标准服务器上传送；基于 HTTP 的传送可以避免网络地址转换和防火墙转换问题，更为简捷。

动态自适应流技术，即一种实现流媒体动态自适应的技术。简单地说，就是将同一媒体内容在不同码率下分别进行编码，得到不同质量的媒体流；在不同带宽下，根据需要动态选择合适码率的流，以实现流畅的播放效果。

基于 HTTP 的动态自适应流（DASH）技术，就是在使用 HTTP 协议作为流传送标准的基础上，应用动态自适应流技术，实现多媒体内容的无缝传送和播放。DASH 是 MPEG 提出的一种多媒体流传送技术标准。对 DASH 的研究工作始于 2010 年。2011 年 1 月 DASH 成为国际标准草案，2011 年 11 月 DASH 成为正式的国际标准。DASH 与传统的基于 RTP/

RTSP 的流媒体传送技术的对比见表 9-3。

表 9-3　DASH 与基于 RTP/RTSP 的流媒体传送技术对比

对比项目	DASH	基于 RTP/RTSP 的流媒体传送
服务器实现	Web 服务器	流媒体服务器
现有网络基础设施(如防火墙、HTTP 缓存等)兼容性	较好	较差
传输控制占用的带宽	较少	较多
网络带宽适应	支持,灵活切换	部分服务器支持
支持业务	直播、点播、录制,实时性稍差	直播、点播,实时性较好
流媒体质量	采用动态自适应流技术,较好	不稳定
系统部署与客户端实现	较容易	较复杂
研究与应用	较晚,较少	较早,较多

基于 HTTP 的动态自适应流具有如下特点:支持视频直播、点播和录制服务,有效地使用现有的 CDN 网络、HTTP 代理和缓存、防火墙等网络基础设施,通过客户端控制整个流会话,支持不同码率的媒体流内容无缝选择和转换,服务器和客户端组件同步,支持文件分片和广告植入,支持可缩放视频编码(Scalable Video Coding,SVC)和多视图视频编码(Multiview Video Coding,MVC),对实时内容的时间偏移进行控制,支持可变长度段、多基准 URL,提供会话体验的质量标准等。以上特点大部分都是 DASH 标准以一种灵活、扩展的方式定义的,它们为 DASH 未来部署可能出现的需求做出了准备。

DASH 是一种自适应比特率的流媒体传送技术,在这一技术中,多媒体文件被分成若干段(Segment),并使用 HTTP 协议进行传送。段可以采用任意格式的媒体数据,但 DASH 标准限定了段只能采用特定的两种格式:MPEG-4 格式或 MPEG-2 TS 格式。DASH 采用 MPD(Media Presentation Description,媒体表示描述)文件描述段的信息,包括时序、URL、媒体特征(如解析度和比特率)等内容。在 DASH 技术标准中,MPD 和段是两个主要的组成部分。

9.4.4　流媒体分发关键技术

鉴于流媒体技术在应用中的重要地位,对其在网络中分发策略的研究是非常有必要的,也是非常紧迫的。目前流媒体传送策略主要有两种:基于 CDN(Content Distributed Network)和基于 P2P(Peer to Peer)。

1. 基于 CDN 的流媒体系统

在基于 CDN 的流媒体系统中,流媒体服务器和流媒体代理服务器是提供流服务的关键平台,是流媒体系统的核心设备。流媒体服务器一般处于 IP 核心网中,用于存放流媒体文件,响应用户请求并向终端发送流媒体数据。流媒体代理服务器位于网络的边缘,靠近用户,使客户能从位于本地的缓存代理服务器上获取流媒体内容,从而提高用户访问的性能,并减轻骨干网络流量,同时也增加了系统容量,如图 9-12 所示。

代理服务器的角色是:从流媒体服务器角度来说,代理服务器是终端;从用户角度来说,代理服务器是服务器。流媒体代理服务器一端支持用户,另一端连接流媒体服务器。从流媒体代理服务器到客户端是最短的网络路径,这意味着能减少网络故障,缓解带宽瓶颈。

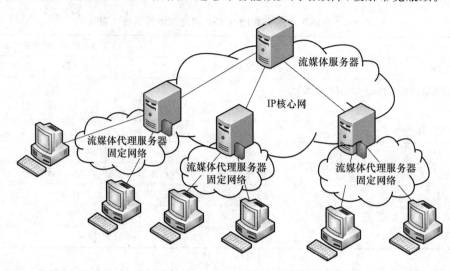

图 9-12　基于 CDN 的流媒体系统

当一部分流媒体已经缓存于代理服务器时,这部分流媒体可以直接从代理服务器以组播方式发到用户,不必再从远端的流媒体服务器提取。为了减轻流媒体源服务器和终端的负载,节省主干网络的带宽,应在代理缓存中实现如下情形:对于特别流行的媒体对象应该尽量缓存其所有的数据,使得代理可以尽量服务于请求的用户;对比较流行的媒体对象应该缓存大部分数据,这样,源服务器只需要提供剩余部分就可以满足客户要求;对最不流行的对象,只要缓存媒体对象开始部分(前缀部分),使得流媒体在代理中缓存的数据量尽可能与流媒体流行度成正比关系即可。

2. 基于 P2P 的流媒体系统

P2P 的基本思想是充分利用网络上分布在不同地理位置上的客户端资源,采用分布式计算模式来为网络上的用户提供各种服务,P2P 网络中没有集中的服务器,网络的每个节点既可以作为客户接收其他节点的服务,又可以作为服务器向其他节点提供服务。基于 P2P 的流媒体系统也是借助这种思想进行流媒体内容的分发,其目标是充分利用多客户机的空闲资源,构建一个成本低、扩展性好,并有一定 QoS 保证的流媒体分发系统。但是在 4G 网络中实现基于P2P 的分发策略是比较困难的,一般情况下,无线信道传输可靠性差,误码率高,而且无线信道的传输带宽也明显小于 Internet 的带宽,4G 终端的性能也明显小于 Internet 上的主机性能。同时新的流媒体文件必须分布到足够多的节点以后才能正常提供服务,其中的管理也是非常复杂的。

本 章 小 结

本章主要讨论了移动互联网的应用,主要包括移动互联网的应用场景和一些典型的应用,如移动云存储、社交和视频直播。由于移动互联网具备动态性等特点,在移动云计算、物联网、互联网＋、社交、视频直播等领域获得了广泛的应用。移动互联网的应用是一项复杂的工程,其面临的主要问题包括移动网络不稳定、移动用户体验要求高、时延和带宽敏感等。为了解决这些问题,针对性地设计了相应的关键技术来优化用户体验。本章对典型应用的概述和关键技术分别进行了介绍。

本 章 习 题

9.1　智能交通系统能够动态地获得道路上各个车辆的信息,并且实现交通流量的动态控制,从而有效地减少堵车的情况以及交通事故。请结合移动互联网的特点,谈谈对智能交通的理解。

9.2　移动位置服务又称为移动定位服务,其通过移动运营商的网络(如 GSM 网络、CDMA 网络)等获得移动终端用户的实际位置信息,并在电子地图上加以显示。请介绍确定用户所在位置的主要机制,并加以比较。

9.3　移动云存储应用的出现使得多设备任意时间任意地点同步数据成为可能,请结合自身对移动存储应用的使用体验,谈谈移动云存储的未来发展。

9.4　移动社交成为日常生活密不可分的一部分,请思考平时使用社交应用(如微信、微博等)的过程中,遇到的网络、同步等问题,分析问题出现的原因,并提出相应的解决方案。

9.5　无线移动互联网顺应了教育信息化建设的前进步伐,在校园中逐步得以广泛应用。无线移动互联网最大的特点是具有高度的空间自由性和灵活性;可以避免大规模铺设网线和固定设备投入,有效地削减了网络建设费用,极大地缩短了建设周期。请介绍一个典型的无线移动互联网的校园应用。

9.6　移动流媒体技术使得用户可以借助无线移动互联网获得视频服务,并且在下载流媒体数据的同时进行播放。请查找相关的综述性论文,总结移动流媒体技术的最新研究进展。

第 10 章　移动互联网实验指导

本章针对移动互联网基本原理、关键技术与热门应用设计了实验,包括 Android 应用开发实验、WEP 密码破解实验和移动 IP 实验,并简要介绍了移动互联网的游戏开发,帮助读者在实验中深刻理解移动互联网关键技术,提升自身的开发能力。

10.1　安卓应用开发实验

1. 实验目的

随着社会不断发展,人们的生活逐渐变得丰富,每天需要处理的事情越来越多。人们逐渐意识到自己的记忆力不足,从而需要记下自己所有的日程。这在一定程度上促进了日程管理软件的开发。日程管理软件可以帮助用户记录每天的行程,方便人们的自我管理。

相比于笔记本计算机,手机更加便携,可以随时随地打开并使用。因此,手机端的日程管理软件备受人们的青睐。本实验基于 Android 平台开发一款日程管理软件,使读者对应用的基本架构和开发流程有所认识,具备基本的 Android 软件开发能力。

2. 实验要求

实验开发环境如下。

(1) 数据库:日程软件的开发与数据库密切相关,但对数据库要求不高,Android 系统本身自带 Sqlite 数据库,因此在开发软件时使用 Android 手机自带的数据库。

(2) Java 开发环境:Android 的开发使用的是 Java 语言,因此首先需要在开发设备上配置好 Java 开发环境。

(3) Android Studio 集成开发环境:Android Studio 是 Google 官方强烈推荐的集成开发环境。在 Android 官方网站下载 Android Studio,它包含了基于 IntelliJ 平台的 Android IDE、Android SDK 工具(API、驱动、源码、样例等)、Android 模拟器。

3. 实验内容

本实验开发的软件主要是为用户提供日程的基本信息管理,其主界面示例图如图 10-1 所示。该软件的功能主要有以下几点。

(1) 新建日程:用户可以创建自己的日程信息,并对该日程的日期和是否需要打开闹钟进行设置。

(2) 删除日程:用户可以删除不需要的日程信息。

(3) 修改日程:用户可以修改以前建立的日程,使日程更加适合当前的状况。

(4) 查找日程:用户可以在大量的信息中更加方便地查找到自己需要的日程信息。

(5) 删除过时日程:在该系统存在大量过时日程信息的情况下,用户可以使用这项功能批量地删除自己不需要的过时日程。

（6）日程类别维护：用户可以增加自己需要的日程类别，并且删除自己不需要的日程类别。

本软件主要包括日程类别的管理模块、日程信息的管理模块和删除过期日程信息的模块，其功能结构图如图 10-2 所示。

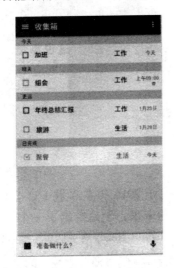

图 10-1　日程管理主界面示例　　　图 10-2　日程管理软件功能结构图

4. 实验帮助

为了帮助开发者开发出优秀的应用程序，Android 系统提供了以下内容。

1）四大组件

Android 系统四大组件分别是活动（Activity）、服务（Service）、广播接收器（Broadcast Receiver）和内容提供器（Content Provider）。其中活动是所有 Android 应用程序的门面，凡是在应用中看得到的东西，都是放在活动中的。而服务就比较低调了，用户无法看到它，但它会一直在后台默默地运行，即使用户退出了应用，服务仍然是可以继续运行的。广播接收器允许应用接收来自各处的广播消息，如电话、短信等，当然应用同样也可以向外面发出广播消息。内容提供器则为应用程序之间共享数据提供了可能。例如，一个应用想要读取系统电话簿中的联系人，就需要通过内容提供器来实现。

2）丰富的系统控件

Android 系统提供了丰富的系统控件，开发者可以很轻松地编写出漂亮的界面。当然如果开发者品味位较高，不满足于系统自带的控件效果，也完全可以定制属于自己的控件。

3）SQLite 数据库

Android 系统还自带了这种轻量级、运算速度极快的嵌入式关系型数据库。它从看得到的 API 入手，探究活动支持标准的 SQL 语法，还可以通过 Android 封装好的 API 进行操作，从而让数据存储和读取变得非常方便。

4）地理位置定位

移动设备同 PC 相比，地理位置定位功能应该算是很大的一个亮点。现在的 Android 手机都内置 GPS，走到哪儿都可以定位到自己的位置，发挥想象就可以做出创意十足的应用。

如果再结合功能强大的地图功能,LBS(Location Based Services,基于位置服务)这一领域潜力无限。

5）强大的多媒体

Android 系统还提供了丰富的多媒体服务,如音乐、视频、录音、拍照、闹铃等,这一切都可以在程序中通过代码进行控制,让应用变得更加丰富多彩。

6）传感器

Android 手机中都会内置多种传感器,如加速度传感器、方向传感器等,这也算是移动设备的一大特点。灵活地使用这些传感器,可以做出很多在 PC 上根本无法实现的应用。

10.2　WEP 密码破解实验

1. 实验目的

利用 BackTrack 提供的工具破解目的 AP 的 WEP 密码。

2. 实验要求

BackTrack(BT)是黑客攻击专用 Linux 平台,也是非常有名的无线攻击光盘(LiveCD)。BackTrack 内置了大量的黑客及审计工具,涵盖了信息窃取、端口扫描、缓冲区溢出、中间人攻击、密码破解、无线攻击、VoIP 攻击等方面。Aircrack-ng 是一款用于破解无线 WEP 及 WPA-PSK 加密的工具。它包含了多款无线攻击审计工具,具体见表 10-1。

表 10-1　无线攻击审计工具

组件名称	描述
Aircrack-ng	用于密码破解,只要 Airodump-ng 收集到足够数量的数据包就可以自动检测数据报并判断是否可以破解
Airmon-ng	用于改变无线网卡的工作模式
Airodump-ng	用于捕获无线报文,以便 Aircrack-ng 破解
Aireplay-ng	可以根据需要创建特殊的无线数据报文及流量
Airserv-ng	可以将无线网卡连接到某一特定端口
Airolib-ng	进行 WPA Rainbow Table 攻击时,用于建立特定数据库文件
Airdecap-ng	用于解开处于加密状态的数据包
Tools	其他辅助工具

本实验利用 BackTrack 系统中的 Aircrack-ng 工具破解 WEP 密码。为了快速捕获足够的数据包,采用有合法客户端活动情况下的破解方式(对无客户端的破解方式感兴趣的读者可以自己在网上查找相关资料),合法客户端在实验过程中需保持网络活动(如网络下载)。本实验密码破解过程的网络拓扑图如图 10-3 所示。

3. 实验内容

1）确定 AP 对象

首先按 AP 分成小组,小组中一部分作为合法用户,另一部分为攻击方,合法用户需要保持网络活动(如 Ping AP 或同组合法用户)以便抓包。然后在 Windows 系统下利用无线网卡搜索 AP,可以获得 AP 的 SSID 和安全设置。选择采用 WEP 的无线 AP 来破解。

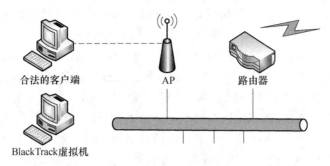

合法的客户端　　　　　AP　　　　　路由器

BlackTrack虚拟机

图 10-3　密码破解过程的网络拓扑图

2) 启动 BTS,载入网卡

(1) 新建虚拟机文件,导入 BackTracks 系统(下载 BTS 系统启动 ISO)。启动 VMware,新建虚拟机,需要设置操作系统类型(Ubuntu)、虚拟机名称、磁盘大小等。选择虚拟机并单击"开始",即可启动 BTS 系统了,有提示时按<Enter>键启动系统,注意选择启动方式为默认的"Text",按提示输入 Startx 启动 X 窗口模式。

(2) 单击 VM、Removable Devices,选择相应的无线网卡,如果未接入虚拟机,那么单击 Connect。

(3) 单击 BackTracks 系统左下方的终端图标启动 shell,输入 ifconfig -a 查询所有的网卡。

3) 捕获数据包

(1) 首先输入 airmon -ng start 网卡名频道,将网卡激活为 monitor 模式,利用 kill 命令删除提示中可能影响网卡工作的进程再重新激活;频道通过 BackTrack 搜索,单击左下角第一个图标,选择 Internet→Wicd Network Manager 命令。

(2) 输入"airodump -ng-w ciw -channel 频道名网卡名",注意网卡名为激活后的虚拟名(如 mon0、mon1 等),其中 ciw 为文件名,具体的文件名可在命令窗口中输入"ls"查看;输入指令后开始抓包;抓包信息中包含了许多网络信息,data 值表示抓包数量。

4) 破解 WEP 密码

(1) 等到抓包数量足够(一般 data 数量 4 万、5 万以上)后,在新的 Shell 中输入"aircrack -ng-x-f 2 抓包文件名";按提示输入选择 AP。

(2) 等待一段时间后,密码破解成功。如果提示破解失败,那么再等待一段时间抓获更多数据包再破解。

4. 实验帮助

通过 WEP 破解实验可以发现,只要能够捕获足够的数据包就可以轻松破解 WEP 密码,从而入侵到内部网络。为了提高无线网络的安全,必须采用 WEP 加密之外的其他安全措施。

SSID(Service Set Identifier)也可以写为 ESSID,用来区分不同的网络,最多可以有 32 个字符。无线网卡设置了不同的 SSID 就可以进入不同的网络,SSID 通常由 AP 广播出来,通过 Windows 自带的扫描功能可以查看当前区域内的 SSID。简单说,SSID 就是一个局域网名称,只有设置为名称相同 SSID 值的计算机才能互相通信,可以通过隐藏 SSID 信息来提升无线通信的安全。

每一个网络设备,不论是有线还是无线,都有一个唯一的标识,叫作 MAC 地址(媒体访问控制地址),这些地址一般表示在网络设备上。网卡的 MAC 地址可以用如下办法获得:打开命令行窗口,输入 ipconfig/all,就会出现很多信息,其中物理地址(Physical Address)就是 MAC 地址。无线 MAC 地址过滤功能通过 MAC 地址允许或拒绝无线网络中的计算机访问广域网,从而有效控制无线网络内用户的上网权限。无线路由器或 AP 在分配 IP 地址时,通常是默认使用 DHCP,即动态 IP 地址分配,这对无线网络来说是有安全隐患的,只要找到了无线网络,就可以很容易地通过 DHCP 得到一个合法的 IP 地址,由此就进入局域网中。因此,可以关闭 DHCP 服务,为每台计算机分配固定的静态 IP 地址,然后再把这个 IP 地址与该计算机无线网卡的 MAC 地址进行绑定,以提升网络的安全性。这样,非法用户就不易得到合法的 IP 地址,即使得到了该地址,也会因为还要验证绑定的 MAC 地址,而无法进行攻击。

10.3 移动 IP 协议实验

1. 实验目的

移动 IP 是一种在全球因特网上提供移动功能的方案,它使移动节点在切换链路时仍然可以保持现有通信,并且移动 IP 提供了一种 IP 路由机制,可以使移动节点用一个永久的 IP 地址链接到任何链路上。

本实验分"角色"〔MN(移动节点)、FA(外地代理)和 HA(家乡代理)〕地实现移动 IP 的三个技术:代理搜索、注册和包传送。

通过本实验,读者可以理解移动 IP 的工作原理,掌握移动 IP 的主要技术。

2. 实验要求

充分理解移动 IP 协议,了解它的三个"角色"的主要作用,能够实现以下功能:

(1) 代理搜索——移动节点功能的实现。

(2) 注册——移动节点功能的实现。

(3) 注册——外地代理功能的实现。

(4) 注册——家乡代理功能的实现。

(5) 包传送——家乡代理功能的实现。

(6) 包传送——外地代理功能的实现。

3. 实验内容

1) 实现代理搜索过程 MN 的主要功能

根据系统提供的参数组装并发送代理请求报文,收到代理应答消息后,判断出该代理是 FA 还是 HA。如果是 FA,那么提交转交地址(本实验默认采用外地代理地址作为转交地址)。

2) 实现注册过程中 MN 的主要功能

根据系统提供的参数组装并发送注册请求消息,收到注册应答消息后,根据报文的内容修改 MN 的路由表。

3) 实现注册过程中 FA 的主要功能

(1) 收到注册请求报文后,通过查找路由表将该报文重新进行组装,然后中继到 HA。

（2）从 HA 收到注册应答后，判断本次注册过程是否成功，若成功则需要修改 FA 的路由表，最后将该应答消息中继到 MN。

4）实现注册过程中 HA 的主要功能

对于收到的注册请求报文，进行合法性检查（只需检查要注册的 MN 是否合法）。如果合法，那么修改它的绑定表。最后发送注册应答消息给 FA。

5）实现包传送中 HA 的主要功能

如果收到目的地址是 MN 家乡地址的数据包，那么查找绑定表，将该包进行 IP 封装，然后发送给 FA；否则，查找路由表，进行正常的 IP 转发。

6）实现包传送中 FA 的主要功能

如果收到目的地址是 MN 家乡地址的数据包，那么查找路由表，将该包进行解封装，然后发送给 MN。

如果收到来自移动节点的数据包，那么必须路由移动节点发来的数据包，验证 IP 头部检验和，减小 IP 的生存期（Time To Live），重新计算 IP 头部检验和，并转发这样的数据包。

4．实验帮助

1）移动 IP 协议介绍

越来越多的网络用户通过无线技术接入网络，无线接入网络有很多优点，也存在一些不足，如当用户移到一个新网络时连接就会断开。移动 IP 是一种网络标准，它实现跨越不同网络的无缝漫游功能。当用户跨越不同网络边界时，使用移动 IP 技术可以确保网络技术、多媒体业务和虚拟专用网络等应用永不中断连接。

采用传统 IP 技术的主机在移动到另外一个网段或者子网时，由于不同的网段对应不同的 IP 地址，用户不能使用原有 IP 地址进行通信，必须修改主机 IP 地址为所在子网的 IP 地址，而且由于各种网络设置，用户一般不能继续访问原有网络的资源，其他用户也无法通过该用户原有的 IP 地址访问该用户。

所谓移动 IP 技术，是指移动用户可在跨网络随意移动和漫游中，使用基于 TCP/IP 的网络时，不用修改计算机原来的 IP 地址，同时，继续享有原网络中的一切权限。简单地说，移动 IP 就是实现网络全方位的移动或者漫游。

移动 IP 应用于所有基于 TCP/IP 的网络环境中，它为人们提供了无限广阔的网络漫游服务。例如，在用户离开北京总公司出差到上海分公司时，只要简单地将移动终端（笔记本计算机、PDA 等所有基于 IP 的设备）连接至上海分公司的网络上，不需要做其他任何改动，就可以享受与在北京总公司里一样的操作，如能使用北京总公司的相关打印机。诸如此类的操作，让用户感觉不到自己身在外地。换句话说，移动 IP 的应用让用户的"家"网络随处可以安"家"。

2）计算机网络试验系统 NetRiver

清华大学研制的计算机网络试验系统 NetRiver，为学生提供了一个能够进行网络协议编程、调试、可视化执行和测试的实验平台。NetRiver 提供可控、真实的全协议栈网络实验环境，支持实验代码编辑、编译和调试的集成编译环境，可进行可视化的协议报文捕捉与行为分析、基于脚本语言的可扩展的实验描述和执行、基于协调测试法的自动实验测试，它是一个功能丰富的实验管理平台。

利用 NetRiver 实验平台，可以方便地完成网络协议编程、调试、可视化执行和自动测试。在此平台上，学生无须关心系统对实验的影响，能够直接编写和测试协议相关的核心内容。目前，NetRiver 支持的实验包括 IPv4 收发实验、IPv4 转发实验、TCP 实验、IPv6 收发实验、IPv6

转发实验、滑动窗口协议实验和移动 IP 实验等。

整个 NetRiver 网络实验系统由三部分构成：客户端、测试服务器和实验管理服务器。实验管理服务器用于保存所有用户的信息，包括用户名、用户密码、实验进度、测试结果、实验成绩以及教师的管理信息等。测试服务器会根据实验内容与客户端进行协议通信，完成协议一致性测试。客户端是学生实验的操作平台，它不仅可以连接并登录实验管理服务器和测试服务器，还提供了一个可编辑、编译、调试和执行实验代码的软件开发环境。在测试过程中，客户端软件还能够显示并分析协议测试分组的内容。

3）实验拓扑

在本实验的所有测试例子中，学生代码作为 MN、FA 或 HA 这三个功能实体中的某一个"角色"，系统则作为其他两个"角色"。

10.4　移动互联网游戏

10.4.1　移动互联网游戏产业链

在移动互联网中，网络提供商、应用提供商、设备提供商、用户是其发展的几个关键因素。中国移动、中国联通等网络提供商提供网络平台，包括 GSM 短消息平台、WAP、GPRS 等。这些公司通过用户使用这些网络而获益，因此需要开发出丰富的业务和应用来吸引更多用户花更多的时间上网。应用提供商依托网络提供商的网络和应用提供商的用户，开发出符合市场需求的应用，并使这些应用充分实现其市场价值。应用提供商还与商业企业（如银行、证券商、服务业、博彩机构等）合作，开发出符合商业企业需求的丰富的应用。应用提供商关注的是什么是有经济意义的应用，以及应用提供商如何与网络提供商分享收费。一个合理的利益分配机制将促进丰富应用的开发和移动互联网的发展，否则会阻碍市场的发展。设备提供商（包括网络设备和终端设备的提供者），其目标是开发出技术先进的产品供运营商采用，以提升运营商的业务能力，通过市场的反馈促使运营商更多地采购设备提供商的产品。用户需要评估什么样的应用是自己需要的，并决定在多大程度上使用这种应用。用户需要为使用这种应用（包括网络）而支付费用，从而创造出移动互联网价值链的市场价值。无疑，只有构建一个顺畅的价值链，才能从根本上促进移动互联网的发展。

目前，有两类比较有代表性的移动互联网价值链。第一类是以 Google 的 Android 为代表的"雁行"模式，Google 制定出整个体系的标准并不断推出新的开源 Android 库，依托网络提供商的服务和设备提供商的手机，应用提供商自行开发新的应用。在这个体系中，Google 通过制定标准获利，而放弃了设备提供商和应用提供商的身份；各个设备提供商，如三星、诺基亚和索尼，会根据自己对互联网的不同见解开发出各具特色的手机，而系统开源的特性也给予应用开发商极大的开发自由度。Google 就如一只"领头雁"，引导着其他设备提供商和应用提供商的脚步。2013 年第四季度，Android 平台手机的全球市场份额已经达到 78.1%。2013 年 9 月 24 日，Google 开发的操作系统 Android 迎来了 5 岁生日，全世界采用这款系统的设备数量已经达到 10 亿台。2014 年第一季度，Android 平台已占所有移动广告流量来源的 42.8%，首度超越 iOS,但运营收入不及 iOS。在互联网游戏盈利上,Android 家族主要依靠广告与收费游戏,由于其开源特性使得 Android App 可以方便地在网络中扩散,对正版软件的保护不强,Android 家族的收费游戏比不上 iOS。

第二类就是大家耳熟能详的苹果公司的 iOS 系统。苹果公司既是设备提供商,也是应用提供商。它制定了 iOS 标准,也是 iPhone 和 iPad 等移动设备的提供商,更是包括 Siri 和 Safari 等成功应用的提供商。更重要的是,苹果公司通过 App Store 限制了应用提供商的程序发布。为了发布软件,开发人员必须加入 iPhone 开发者计划,其中有一个步骤需要付款以获得苹果公司的批准。加入之后,开发人员将会得到一个牌照,他们可以用这个牌照将编写的软件发布到苹果公司的 App Store。这种做法使得 iOS 旗下的应用几乎不可能如 Android 应用一般可以被随意移动和安装,极大地提高了整个产业链的盈利性。因此,iOS 设备在收费游戏上比 Android 更强,而 iOS 的免费游戏中也广泛使用收费道具,很多游戏甚至必须使用收费道具来通关。

现有数据也证明了这一点。根据移动广告供应商 Opera MediaWorks 的数据,2014 年第一季度,Android 平台已占所有移动广告流量来源的 42.8%,首度超越 iOS。iOS 平台以 38.2% 的流量份额屈居第二。不过虽然流量超过 iOS,但在营收方面,Android 平台仍远远赶不上 iOS。广告商从 iOS 平台获得的广告营收占总营收的 52%,而 Android 平台仅占 33.5%。不过值得注意的是,Android 平台广告营收一直在飞速增长。

对用户而言,移动互联网游戏的收费模式主要分为道具收费和客户端收费。

(1) 道具收费:玩家可以免费注册和进行游戏,运营商通过出售游戏中的道具来获取利润。这些道具通常具有强化角色、着装及交流方面的作用。经典游戏《植物大战僵尸 2》中就加入了许多收费道具,而塔防游戏大多需要使用收费道具才能过关,如著名的 *field runner*。

(2) 客户端收费:通过付费客户端或者序列号绑定账号进行销售的游戏,常见于个人计算机普及的欧美以及家用机平台网络。iOS 系列的付费游戏基本是在客户端下载时进行收费,如 iOS 上的《植物大战僵尸 HD 版》仍然需要付费才能下载。

中国的移动互联网游戏产业链如图 10-4 所示。

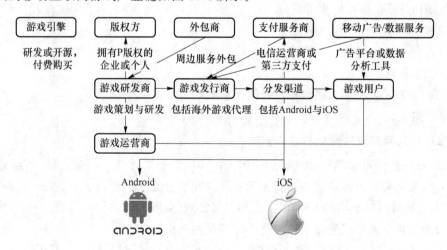

图 10-4　中国的移动互联网游戏产业链

10.4.2 移动互联网游戏类型

1. 移动互联网游戏的类型

移动互联网游戏可以分为休闲网络游戏(如传统棋牌)、网络对战类游戏、角色扮演类大型网上游戏(如《大话西游》)和功能性网游等类别。具体而言,这些类别又可以细分为如下类型:

① ACT(动作游戏);

② AVG(冒险游戏);

③ PUZ(益智游戏);

④ CAG(卡片游戏);

⑤ FTG(格斗游戏);

⑥ LVG(恋爱游戏);

⑦ TCG(养成类游戏);

⑧ TAB(桌面游戏);

⑨ MSC(音乐游戏);

⑩ SPG(体育游戏);

⑪ SLG(战略游戏);

⑫ STG(射击游戏);

⑬ RPG(角色扮演游戏);

⑭ RCG(赛车游戏);

⑮ RTS(即时战略游戏);

⑯ ETC(其他种类游戏);

⑰ WAG(手机游戏);

⑱ SIM(模拟经营类游戏);

⑲ S.RPG(战略角色扮演游戏);

⑳ A.RPG(动作角色扮演游戏);

㉑ FPS(第一人称射击游戏);

㉒ H-Game(成人游戏);

㉓ MUD(泥巴游戏);

㉔ MMORPG(大型多人在线角色扮演类游戏)。

㉕ 彩票游戏。

2. 移动互联网游戏发展史与经典游戏

移动游戏的历史可追溯至 20 世纪 90 年代,当时《俄罗斯方块》和《贪吃蛇》等游戏初登移动平台,并大放异彩。中国移动游戏行业随着终端和渠道的变迁经历了如下四个阶段。

(1) 第一阶段:1994—1997 年,以上古神兽级游戏《俄罗斯方块》和《贪吃蛇》(如图 10-5 所示)为代表的内置手机游戏登录手机。这类游戏是纯单机游戏。

(2) 第二阶段:以 QQ 游戏为代表的短信/WAP 游戏。该阶段的游戏,其用户的交互性更强,游戏更多地加入了用户间的互动和竞争,提高了游戏的可玩性,游戏可以通过移动网络进行下载和操作。

图 10-5　《俄罗斯方块》和《贪吃蛇》

（3）第三阶段：智能手机游戏的初级阶段。2002 年，第一代使用 Java 技术的商业手机问世，游戏运行速度得到提升，那一年的代表作有《太空入侵者》和《Jamdat 保龄球》。游戏内容更加多元化，操作性更强。2003 年，彩屏手机开始流行，同年诺基亚 N-gage 发布。《宝石迷阵》《都市赛车》《极速赛车》等游戏相继问世。

（4）第四阶段：以 iOS 和 Android 游戏为主，游戏逐渐向 PC 端靠拢，可玩性更强。2007 年，苹果公司推出 iPhone 手机。同年晚些时候，苹果公司推出 iPod Touch 设备。2008 年，苹果公司推出自己的应用商店，随后短短数天内，苹果 App Store 全球应用总下载量就超过了 1 000 万次。2009 年，触屏智能手机逐渐普及，三星公司推出首款基于 Android 操作系统的银河手机，试图挑战 iPhone 的霸主地位。2009 年，《涂鸦跳跃》《愤怒的小鸟》（如图 10-6 所示）相继问世。同年，《植物大战僵尸》（如图 10-7 所示）发售，掀起打僵尸的热潮。

10.4.3　移动互联网游戏的发展前景

随着 Android 手机和 iOS 移动设备的普及，移动互联网游戏的技术基础趋于成熟，移动应用开发者不用再过多地顾及游戏设计与设备系统的适配等技术问题，可以将精力更多地集中于产品本身，因此其研发成本降低；移动互联网用户终端的智能化程度更高，原先必须在 PC 上才能操作的游戏如今通过智能终端也可以很好地完成，极大地提高了移动互联网游戏的品质，使得移动互联网游戏的未来更加宽广。产品和用户的积累，使得移动互联网游戏进入井喷期。

根据艾瑞咨询集团的报告，全球移动游戏付费率保持在 30% 左右，游戏时长占比第一；在中国市场，2013 年移动游戏市场规模为 148.5 亿元，增速达到 69.3%，智能终端移动游戏用户

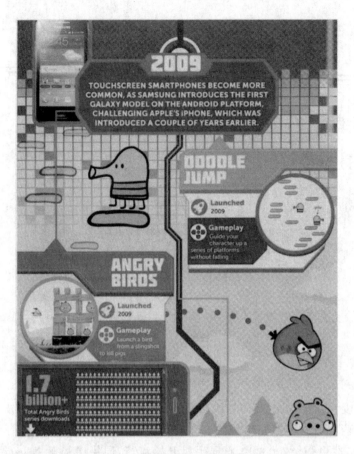

图 10-6　《涂鸦跳跃》和《愤怒的小鸟》

图 10-7　《植物大战僵尸》

达到 1.9 亿,融资事件减少,金额增大,并购多发,A 股手游概念股被热炒。然而,在全球范围内,各个地区的移动互联网游戏发展仍然处于不均匀状态。欧美等发达地区由于智能移动端的广泛普及和历经智能机游戏两年以上的发展,商业模式逐渐趋于稳定,各个游戏市场份额被瓜分殆尽,尽管有些人气游戏可以在一时称雄,但是爆发式增长已经再难出现;发展中国家由于智能终端占领市场尚需时日,这些地区的众多人口带来了智能移动设备数量的可观增长,因此移动互联网游戏的发展增速惊人,但由于经济原因,这些市场的购买力相对欧美低下,在付费游戏和游戏内购方面的潜力较小,平均赢利比发达国家少;落后地区由于功能机依然为主流,甚至缺乏移动终端的消费市场,移动游戏的发展滞后,甚至在未来也基本没有大规模赢利的可能。

移动互联网游戏的增长主要依托以下动力。

(1) 移动智能终端的快速普及:Android 手机相对亲民的价格,使得大尺寸屏幕、高系统配置、便捷操作方式的智能手机在全球普及,促进了移动游戏的高速成长;iOS 借助其高端机的定位,在心理层面触发市场的购买潮流,同样加快了移动智能终端的普及。

(2) 网络环境的提高:特别是 Wi-Fi 及 3G、4G、5G 网络等通信网络的加速发展,使得移动网络游戏的流畅度提升,移动网络游戏的付费意愿比单机游戏更高。未来移动游戏的商业模式中,道具等免费增值服务会越来越得到更多游戏运营商及用户的青睐。免费游戏是移动游戏行业大爆发的重要因素:一方面,通过降低下载门槛吸引大量用户;另一方面,通过优化游戏,增加用户停留在游戏中的时间,扩大付费用户的比例,以及带给免费用户更多的欢乐。

(3) 现代生活节奏的加快和生活习惯的转变,使得传统客户端游戏及网页游戏用户在移动游戏上投入的时间越来越多,因此相应的付费水平也大大提高。中国优质的经济前景和极大的人口基数对促进移动互联网游戏市场起到了关键的作用。在政策方面,国家各级机关推出了宽松的政策来规范及盘活市场;在经济方面,中国的经济总量处于世界前列,为行业的发展提供了深厚的土壤;在社会环境方面,90 后等一批年轻用户的消费观念带动了市场;在科技方面,国内智能终端的开发不断迈上新的台阶。

在如此巨大的市场中,一款游戏改变整个企业的例子,在移动游戏界并不少见。人气游戏《智龙迷城》的开发商 Gungho 在 2012 年一年间,营业利润足足膨胀了 8 倍;音乐游戏 LoveLive 让 KLab 的业绩如 V 字般强力反弹;2013 年,《怪物弹珠》正式上架,Mixi 的股价持续走高,足足翻了 20 倍以上,这款游戏在短短一年中造就的社会价值,已经远超 Mixi 曾经创造的价值。

因此,对于移动互联网游戏公司而言,找准用户的需求是重中之重。研究客户游戏的时间段和频率,理解一款游戏的主要客户群体,研究客户得知并下载游戏的渠道是决定游戏公司能否成功的关键因素。

本 章 小 结

本章针对移动互联网基本原理、关键技术与热门应用设计了实验(包括 Android 应用开发实验、WEP 密码破解实验和移动 IP 实验),简要介绍了移动互联网的游戏开发,帮助读者在实验中深刻理解移动互联网的关键技术,并培养其开发能力。

本 章 习 题

10.1 目前比较有代表性的两类移动互联网价值链分别是什么？

10.2 对用户而言，移动互联网游戏的经营模式主要分为哪两类？

10.3 中国移动游戏行业随着终端和渠道的变迁经历了哪些阶段？

10.4 移动 IP 协议实验划分的"角色"有哪几个？该实验实现了移动 IP 的哪三项技术？

参 考 文 献

[1] CUERVO E, BALASUBRAMANIAN A, CHO D K, et al. MAUI: making smartphones last longer with code offload[C]//Proceedings of the 8th international conference on Mobile systems, applications, and services. San Francisco California USA. ACM, 2010: 49-62.

[2] YOUNG C, LAKSHMAN Y N, SZYMANSKI T, et al. Protium, an infrastructure for partitioned applications[C]//Proceedings Eighth Workshop on Hot Topics in Operating Systems. May 20-22, 2001, Elmau, Germany. IEEE, 2001: 47-52.

[3] LI Z Y, WANG C, XU R. Computation offloading to save energy on handheld devices: a partition scheme[C]//Proceedings of the international conference on Compilers, architecture, and synthesis for embedded systems-CASES '01. November 16-17, 2001. Atlanta, Georgia, USA. ACM, 2001: 238-246.

[4] YANG K, OU S M, CHEN H H. On effective offloading services for resource-constrained mobile devices running heavier mobile Internet applications[J]. IEEE Communications Magazine, 2008, 46(1): 56-63.

[5] DOU A, KALOGERAKI V, GUNOPULOS D, et al. Misco: a MapReduce framework for mobile systems[C]//Proceedings of the 3rd International Conference on PErvasive Technologies Related to Assistive Environments. Samos Greece. ACM, 2010: 32-39.

[6] CHUN B G, MANIATIS P. Dynamically partitioning applications between weak devices and clouds[C]//Proceedings of the 1st ACM Workshop on Mobile Cloud Computing & Services: Social Networks and Beyond. San Francisco California. ACM, 2010: 1-5.

[7] IYER R, SRINIVASAN S, TICKOO O, et al. CogniServe: heterogeneous server architecture for large-scale recognition[J]. IEEE Micro, 2011, 31(3): 20-31.

[8] RA M R, SHETH A, MUMMERT L, et al. Odessa: enabling interactive perception applications on mobile devices[C]//Proceedings of the 9th international conference on Mobile systems, applications, and services. Bethesda Maryland USA. ACM, 2011: 43-56.

[9] RACHURI K K, MASCOLO C, MUSOLESI M, et al. SociableSense: exploring the trade-offs of adaptive sampling and computation offloading for social sensing[C]// Proceedings of the 17th annual international conference on Mobile computing and networking. Las Vegas Nevada USA. ACM, 2011: 73-84.

[10] CUERVO E, WOLMAN A, COX L P, et al. Kahawai: high-quality mobile gaming using GPU offload[C]//Proceedings of the 13th Annual International Conference on

Mobile Systems，Applications，and Services. Florence Italy. ACM，2015：121-135.

[11] KOSTA S，AUCINAS A，HUI P，et al. ThinkAir：Dynamic resource allocation and parallel execution in the cloud for mobile code offloading[C]//2012 Proceedings IEEE INFOCOM. March 25 30, 2012, Orlando, FL. IEEE, 2012：945-953.

[12] GORDON M S，JAMSHIDI D A，MAHLKE S，et al. Comet：Code Offload by Migrating Execution Transparentlly[C]. Proceedings of the USENIX Conference on Operating Systems Design and Implementation (OSDI). Hollywood, USA, 2012：93-106.

[13] ZHOU B W，DASTJERDI A V，CALHEIROS R N，et al. A context sensitive offloading scheme for mobile cloud computing service [C]//2015 IEEE 8th International Conference on Cloud Computing. June 27-July 2, 2015, New York, NY, USA. IEEE, 2015：869-876.

[14] SATYANARAYANAN M，BAHL P，CACERES R，et al. The case for VM-based cloudlets in mobile computing[J]. IEEE Pervasive Computing, 2009, 8(4)：14-23.

[15] YANG L，CHEN Y K，LI X Y，et al. Tagoram：real-time tracking of mobile RFID tags to high precision using COTS devices [C]//Proceedings of the 20th annual international conference on Mobile computing and networking. Maui Hawaii USA. ACM, 2014：237-248.

[16] CHUN B，MANIATIS P. Augmented Smartphone Applications Through Clone Cloud Execution[C]. Proceedings of the Workshop on Hot Topics in Operating Systems(HotOS). Monte Verita, Switzerland, 2009；8-11.

[17] GORDON M S，HONG D K，CHEN P M，et al. Accelerating mobile applications through flip-flop replication [C]//Proceedings of the 13th Annual International Conference on Mobile Systems，Applications，and Services. Florence Italy. ACM, 2015：137-150.

[18] ZHOU A Y，YANG B，JIN C Q，et al. Location-based services：architecture and progress[J]. Chinese Journal of Computers, 2011, 34(7)：1155-1171.

[19] ZHENG Y Q，SHEN G B，LI L Q，et al. Travi-navi：self-deployable indoor navigation system[C]//IEEE/ACM Transactions on Networking. June 9, 2017, IEEE, 2017：2655-2669.

[20] DONG J，XIAO Y，NOREIKIS M，et al. iMoon：using smartphones for image-based indoor navigation [C]//Proceedings of the 13th ACM Conference on Embedded Networked Sensor Systems. Seoul South Korea. ACM, 2015：85-97.

[21] WU C S，YANG Z，LIU Y H. Smartphones based crowdsourcing for indoor localization[J]. IEEE Transactions on Mobile Computing, 2015, 14(2)：444-457.

[22] GAO R，ZHAO M，YE T，et al. Jigsaw：Indoor Floor Plan Reconstruction via Mobile Crowdsensing[C]. Proceedings of the ACM Annual International Conference on Mobile Computing and Networking(Mobicom). Maui, USA, 2014；249-260.

[23] DONG J，XIAO Y，OU Z H，et al. Indoor tracking using crowdsourced maps[C]// 2016 15th ACM/IEEE International Conference on Information Processing in Sensor

Networks (IPSN). April 11-14, 2016, Vienna, Austria. IEEE, 2016: 1-6.

[24] SHU Y C, SHIN K G, HE T, et al. Last-Mile navigation using smartphones[C]// Proceedings of the 21st Annual International Conference on Mobile Computing and Networking. Paris France. ACM, 2015: 512-524.

[25] LIM C H, WAN Y H, NG B P, et al. A real-time indoor Wi-Fi localization system utilizing smart antennas[J]. IEEE Transactions on Consumer Electronics, 2007, 53 (2): 618-622.

[26] XIONG J, JAMIESON K. ArrayTrack: A Fine-Grained Indoor Location System[C]. Proceedings of USENIX Symposium on Networked Systems Design and Implementation(NSDI). Lombard, Israel, 2013:71-84.

[27] XIONG J, SUNDARESAN K, JAMIESON K. ToneTrack: leveraging frequency-agile radios for time-based indoor wireless localization[C]//Proceedings of the 21st Annual International Conference on Mobile Computing and Networking. Paris France. ACM, 2015: 537-549.

[28] KOTARU M, JOSHI K, BHARADIA D, et al. SpotFi: decimeter level localization using WiFi[C]//Proceedings of the 2015 ACM Conference on Special Interest Group on Data Communication. London United Kingdom. ACM, 2015: 269-282.

[29] FADEL ADIB, ZACH KABELAC, DINA KATABI. Multi-Person Localization via RF Body Reflections[C]. Proceedings of USENIX Symposium on Networked Systems Design and Implementation(NSDI). Oakland, USA, 2015:279-292.

[30] WANG G H, ZOU Y P, ZHOU Z M, et al. We can hear you with Wi-Fi! [C]// Proceedings of the 20th annual international conference on Mobile computing and networking. Maui Hawaii USA. ACM, 2014: 593-604.

[31] JOSHI K, BHARADIA D, KOTARU M, et al. WiDeo: Fine-grained Device-free Motion Tracking using RF Backscatter[C]. Proceedings of USENIX Symposium on Networked Systems Design and Implementation (NSDI). Oakland, USA, 2015: 189-204.

[32] WANG Y, LIU J, CHEN Y, et al. E-eyes: Device-free Location-oriented Activity Identification using Fine-grained Wi-Fi Signatures[C]. Proceedings of the ACM 20st Annual International Conference on Mobile Computing and Networking(Mobicom). Maui, USA, 2014:617-628.

[33] WANG W, LIU A X, SHAHZAD M, et al. Understanding and Modeling of Wi-Fi Signal based Human Activity Recognition[C]. Proceedings of the ACM 21st Annual International Conference on Mobile Computing and Networking(Mobicom). Paris, France, 2015:65-76.

[34] ALI K, LIU A X, WANG W, et al. Keystroke Recognition Using Wi-Fi signals[C]. Proceedings of the ACM 21st Annual International Conference on Mobile Computing and Networking(Mobicom). Paris, France, 2015:90-102.

[35] YANG L, LIN Q, LI X, et al. See Through Walls with COTS RFID System! [C]. Proceedings of the ACM 21st Annual International Conference on Mobile Computing

and Networking(Mobicom). Paris，France，2015：487-499.

[36]　KUO Y S, PANNUTO P, HSIAO K J, et al. Luxapose：indoor positioning with mobile phones and visible light［C］//Proceedings of the 20th annual international conference on Mobile computing and networking. Maui Hawaii USA. ACM, 2014：447-458.

[37]　YANG Z C, WANG Z Y, ZHANG J S, et al. Wearables can afford：light-weight indoor positioning with visible light ［C］//Proceedings of the 13th Annual International Conference on Mobile Systems，Applications，and Services. Florence Italy. ACM，2015：317-330.

[38]　LI T X, AN C K, TIAN Z, et al. Human sensing using visible light communication ［C］//Proceedings of the 21st Annual International Conference on Mobile Computing and Networking. Paris France. ACM，2015：331-334.

[39]　TUNG Y C, SHIN K G. EchoTag：accurate infrastructure-free indoor location tagging with smartphones ［C］//Proceedings of the 21st Annual International Conference on Mobile Computing and Networking. Paris France. ACM，2015：525-536.

[40]　MA Q, YANG B, QIAN W N, et al. Query processing of massive trajectory data based on mapreduce［C］//Proceedings of the first international workshop on Cloud data management. Hong Kong，China. ACM，2009：9-16.

[41]　ELDAWY A, MOKBEL M F. A demonstration of SpatialHadoop[J]. Proceedings of the VLDB Endowment，2013，6(12)：1230-1233.

[42]　ELDAWY A, MOKBEL M F, ALHARTHI S, et al. SHAHED：a MapReduce-based system for querying and visualizing spatio-temporal satellite data［C］//2015 IEEE 31st International Conference on Data Engineering. April 13-17，2015，Seoul，Korea (South). IEEE，2015：1585-1596.

[43]　SILVA Y N, XIONG X P, AREF W G. The RUM-tree：supporting frequent updates in R-trees using memos[J]. The VLDB Journal，2009，18(3)：719-738.

[44]　LIN H Y. Using compressed index structures for processing moving objects in large spatio-temporal databases［J］. Journal of Systems and Software，2012，85 (1)：167-177.

[45]　XU X F, XIONG L, SUNDERAM V, et al. Speed partitioning for indexing moving objects［M］//Lecture Notes in Computer Science. Cham：Springer International Publishing，2015：216-234.

[46]　CONG G, JENSEN C S, WU D M. Efficient retrieval of the top-k most relevant spatial web objects[J]. Proceedings of the VLDB Endowment，2009，2(1)：337-348.

[47]　ZHANG D X, CHEE Y M, MONDAL A, et al. Keyword search in spatial databases：towards searching by document ［C］//2009 IEEE 25th International Conference on Data Engineering. March 29-April 2，2009，Shanghai，China. IEEE，2009：688-699.

[48]　SHI J, WU B, LIN X Q. A latent group model for group recommendation［C］//2015

IEEE International Conference on Mobile Services. June 27-July 2, 2015, New York, NY, USA. IEEE, 2015: 233-238.

[49] BALASUBRAMANIAN N, BALASUBRAMANIAN A, VENKATARAMANI A. Energy consumption in mobile phones: a measurement study and implications for network applications[C]//Proceedings of the 9th ACM SIGCOMM conference on Internet measurement. Chicago Illinois USA. ACM, 2009: 280-293.

[50] LABIOD H, BADRA M. New technologies, mobility and security[M]. Dordrecht: Springer, 2007.

[51] LIU H, ZHANG Y X, ZHOU Y Z. TailTheft: leveraging the wasted time for saving energy in cellular communications [C]//Proceedings of the sixth international workshop on MobiArch. Bethesda Maryland USA. ACM, 2011: 31-36.

[52] ZHAO B, HU W J, ZHENG Q, et al. Energy-aware web browsing on smartphones [J]. IEEE Transactions on Parallel and Distributed Systems, 2015, 26(3): 761-774.

[53] CUI Y, XIAO S H, WANG X, et al. Performance-aware energy optimization on mobile devices in cellular network[C]//IEEE INFOCOM 2014-IEEE Conference on Computer Communications. April 27-May 2, 2014, Toronto, ON, Canada. IEEE, 2014: 1123-1131.

[54] ZHANG X, SHIN K. E-mili: Energy-minimizing Idlelistening in Wireless Networks [C]. Proceedings of the ACM 17st Annual International Conference on Mobile Computing and Networking(Mobicom). Las Vegas, USA, 2011:205-216.

[55] BUI D H, LIU Y, KIM H, et al. Rethinking Energy Performance Trade-off in Mobile Web Page Loading[C]. Proceedings of the ACM 21st Annual International Conference on Mobile Computing and Networking(Mobicom). Paris, France, 2015: 14-26.

[56] ZHANG C, ZHANG X, CHANDRA R. Energy Efficient WiFi Display [C]. Proceedings of the ACM 13th Annual International Conference on Mobile Systems, Applications, and Services(Mobisys). Florence, Italy, 2015:405-418.

[57] RAHMATI A, ZHONG L. Context-for-wireless: Context-sensitive Energy Efficient Wireless Data Transfer[C]. Proceedings of the ACM Annual International Conference on Mobile Systems, Applications, and Services(Mobisys). San Juan, Puerto Rico, 2007:165-178.

[58] YETIM O B, MARTONOSI M. Adaptive Delay-tolerant Scheduling for Efficient Cellular and WiFi Usage[C]. Proceedings of the IEEE 15th International Symposium on a World of Wireless, Mobile and Multimedia Networks(WoWMoM). Sydney, Australia, 2014:1-7.

[59] LEONHARDI A, ROTHERMEL K. A Comparison of Protocols for Updating Location Information[J]. Springer Cluster Computing, 2001, 4(4):355-367.

[60] YOU C, HUANG P, CHU H, et al. Chiang J, Lau S. Impact of Sensor-enhanced Mobility Prediction on the Design of Energy-efficient Localization[J]. Elsevier Ad Hoc Networks, 2008, 6(8):1221-1237.

[61] FARRELL T, CHENG R, ROTHERMEL K. Energy-efficient Monitoring of Mobile Objects with Uncertainty Aware Tolerances [C]. Proceedings of the IEEE 11th International Database Engineering and Applications Symposium (IDEAS). New York, USA, 2007:129-140.

[62] PAEK J, KIM J, GOVINDAN R. Energy-efficient Rate-adaptive GPS based Positioning for Smartphones[C]. Proceedings of the ACM 8th Annual International Conference on Mobile Systems, Applications, and Services (Mobisys). New York, USA, 2010:299-314.

[63] KJæRGAARD M, LANGDAL J, GODSK T, et al. Entracked: Energy-efficient Robust Position Tracking for Mobile Devices[C]. Proceedings of the ACM 7th Annual International Conference on Mobile Systems, Applications, and Services (Mobisys). Kraków, Poland, 2009:221-234.

[64] KJæRGAARD M, BHATTACHARYA S, BLUNCK H, et al. Energy-efficient Trajectory Tracking for Mobile Devices [C]. Proceedings of the ACM 9th Annual International Conference on Mobile Systems, Applications, and Services (Mobisys). Bethesda Maryland, USA, 2011:307-320.

[65] NODARI A, NURMINEN J, SIEKKINEN M. Energy-efficient Position Tracking via Trajectory Modeling [C]. Proceedings of the ACM 10th Annual International Conference on Mobile Systems, Applications, and Services (Mobisys). Paris, France, 2015:33-38.

[66] THIAGARAJAN A, RAVINDRANATH L, LACURTS K, et al. Vtrack: Accurate, Energy-aware Road Traffic Delayestimation Using Mobile Phones [C]. Proceedings of the ACM 7th Conference on Embedded Networked Sensor Systems (SenSys). New York, USA, 2009:85-98.

[67] THIAGARAJAN A, RAVINDRANATH L, BALAKRISHNAN H, et al. Accurate, Low Energy Trajectory Mapping for Mobile Devices[C]. Proceedings of USENIX 8th Symposium on Networked Systems Design and Implementation(NSDI). Boston, USA, 2011:267-280.

[68] DJUKNIC G, RICHTON R. Geolocation and Assisted GPS[J]. IEEE Computer, 2011, 34(2):123-125.

[69] Van Diggelen, Frank Stephen Tromp. A-GPS: Assisted GPS, GNSS, and SBAS [M]. London: Artech House, 2009.

[70] RAMOS H, ZHANG T, LIU J, et al. Leap: A Low Energy Assisted GPS for Trajectory Based Services[C]. Proceedings of the ACM 13th International Conference on Ubiquitous Computing(UbiComp). Beijing, China, 2011:335-344.

[71] LIU J, PRIYANTHA B, HART T, et al. Energy Efficient GPS Sensing with Cloud Offloading[C]. Proceedings of the ACM 10th Conference on Embedded Networked Sensor Systems(SenSys). Toronto, Canada, 2012:85-98.

[72] DHONDGE K, PARK H, CHOI B, et al. Energy-efficient Cooperative Opportunistic Positioning for Heterogeneous Mobile Devices [C]. Proceedings of the IEEE 21st

International Conference on Computer Communications and Networks(ICCCN). Munich, Germany, 2012:1-6.

[73] AL-FARES, MOHAMMAD, ALEXANDER LOUKISSAS, et al. A Scalable, Commodity Data Center Network Architecture[J]. ACM SIGCOMM Computer Communication Review. 2008, 38(4):63-74.

[74] GREENBERG, ALBERT, JAMES R HAMILTON, et al. VL2: Scalable and Flexible Data Center Network[J]. In ACM SIGCOMM Computer Communication Review. 2009, 39(4):51-62.

[75] FARRINGTON N, PORTER G, RADHAKRISHNAN S, et al. Helios: A Hybrid Electrical/Optical Switch Architecture for Modular Data Centers [J]. ACM SIGCOMM Computer Communication Review. 2010, 40(4):339-350.

[76] GUO C, WU H, TAN K, et al. Dcell: A Scalable and Fault-tolerant Network Structure for Data Centers[J]. In ACM SIGCOMM Computer Communication Review. 2008, 38(4):75-86.

[77] LI D, GUO C, WU H, et al. FiConn: Using Backup Port for Server Interconnection in Data Centers[J]. Proceedings of the IEEE International Conference on Computer Communications(INFOCOM). 2009:2276-2285.

[78] GUO C, LU G, LI D, et al. BCube: A High Performance, Server-centric Network Architecture for Modular Data Centers [J]. ACM SIGCOMM Computer Communication Review. 2009, 39(4):63-74.

[79] CUI Y, WANG H, CHENG X. Channel Allocation in Wireless Data Center Networks[C]. Proceedings of the IEEE International Conference on Computer Communications(INFOCOM). Shanghai, China, 2011:1395-1403.

[80] ZHOU X, ZHANG Z, ZHU Y, et al. Mirror on the Ceiling: Flexible Wireless Links for Data Centers[J]. ACM SIGCOMM Computer Communication Review. 2012, 42(4):443-454.

[81] CUI Y, XIAO S, WANG X, et al. Diamond: Nesting the Ddata Center Network with Wireless Rings in 3D Space[C]. Proceedings of USENIX 8th Symposium on Networked Systems Design and Implementation(NSDI). CA, USA, 2016:657-669.

[82] SHIN J Y, SIRER E G, WEATHERSPOON H, et al. On the Feasibility of Completely Wireless Data Centers [J]. IEEE/ACM Transaction on Networking (TON). 2013, 21(5):1666-1679.

[83] BICKFORD J, O HARE R, BALIGA A, et al. Rootkits on Smart Phones: Attacks, Implications and Opportunities[C]. Proceedings of the eleventh Workshop on Mobile Computing Systems and Applications. ACM, 2010:49-54.

[84] ONGTANG M, MCLAUGHLIN S, ENCK W, et al. Semantically Rich Application-centric Security in Android[J]. Security & Communication Networks, 2009, 5(6): 658-673.

[85] VASUDEVAN A, OWUSU E, ZHOU Z, et al. Trustworthy Execution on Mobile Devices: What Security Properties Can My Mobile Platform Give Me? [C].

International Conference on Trust and Trustworthy Computing. 2012:159-178.

[86] ZHANG X, MEZ O, SEIFERT J P. A Trusted Mobile Phone Reference Architecture via Secure Kernel[C]. ACM Workshop on Scalable Trusted Computing, STC 2007, Alexandria, Va, USA, November. 2007:7-14.

[87] MUTHUKUMARAN D, SAWANI A, SCHIFFMAN J, et al. Measuring Integrity on Mobile Phone Systems[C]. SACMAT 2008, ACM Symposium on Access Control Models and Technologies, Estes Park, Co, USA, June 11-13, 2008, Proceedings. 2008:155-164.

[88] GROSSSCHADL J, VEJDA T, Dan P. Reassessing the TCG Specifications for Trusted Computing in Mobile and Embedded Systems [C]. IEEE International Workshop on Hardware-Oriented Security and Trust. 2008:84-90.

[89] ZYBA G, VOELKER G M, LILJENSTAM M, et al. Defending Mobile Phones from Proximity Malware[C]. INFOCOM. IEEE, 2009:1503-1511.

[90] DURUMERIC Z, KASTEN J, BAILEY M, et al. Analysis of the HTTPS Certificate Ecosystem [C]. Proceedings of the 2013 Conference on Internet Measurement Conference. ACM, 2013:291-304.

[91] SOMOROVSKY J. Systematic Fuzzing and Testing of TLS Liberaries [C]. Proceedings of the 2016 ACM SIGSAC Conference on Computer and Communications Security. ACM, 2016:1492-1504.

[92] XIAO D, YANG Y, YAO W, et al. Multiple-File Remote Data Checking for Cloud Storage[J]. Computers & Security, 2012, 31(2):192-205.

[93] WANG C, CHOW S S M, WANG Q, et al. Privacy-preserving Public Auditing for Secure Cloud Storage[J]. IEEE Transactions on Computers(TOC). 2013, 62(2):362-375.

[94] WANG B, LI B, LI H. Oruta: Privacy-preserving Public Auditing for Shared Data in the Cloud [C]. International Conference on Cloud Computing (CLOUD). 2012:295-302.

[95] ZHENG Q, XU S. Fair and Dynamic Proofs of Retrievability[C]. ACM Conference on Data and Application Security and Privacy. 2011:237-248.

[96] STEFANOV E, VAN DIJK M, JUELS A, et al. Iris: A Scalable Cloud File System with Efficient Integrity Checks[C]. ACM Annual Computer Security Applications Conference. 2012:229-238.

[97] CASH D, KÜPCÜ A, WICHS D. Dynamic Proofs of Retrievability via Oblivious Ram[C]. Advances in Cryptology-EUROCRYPT 2013. 2013:279-295.

[98] PERLMAN R. File System Design with Assured Delete[C]. IEEE International Security in Storage Workshop. 2005:83-88.

[99] TANG Y, LEE P P C, LUI J C S, et al. FADE: Secure Overlay Cloud Storage with File Assured Deletion[C]. International ICST Conference on Security and Privacy in Communication Networks(SECURECOMM). 2010:380-397.

[100] DRAGO I, MELLIA M, M MUNAFO, et al. Inside Dropbox: Understanding

Personal Cloud Storage Servyces [C]. Proceedings of the ACM SIGCOMM Conference on Internet Measurement Conference (IMC). Boston, USA, 2012: 481-494.

[101] QUWAIDER M, JARARWEH Y. Cloudlet-based Efficient Data Collection in Wireless Body Area Networks[J]. Simulation Modelling Practice and Theory, 2015, 50:57-71.

[102] LI Y, WANG W. Can Mobile Cloudlets Support Mobile Applications? [C]. Proceedings of the IEEE International Conference on Computer Communications (INFOCOM). Torondo, Canada, 2014:1060-1068.

[103] FESEHAYE D, GAO Y, NAHRSTEDT K, et al. Impact of Cloudlets on Interactive Mobile Cloud Applications [C]. Proceedings of the IEEE 16th International Conference on Enterprise Distributed Object Computing Conference (EDOC). Beijing, China, 2012:123-132.

[104] WU Y, YING L. A Cloudlet-based Multi-Lateral Resource Exchange Framework for Mobile Users [C]. Proceedings of the IEEE International Conference on Computer Communications(INFOCOM). Hong Kong, China, 2015:927-935.

[105] YAN T, MARZILLI M, HOLMES R, et al. mCrowd: a Platform for Mobile Crowdsourcing [C]. Proceedings of the 7th ACM Conference on Embedded Networked Sensor Systems[SenSys]. Berkeley, USA, 2009:347-348.

[106] EAGLE N. Txteagle: Mobile Crowdsourcing [C]. Proceedings of the 3rd International Conference on Internationalization, Design and Global Development (IDGD). Berlin: Springer, 2009:447-456.

[107] GAO R, ZHAO M, YE T, et al. Jigsaw: Indoor Floor Plan Reconstruction via Mobile Crowdsensing[C]. Proceedings of the 20th Annual International Conference on Mobile Computing and Networking. ACM, 2014:249-260.

[108] OU Z, DONG J, DONG S, et al. Utilize Signal Traces from Others? A Crowdsourcing Perspective of Energy Saving in Cellular Data Communication[J]. IEEE Transaction on Mobile Computing, 2015, 14(1):194-207.

[109] WANG Y, WU H. Delay/Fault-tolerant Mobile Sensor Network(DFT-MSN): A New Paradigm for Pervasive Information Gathering[J]. IEEE Transactions on Mobile Computing, 2007, 6(9):1021-1034.

[110] XIE X, CHEN H, WU H. Bargain-based Stimulation Mechanism for Selfish Mobile Nodes in Participatory Sensing Network [C]. Proceedings of the IEEE 6th Communications Society Conference on Sensor, Mesh and Ad Hoc Communications and Networks(SECON). Rome, Italy, 2009:72-80.

[111] TUNCAY G S, BENINCASA G, HELMY A. Participant Recruitment and Data Collection Framework for Opportunistic Sensing: A Comparative Analysis[C]. Proceedings of the 8th ACM MobiCom Workshop on Challenged Networks. ACM, 2013:25-30.

[112] KARALIOPOULOS M, TELELIS O, KOUTSOPOULOS I. User Recruitment for

Mobile Crowdsensing over Opportunistic Network［C］. Proceedings of the IEEE International Conference on Computer Communications(INFOCOM). Hong Kong，China，2015：2254-2262.

[113] GAO L，HOU F，HUANG J. Providing Long-term Participation Incentive in Participatory Sensing ［C］. Proceedings of the IEEE International Conference on Computer Communications(INFOCOM). Hong Kong，China，2015：2803-2811.

[114] ZHANG Q，WEN Y，TIAN X，et al. Incentivize Crowd Labeling under Budget Constraint［C］. Proceedings of the IEEE International Conference on Computer Communications(INFOCOM). Hong Kong，China，2015：2812-2820.

[115] XIAO M，WU J，HUANG L，et al. Multi-Task Assignment for Crowdsensing in Mobile Social Networks［C］. Proceedings of the IEEE International Conference on Computer Communications(INFOCOM). Hong Kong，China，2015：2227-2235.

[116] HUANG C Y，HSU C H，CHANG Y C，et al. Gaming Anywhere：An Open Cloud Gaming System［C］. Proceedings of the ACM 4th Multimedia Systems Conference (MMSys). Oslo，Norway，2013：36-47.

[117] ZHANG C，HUANG C，CHOU P A，et al. Pangolin：Speeding up Concurrent Messaging for Cloud-based Social Gaming［C］. Proceedings of the ACM Conference on Emerging Networking Experiments and Technologies(CoNEXT). Tokyo，Japan，2011：23-34.

[118] CUI Y，LAI Z，DAI N. A First Look at Mobile Cloud Storage Services：Architecture，Experimentation，and Challenges［J］. IEEE Network，2016，30(4)：16-21.

[119] CUI Y，LAI Z，WANG X，et al. Qicksync：Improving Synchronization Efficient for Mobile Cloud Storage Services［C］. Proceedings of the 21st Annual International Conference on Mobile Computing and Networking. ACM，2015：592-603.

[120] 廖继旺. 计算机网络技术：移动互联基础［M］. 北京：人民邮电出版社，2019.

[121] 崔勇，张鹏. 移动互联网：原理、技术与应用［M］. 2版. 北京：机械工业出版社，2018.

[122] 傅洛伊，王新兵. 移动互联网导论［M］. 3版. 北京：清华大学出版社，2019.

[123] （日）河本英夫. 第三代系统论：自生系统论［M］. 郭连友，译. 北京：中央编译出版社，2016.

[124] 王帅，李宇鹏. 移动互联技术应用基础［M］. 北京：电子工业出版社，2018.

[125] 关锦文. 移动互联网技术应用基础［M］. 广州：华南理工大学出版社，2015.

[126] 危光辉. 移动互联网概论［M］. 2版. 北京：机械工业出版社，2018.

[127] 韩毅刚. 通信网技术基础［M］. 北京：人民邮电出版社，2017.

[128] 罗国明. 现代通信网［M］. 北京：电子工业出版社，2020.